高 等 职 业 教 育 教 材

食品安全
与质量管理

（第三版）

张晓燕　主编　　郑小双　副主编

化学工业出版社

·北京·

内容简介

《食品安全与质量管理》（第三版）以食品质量保障体系为框架，从宏观上介绍了食品管理机制、食品安全风险分析、食品安全保障体系和食品认证体系等内容。 在食品质量管理方面，重点介绍了 ISO 9000 质量管理体系、GMP、SSOP、HACCP 等食品质量管理体系的原理和方法。 在食品安全方面，重点介绍了影响食品安全的因素，并结合生产实际介绍了肉类、乳类、果蔬类、粮油类食品加工过程中的卫生要求和质量控制，以及转基因食品、绿色食品、有机食品和餐饮业食品的生产要求和质量控制。

本书可作为高职高专食品类专业教材，也可以作为食品企业生产、管理人员的技术参考书。

图书在版编目（CIP）数据

食品安全与质量管理/张晓燕主编；郑小双副主编
. 一3 版 . 一北京：化学工业出版社，2023. 7（2025. 5 重印）
ISBN 978-7-122-43256-8

Ⅰ. ①食… Ⅱ. ①张…②郑… Ⅲ. ①食品安全②食品-质量管理 Ⅳ. ①TS201. 6②TS207. 7

中国国家版本馆 CIP 数据核字（2023）第 060377 号

责任编辑：王　芳　　　　　　　装帧设计：关　飞
责任校对：李雨函

出版发行：化学工业出版社
　　　　　（北京市东城区青年湖南街 13 号　邮政编码 100011）
印　　装：北京云浩印刷有限责任公司
787mm×1092mm　1/16　印张 12　字数 285 千字
2025 年 5 月北京第 3 版第 3 次印刷

购书咨询：010-64518888　　　售后服务：010-64518899
网　　址：http://www.cip.com.cn
凡购买本书，如有缺损质量问题，本社销售中心负责调换。

定　　价：33. 00 元　　　　　　　版权所有　违者必究

前言 >>>

　　本教材自 2006 年出版后于 2010 年进行了一次修订，广大高职高专院校一直选择使用。基于食品科学和食品产业的快速发展、有关食品安全与质量管理的知识和国家对食品监管法规及食品安全标准更新较快，有必要对教材进行再次修订。本次修订重点：对第二版的结构框架进行了微调，删除一些重复内容；更新食品安全及质量控制的基本理论和方法；总结近几年国内外新出现的食品安全风险因素；结合食品生产现状及今后的发展趋势，介绍新的方法和标准；增加餐饮食品及外卖食品安全内容。本次修订更加突出了教材的实用性和实效性。

　　本教材阐述了食品质量管理的概念及基础知识，从宏观上介绍了食品质量保障体系的构成和近年来国内外普遍实施的食品质量控制体系和我国实施的一系列食品安全监管措施，重点介绍了影响食品安全性的因素，并结合生产实际介绍了肉类、乳类、果蔬类、粮油类食品加工过程中的卫生要求和质量控制，以及绿色食品、有机食品、转基因食品等的生产要求、认证办法和质量管理。通过学习，使学生在掌握质量管理基本知识和原理的基础上培养自身的食品质量管理战略意识，了解实际生产中对食品质量进行控制管理的具体内容和运作程序。建议学时 50 左右。

　　全书共分九章，分别由张晓燕（第一章、第三章、第四章、第八章）、董义珍（第二章、第七章）和谢骏（第五章、第六章、第九章）修订和编写，郑小双负责复习思考题修订及全书校审。全书由张晓燕统稿并担任主编。在教材编写过程中，参考了有关专家、学者的专著、论文和相关教材，在此一并致谢。

　　由于编者水平有限，书中疏漏之处在所难免，恳请读者提出宝贵意见，以便进一步修改、完善和提高。

编者

2022 年 12 月

目录 >>>

第四章　食品安全保障体系　/ 061

第五章　食品认证　/ 079

第六章　食品质量安全管理体系　/ 102

第七章　加工食品的质量安全控制　/ 129

第八章　餐饮服务的安全控制　/ 154

第九章　转基因食品的质量安全控制　/ 168

参考文献　/ 183

第一章 >>>
食品安全与质量管理概论

 【学习目标】 >>>

1. 掌握食品安全、食品卫生及食品质量的概念。
2. 掌握加强食品安全的重要性。
3. 了解食品安全与食品质量管理体系。
4. 了解全面质量管理的原则和方法。

　　食品是人类赖以生存的物质基础，在商品社会，食品作为一类特殊消费品进入商品生产和流通领域，是消费品产业中品种最为丰富、吸纳城乡劳动人员最多、与农业依存度最大、与其他行业关联度最强的一个生产门类，它的发展与人们日常生活息息相关。随着国家经济发展、人们生活水平和认知水平的提高，消费者对食品的需求不仅仅停留在营养的摄入，还涵盖营养、感官、保健、安全各个层面。21 世纪以来，由于食品工业的迅速发展、食品贸易的全球化，以及食品生产模式的多样性，食品安全问题日益成为遍及全球的公共卫生问题，时有危害消费者健康的食品安全事件发生。食品安全不仅关系消费者身体健康、影响社会稳定，而且还会制约经济的发展。因此，如何提高食品质量，保障食品的安全是当前食品行业迫切的任务。

第一节　食品安全

一、食品安全、食品卫生与食品质量

（一）食品安全、食品卫生与食品质量的概念

1. 食品

　　我国 GB 15091—1994《食品工业基本术语》对食品的定义是：可供人类食用或饮用的物质，包括加工食品、半成品和未加工食品，不包括烟草或只作药物的物质。《中华人民共

和国食品安全法》(2021 年修订，以下称《食品安全法》) 第一百五十条对食品则定义为：食品，指各种供人食用或者饮用的成品和原料以及按照传统既是食品又是中药材的物品，但是不包括以治疗为目的的物品。后者主要考虑到我国药食同源的传统。

人类在进化、发展过程中不断开发新的食品，因此食品种类繁多，可以按照其来源（例如植物性、动物性）、加工程度（例如食用农产品、净菜食品、预包装食品）、加工方式和工艺特点（例如罐藏食品、干制食品、速冻食品、餐饮食品、发酵食品）、适合特定人群（例如婴幼儿食品、中老年食品）、具有一定特性（例如功能性食品、有机食品）等进行简单分类。

食品供应链：食品从原料生产到最终被消费（即被食用）经过很多过程和加工环节，将这些节点连接起来构成的网状结构就成为食品供应链，概括起来，食品供应链包括食品初级生产环节、食品加工环节、食品营销服务环节和食品物流环节。

2. 食品安全

广义的食品安全是从国家战略层面看，包括食品量的安全和食物质的安全。食品量即食品数量要满足人口需求，食物质即食品的质量。

狭义的食品安全在《食品工业基本术语》和《食品安全法》中定义为：食品无毒、无害，符合应当有的营养要求，对人体健康不造成任何急性、亚急性或者慢性危害。

食品安全有绝对安全性和相对安全性两种不同的概念。绝对安全性指确保不可能因食用某种食品而危及人的身体健康或造成伤害，也就是食品应绝对没有风险。相对安全性是指一种食物或成分在合理食用方式和正常食用量的情况下，不会对人体健康造成损害。由于在客观上人类的任何一种饮食消费都是存在风险的，绝对安全或零风险是很难达到的，因此在大多数情况下食品安全具有相对意义，是食品质量状况对食用者健康、安全的保证程度，即对食品按其原定用途进行食用是不会影响消费者健康的一种担保。

食品安全还具有发展性与动态性，与社会发展密切相关，不同国家以及不同社会发展时期，食品安全所面临的突出问题有所不同，其安全的标准也有不同。例如：当前在发达国家，食品安全所关注的主要是因科学技术发展所引发的转基因食品、环境污染对人体健康的影响等；而在发展中国家，食品安全所侧重的则是由于市场经济发育不成熟所引发的如环境污染，假冒伪劣，滥用农药、兽药及食品添加剂等因素导致的食品安全问题。

当今食品安全已经发展成为一个综合性的概念，不但涉及食物种植、养殖、加工、包装、贮藏、运输、销售、消费等环节，还包括营养安全（营养均衡）、环境安全（可持续安全）等方面，使食品安全既包括生产安全，也包括经营安全；既包括产品安全，也包括过程安全；既包括现实安全，也包括未来安全。

3. 食品卫生

"卫生"一词源于拉丁文"sanitas"，意为"健康"。我国《食品工业基本术语》将食品卫生（food hygiene, food safety）定义为：防止食品在生产、收获、加工、运输、贮藏、销售等各个环节被有害物质（包括物理、化学、微生物等方面）污染，使食品有益于人体健康、质地良好所采取的各项措施。

该概念可以理解为：对于食品工业而言，"卫生"一词的意义是创造和维持一个卫生而且有益于健康的生产环境和生产条件。食品卫生则是为了提供有益健康的食品，必须在清洁环境中，由身体健康的食品从业人员加工食品，防止因有毒有害物质污染食品而对人体造成危害，防止因微生物污染食品而引发的食源性疾病，以及控制腐败微生物的繁殖。有效卫生就是指能达到上述目标的过程，它包括如何维护、恢复或改进卫生操作规程与卫生环境等方面的原理与规范。具体地讲，食品卫生不仅仅是指食品本身的卫生，还包括食品添加剂的卫生、食品生产设备及容器的卫生、包装材料的卫生和生产经营过程中有关的卫生问题。

4. 食品质量

食品质量是将食品作为一个工业产品而提出的概念。我国《食品工业基本术语》对食品质量的定义是：食品满足规定或潜在要求的特征和特性总和，反映食品品质的优劣。可以看出食品质量是个"度"的概念，是指食品性状的优劣程度，或者是食品性状满足规定（例如企业标准、国家标准等）和潜在要求（例如消费者所期望的感官性状、营养、安全性等）的程度。食品质量性状包括其功能性、可信性、安全性、适应性、经济性和时间性等。

（二）食品安全、食品卫生与食品质量三者的关系

食品安全、食品卫生和食品质量在内涵和外延上存在许多交叉，在实际运用中往往出现混用的情况，我国在《食品工业基本术语》就将食品卫生和食品安全视为同义词。但根据定义三者是有区别的。食品安全强调的是按其原定用途用于消费者最终消费的食品，不得出现对人体健康、人身安全造成或者可能造成任何不利的影响。食品卫生则指为确保食品安全在食物链的所有阶段必须采取的一切条件和措施。食品安全是以终极产品为评价依据，而食品卫生贯穿在食品生产、消费的全过程。食品安全是以食品卫生为基础，食品安全包括了卫生的基本含意。食品质量诸多特性中安全性是最基本的属性之一。食品在生产制造过程中利用科学的质量管理方法，就能切实保障食品卫生和食品安全。

二、食品安全现状

（一）近年来国内外出现的食品安全重大事件

近几十年来，世界范围内屡屡发生大规模的食品安全事件，例如以下几件影响较大的事件。

疯牛病蔓延：牛海绵状脑病（疯牛病）最早发生并流行于英国，随后由于出口感染该病的牛或肉骨粉将该病传至其他一些国家。1987～1999 年期间证实的病牛就达 17 万余头，已经发生的国家包括英国在内的 30 余个国家和地区，造成了巨大的经济损失和严重的社会恐慌。

日本大肠杆菌中毒：1996 年 5 月下旬，日本几十所中学和幼儿园相继发生 6 起集体食物中毒事件，中毒人数多达 1600 人，导致 3 名儿童死亡，80 多人入院治疗。到 7 月底，中毒人数超过万人，死亡 11 人，发生中毒范围波及 44 个都府县。这就是引起全世界极大关注的由大肠杆菌 O157 引起的暴发性食物中毒事件。

比利时二噁英污染食品：1999 年 5 月在比利时发生的"二噁英污染食品"事件，首先出现一些养鸡场出现鸡不生蛋、肉鸡生长异常等现象，经调查发现，这是由于比利时 9 家饲料公司生产的饲料中含有致癌物质二噁英所致。这一事件使 1000 万只被认为是受污染的肉

鸡和蛋鸡被屠宰销毁，造成的直接损失达 3.55 亿欧元，如果加上与此关联的食品工业，损失已超过上百亿欧元。

美国、法国李斯特菌食物中毒：1999 年底，美国发生了历史上因食用带有李斯特菌的食品而引发的最严重的食物中毒事件。据美国疾病控制中心的资料，在美国密歇根州，有 14 人因食用被该菌污染了的"热狗"和熟肉而死亡，在另外 22 个州也有 97 人因此患病，6 名妇女因此流产。2000 年底至 2001 年初，法国也发生李斯特菌污染食品事件，有 6 人因食用法国公司加工生产的肉酱和猪舌头而成为李斯特杆菌的牺牲品。

日本金黄色葡萄球菌感染：2000 年 6～7 月份，位于日本大阪的雪印牌牛奶厂生产的低脂高钙牛奶被金黄色葡萄球菌肠毒素污染，造成 14500 多人腹泻、呕吐，约 180 人住院治疗，使市场份额占日本牛奶市场总量 14% 的雪印牌牛奶对其相关产品进行回收，全国 21 家分厂停业整顿，接受卫生调查。

有全球蔓延之势的禽流感：自 20 世纪末 H5N1 型禽流感病毒被发现以来，一直未能得到有效控制，特别是 2005 年，在世界的传播速度十分惊人，在东亚、中国、印度尼西亚、泰国、柬埔寨和越南都已出现新的病例，甚而远至俄罗斯和罗马尼亚也已发现染病的鸟禽。迄今为止，全世界已有超过 1.4 亿只的家禽染病死亡或遭扑杀，造成的经济损失高达 100 亿美元。截至 2005 年 11 月 9 日，世界卫生组织证实有 125 人患禽流感，其中 64 人死亡。

中国劣质奶粉事件：2004 年 3 月底 4 月初，安徽阜阳发生用淀粉、蔗糖替代乳粉、奶香精生产的劣质奶粉造成婴儿营养不良事件，其中因食用劣质奶粉造成营养不良的婴儿有两百多人，因此导致死亡的婴儿共计十余人。2008 年以河北石家庄三鹿集团为代表的 20 多家企业产品被检出了含量不同的三聚氰胺，导致数百名婴儿患肾结石。截至 2008 年 11 月 27 日，全国累计报告因食用三鹿奶粉和其他个别问题奶粉导致泌尿系统出现异常的患儿近三十万人。

近年涉及全球的"苏丹红一号"国际食品安全紧急警告事件；涉及麦当劳、肯德基等著名食品企业的致癌物"丙烯酰胺"事件；日韩致癌聚氯乙烯（PVC）食品保鲜膜转道中国事件以及发展中国家时有发生的农药残留、掺假食品造成的食物中毒事件等。

2022 年影响较大的有比利时巧克力沙门氏菌食物中毒事件、哈根达斯香草冰淇淋检出环氧乙烷、麦趣尔乳品检出丙二醇等。

这一系列重大食品安全事件涉及范围广、危及消费者健康，给相关食品国际贸易也带来不利影响。

（二）我国当前食品安全主要问题

我国于 1995 年颁布《中华人民共和国食品卫生法》，将食品安全纳入法治轨道，国务院及各级政府行政部门针对食品质量和安全管理工作的投入力度显著提升，食品安全状况得到很大改善。2009 年颁布《食品安全法》取代 1995 年版《食品卫生法》后，进一步完善食品安全保障体系，食品安全问题有了很大改善。但是，随着经济发展，城镇化进程加快，不断出现新的食品类型和新业态，加之食品加工生产单位及从业人员快速增加，其生产经营者的安全知识水平和生产管理水平参差不齐，每年仍然都会出现多起食品安全事件，概括起来主要存在以下问题。

1. 有害物质源头污染

食品从农田到餐桌的过程中可能受到各种有害物质的污染。农业种植、养殖业的源头污染严重，除了在农产品生产中存在的超量使用农药、兽药外，日益严重的全球污染对农业生态环境产生了很大的影响，环境中的有害物质导致农产品受到不同程度的污染，特别是有些污染物还可以通过食物链的生物富集、浓缩，导致污染物的浓度增加。

2. 食品生产销售过程的问题

食品生产加工过程中存在使用劣质原材料、违规滥用食品添加剂、污染食源性疾病病原体、污染清洗消毒剂、使用不合格包装物、制售假冒伪劣食品等情况。

3. 新业态中食品的安全问题

近年来，随着互联网经济井喷式的发展，网购食品、网络餐饮服务等新业态快速发展，由于食品供应链拉长，且有关网络食品安全管理体制及法律法规还不完善，产生了一些监管盲区，出现了例如"黑"加工作坊、假冒伪劣、以次充好、有害物污染等问题，存在着巨大的食品安全隐患。

4. 食品标识滥用的问题

食品标识是现代食品不可分割的重要组成部分。各种不同食品的特征及功能主要是通过标识来展示的，因此食品标识对消费者选择食品的心理影响很大。一些不法的食品生产经营者时常利用食品标识的这一特性，欺骗消费者，使消费者受骗，甚至使其身心受到伤害。现代食品标识的滥用比较严重，主要有以下问题。

① 伪造食品标识。伪造食品，实际上是伪造食品标识，没有伪造的食品标识，也就无法认定伪造食品。

② 夸大食品标识展示的信息，用虚夸的方法展示该食品本不具有的功能或成分。

③ 食品标识的内容不符合有关法规的规定。

④ 外文食品标识。进口食品，甚至有些国产食品，利用外文标识，让国人无法辨认。

三、加强食品安全的重要性

"民以食为天"，食品是人类赖以生存的基本要素，食品质量是国家、民族整体素质的重要基础之一。食品安全关系到消费者及其子孙后代的生命健康，关系到生产力发展和社会生产、生活秩序，是食品行业的核心问题。

加强食品安全工作、提高食品质量具有十分重要的现实意义。食品与人们的生活息息相关，食品安全一旦出现问题，消费者首当其冲会受到侵害。例如，摄入不安全的食品，轻者导致身体不舒服，重者会危及生命。由不安全食品引起的危害具有涉及面广、隐蔽性强、潜伏期长等特点，因此恶性食品安全事故的发生往往会影响到整个社会的稳定，使人们对社会、对政府产生信任危机，不利于经济的持续健康发展。

由于食品安全带来的国际贸易问题也日显突出，例如：发展中国家加入 WTO 以后，取消了关税壁垒，发达国家可以凭借技术领先、设备先进等优势，实施以检测标准为基础的贸易技术性屏障，对食品质量提出更高的要求。中国曾经由于出口食品质量不达标造成的经济损失已达到几百亿元，给生产企业和广大农民造成巨大损失，也在一定程度上损害了国家的国际声誉和国际形象。因此，加强食品质量管理工作，不仅有利于保护人民健康，也有利于促进农业和食品工业的发展，提高国家的国际竞争力。

党和政府极其重视食品安全问题，2017 年党的十九大报告提出，要实施食品安全战略，让人民吃得放心。要实施健康中国战略，完善国民健康政策。2019 年《中共中央国务院关于深化改革加强食品安全工作的意见》中强调，要进一步加强食品质量安全工作，确保人民群众"舌尖上的安全"。2022 年，党的二十大报告再次强调"强化食品药品安全监管"，进一步压紧压实食品安全属地管理和企业主体"两个责任"，严防严管严控食品安全风险，全力保障人民群众"舌尖上的安全"。食品质量安全已经成为关系到国计民生的战略问题。如何更有效地控制食品安全、建立食品安全管理体系，是政府、企业和消费者共同关注的问题，需要广大食品行业从业人员不断进行学习、研究和实践。

第二节　食品质量管理

一、质量与质量管理

1. 质量

质量是伴随着商品生产而产生的一个名词，人们对质量的认识随着生产力水平的提高和社会的发展而不断丰富和深化。

一般的质量指产品质量。最初的质量被定义为产品满足消费者需要的优劣程度。质量的核心在于是否满足消费者的要求或者指产品没有明显的缺陷。

随着市场经济的发展，仅仅满足消费者基本要求的产品在市场中难以具有竞争力，厂商必须满足甚至超出消费者的期望，其产品才能在市场上站稳脚跟。另外，质量不仅指产品本身，还涵盖与产品有关的服务。因此，质量的概念从内容和范围都大大扩展了，在 ISO 9000：2000 中质量的定义为"一组固有特性满足要求的程度"，该定义可以从以下几方面理解。

(1) 产品质量

指产品满足要求的程度，即满足顾客要求和法律法规要求的程度。因此，质量对于企业的重要意义可以从满足顾客要求，满足法律法规的重要性程度来加以理解。其中顾客要求是产品存在的前提。

(2) 定义所指的"固有的"（其反义是"赋予的"）特性

指在某事或某物中本来就有的，尤其是那种永久的特性，包括产品的功能性、可信性、安全性、适应性、经济性和时间性等。

① 功能性。产品的功能性指产品满足使用要求所具有的功能，包括外观功能和使用功能。食品的外观功能包括食品的感官性质和包装，其使用功能包括营养、口感、保健和贮藏功能。

② 可信性。产品的可信性包括可靠性和可维修性，即指产品在规定的时间内在规定的使用条件下完成规定功能的能力，它是从时间的角度对产品质量的衡量。可维修性是指产品出现故障时维修的便利程度。对于耐用品来说，可靠性和可维修性是非常重要的，如汽车的

首次故障里程、平均故障里程间隔、车体结构是否易于维修等都是顾客十分重视的质量指标。对于食品来说，要求在保质期内具备规定的功能。

③ 安全性。产品的安全性指产品在存放和使用过程中对使用者的财产和人身不会构成损害的特性。不管产品的使用性能如何、经济性如何，如果产品存在安全隐患，那不仅是消费者所不能接受的，政府有关部门也会出面干涉或处罚生产企业。对于食品、医药、家用电器、汽车、工程机械、机床设备等，其安全性是一个特别重要的质量指标。

④ 适应性。产品的适应性指产品适应自然及社会环境的能力。食品的适应性主要体现在食品的保藏条件、保质期和适应人群等质量属性。

⑤ 经济性。产品的经济性是指产品在使用过程中所需投入费用的大小。经济性尽管与使用性能无关，却是消费者所关心的。例如，空调是一种需要消耗电能的产品，在达到同样的制冷效果下能耗越低给顾客带来的实惠就越大。洗衣机则是一种需要大量消耗水的产品，在达到同样洗净比的前提下，用水越少则其经济性越好。

⑥ 时间性。产品的时间性指在数量上、时间上满足消费者的能力。对许多食品来说，时间性是非常重要的质量属性，例如清明前与清明后生产的茶叶、水产品的新鲜度等。

（3）作为一个商品来说，其质量不仅指最终产品质量，还包括生产质量和服务质量。生产质量包括人员、设备、原材料、方法、环境5个因素。服务质量指商品生产企业为消费者提供服务的满意程度。三者构成了一个质量体系，其中产品质量是生产质量的反映，生产质量是产品质量的保证，服务质量是产品质量的检验和延续。

2. 管理

由于管理概念本身具有多义性，它不仅有广义和狭义的区分，而且还随着生产方式、社会化程度和人类认知水平的不同而有不同的理解。因此，许多中外学者从不同的研究角度出发对管理一词下了许多不同的定义。

泰罗："确切知道要别人去干什么，并使他们用最好、最有效的方法去干。"

法约尔："管理是所有的人类组织（不论是家庭、企业或政府）都有的一种活动，这种活动由五项要素组成：计划、组织、指挥、协调和控制。"

孔茨："管理就是设计和保持一种良好环境，使人在群体里高效率地完成既定目标。"

小詹姆斯·H·唐纳利："管理就是由一个或更多的人来协调他人活动，以便收到个人单独活动所不能收到的效果而进行的各种活动等。"

综合上述各种不同观点，"管理"可以表述为：在一定的环境下，为了达到组织的目的，组织内的成员从事提高组织资源效率的行为，是管理者为了达到某种目标在一定范围内所采取的一切手段。

（1）管理活动的基本要素

① 管理对象，即人、财、物、信息等。

② 管理目标，即管理活动预期要进行的内容和达到的结果。

③ 管理手段，即为达到一定目标，在管理活动中所采取的一系列有效的手段。

④ 管理职能，主要有计划、组织、指挥、协调、控制等几方面。

（2）管理活动的四个阶段

① 计划。在调查研究的基础上，确定目标；通过设计、试验、试制，最后选定方案、

制定标准，并提出实施计划的具体方案、措施和步骤。

② 执行。实施计划，进行生产活动。

③ 检查。检查计划执行情况，了解实施效果，及时发现问题。

④ 处理。根据检查结果进行相应的处理：总结成功经验，巩固提高；吸取失败的教训，避免再犯；提出遗留问题，继续循环。

任何工作都可以划分为这四个连续相接的阶段，形成一个活动循环，这就是由著名的美国质量管理学家戴明提出的"办事模式图"，也称之为"戴明循环"。

3. 质量管理

质量管理就是以保证或提高产品质量为目标的管理。

产品质量是由过程决定的，它包括：工作质量，即产品研制、生产、销售各阶段输入输出的正确性，尤其是产品规划和立项工作的前瞻性和正确性；设计质量，即设计成熟度，标准化覆盖率及达标率；产品质量，即产品的可靠性，不良率；工艺质量，即制造的工艺水平等。质量管理的目的是通过组织和流程，确保产品或服务达到顾客期望的目标，确保公司以最经济的成本实现这个目标，确保产品开发、制造和服务的过程是合理和正确的。

质量管理是一个系统工程，包含确定质量方针、质量目标，确定岗位职责和权限，建立质量体系并通过质量体系中的质量策划、质量控制、质量保证和质量改进来实现所有管理职能的全部活动。

(1) 质量方针、质量目标

质量方针、质量目标是组织关注的焦点，是组织的质量管理体系要达到的结果，是该组织总的质量宗旨和方向，由组织的最高管理者正式发布。质量方针是总方针的一个组成部分，体现了组织对质量总的追求和对顾客的承诺，是该组织质量工作的指导思想和行动指南。质量方针必须由最高管理者批准，并正式颁布执行。为了便于全体员工掌握，通常质量方针选用通俗易懂、简明扼要的语言表达。

(2) 质量体系

质量体系指为实现质量管理的组织机构、职责、程序、过程和资源。质量体系的内容应以满足质量目标的需要为准，是为满足该组织内部管理的需要而设计的。

过程指体系中将输入转化为输出的一组彼此相关的资源和活动。资源可包括人员、资金、设施设备、技术和方法等。所有的工作要通过一个个过程来完成，完成过程必须投入适当的资源和活动。质量管理通过过程的管理来实现，过程的质量取决于资源和活动的质量。建立质量体系，必须识别过程，确定资源和活动并确保资源和活动的质量。

程序指为进行某项活动所规定的途径。程序包括活动的目的和范围，做什么和谁来做，何时、何地和如何做以及应使用什么材料、设备和文件，如何对活动进行控制和记录等。在很多情况下，程序可形成文件（如质量体系程序）。

(3) 质量策划

质量策划是制定必要的运行过程和相关资源以实现质量目标，是质量管理诸多活动中不可或缺的中间环节，是连接质量方针和具体的质量管理活动之间的桥梁和纽带。质量策划一般包括质量管理体系策划、质量目标策划、过程策划、质量改进策划。

(4) 质量控制

质量控制是指为满足质量要求所采取的作业技术和活动。

作业技术是专业技术和管理技术结合在一起作为控制手段和方法的总称。

质量控制体系指企业内部建立的、为保证产品质量或质量目标所必需的、系统的质量活动。它根据企业特点选用若干体系要素加以组合，加强从设计研制、生产、检验、销售、使用全过程的质量管理活动，并予制度化、标准化，成为企业内部质量工作的要求和活动程序。

质量控制的对象是过程，其目的在于以预防为主，通过采取预防措施来排除质量环各个阶段产生问题的原因，以实现质量目标。即将质量管理从事后的处理、纠正，推进到过程的控制与治理，最终发展到事前的把关和预防。

质量控制的一般程序是：

① 明确质量要求；

② 编制作业规范或控制计划以及判断标准；

③ 实施规范或控制标准；

④ 按判断标准进行监督和评价。

（5）质量保证

质量保证是指为了提供足够的信任表明实体能够满足质量要求，而在质量体系中实施并根据需要进行证实的全部有计划和有系统的活动。

质量保证的目的是提供信任，获信任的对象有两个方面：内部的信任，主要对象是组织的领导；外部的信任，主要对象是客户。由于质量保证的对象不同，所以客观上就存在着内部和外部质量保证。

质量保证体系是企业为生产出符合合同要求的产品，满足质量监督和认证工作的要求对外建立的质量体系。它包括向用户提供必要保证质量的技术和管理"证据"。这种证据虽然往往是以书面的质量保证文件形式提供的，但它是以现实的质量活动作为坚实后盾的，即表明该产品或服务是在严格的质量管理中完成的，具有足够的管理和技术上的保证。

证实的方法如下。

① 供方合格声明。

② 提供形成质量保证文件的基本证据。

③ 提供其他顾客的认定证据。

④ 顾客亲自审核。

⑤ 由第三方进行审核。

⑥ 提供经国家认可的认证机构出具的认证证据。

质量保证和质量控制是一个事物的两个方面，其某些活动是互相关联、密不可分的。

（6）质量改进

质量改进是指对质量体系及运作进行改进完善，以增强满足质量要求的能力。

质量改进是一个重要的质量体系要素，当实施质量体系时，组织的管理者应确保其质量体系能够推动和促进持续的质量改进。质量改进包括产品质量改进和工作质量改进，通过改进过程来实现，涉及整个组织为提高活动和过程的有效性和效率所采取的措施，以便为组织及其顾客提供更多利益。争取使顾客满意和实现持续的质量改进应是组织各级管理者追求的永恒目标，没有质量改进的质量体系只能维持质量。质量改进旨在提高质量，是一种以追求更高的过程效益和效率为目标的管理活动。

二、质量管理的沿革

人类历史上自有商品生产以来，就开始了以商品的成品检验为主的质量管理方法。按照质量管理的手段和方式，可以将质量管理发展历史大致划分为以下四个阶段。

1. 传统质量管理阶段

随着社会的发展，商业的出现和发展，为使生产者和经销者之间对产品的认识一致，就发明了产品规格（质量规范之一），这样，无论产品多么复杂，距离多么遥远，有关产品的信息都能够在买卖双方进行沟通和统一。为了鉴定产品规格，简易的质量检验方法和测量手段就相继产生，这就是在手工业时期的原始质量管理。由于这个时期的质量主要靠手工操作者本人依据自己的手艺和经验来把关，因而又被称为"操作者的质量管理"，这种管理方法易造成质量标准的不统一。

2. 质量检验管理阶段

资产阶级工业革命成功之后，机器工业生产取代了手工作坊式生产，劳动者集中到一个工厂内共同进行大批量生产，由此带来了如部件的互换性、标准化等问题，对产品质量有了较高的要求。美国以泰罗为代表的学者兴起了"科学管理运动"，提出在生产人员中进行科学分工，使计划设计、生产操作、检查监督各有专人负责，从而产生了一支专职检查队伍，构成了一个专职的检查部门，这样，质量检验机构就被独立出来了。

这种质量检验所使用的手段是各种检测设备和仪表，方式是严格把关，进行100％的检验，在成品中挑选出废品，以保证出厂产品质量。但这种事后检验把关，无法在生产过程中起到预防、控制的作用。废品已成事实，很难补救。且100％的检验增加检验费用。生产规模进一步扩大，在大批量生产的情况下，其弊端就凸显出来了。

3. 统计质量管理阶段

20世纪20年代，一些著名统计学家和质量管理专家就注意到质量检验管理出现的问题，尝试运用数理统计学的原理来解决，使质量检验既经济又准确。1924年，美国的休哈特提出了控制和预防缺陷的概念，并成功地创造了"控制图"，把数理统计方法引入到质量管理中，将质量管理推进到新阶段。

休哈特认为质量管理不仅要搞事后检验，而且在发现有废品生产的先兆时就进行分析改进，从而预防废品的产生。控制图就是运用数理统计原理进行这种预防的工具。控制图的出现，是质量管理从单纯事后检验转入检验加预防的标志，也是形成一门独立学科的开始。第一本正式出版的质量管理科学专著就是1931年休哈特的《工业产品质量经济控制》。

第二次世界大战中，由于战争的需要，美国军工生产急剧发展，尽管大量增加了检验人员，但产品积压待检的情况日趋严重，有时又不得不进行无科学根据的检查，结果不仅废品损失惊人，而且在战场上经常发生如炮弹炸膛等武器弹药的质量事故，对士气产生极坏的影响。在这种情况下，美国军政部门随即组织一批专家和工程技术人员，于1941～1942年间先后制定并公布了Z1.1《质量管理指南》、Z1.2《数据分析用控制图》、Z1.3《生产过程中质量管理控制图法》等质量管理文件，强制生产武器弹药的厂商推行，并收到了显著效果。从此，统计质量管理的方法得到很多厂商的应用，统计质量管理的效果也得到了广泛的承认。

统计质量管理虽然取得了巨大的成功，但也存在着缺陷。它过分强调质量控制的统计方法，使人们误认为"质量管理就是统计方法"，"质量管理是统计专家的事"，使多数人感到高不可攀、望而生畏。同时，它对质量的控制和管理只局限于制造和检验部门，忽视了其他部门的工作对质量的影响。这样，就不能充分发挥各个部门和广大员工的积极性，制约了它的推广和运用。

4. 现代质量管理阶段

20世纪50年代以来，火箭、宇宙飞船、人造卫星等大型、精密、复杂的产品出现，对产品的安全性、可靠性、经济性等要求越来越高，质量问题就更为突出，仅仅依赖质量检验和运用统计方法很难保证与提高产品质量，而把质量职能完全交给专门的质量控制工程师和技术人员也是不科学的。在此情况下，许多企业开始了全面质量管理的实践。

最早提出全面质量管理概念的是美国通用电气公司质量经理菲根堡姆。1961年，他的著作《全面质量管理》出版。该书强调执行质量职能是公司全体人员的责任，应该使企业全体人员都具有质量意识和承担质量的责任。他指出："全面质量管理是为了能够在最经济的水平上并考虑到充分满足用户要求的条件下进行市场研究、设计、生产和服务，把企业各部门的研制质量、维持质量和提高质量的活动构成了一个有效体系。"20世纪60年代以后，菲根堡姆的全面质量管理概念逐步被世界各国所接受，并在运用时各有所长。在日本被称为全公司的质量控制（CWQC）或一贯质量管理，在加拿大总结制定为四级质量大纲标准（即CSAZ 299），在英国总结制定为三级质量保证体系标准（即BS 5750）等。1987年，国际标准化组织（ISO）又在总结各国全面质量管理经验的基础上，制定了ISO 9000《质量管理和质量保证》系列质量管理体系标准，2005年9月1日又发布了ISO 22000标准《食品安全管理体系》。

三、全面质量管理

1. 全面质量管理概念

全面质量管理（Total Quality Management，TQM）的含义：指企业全体职工及有关部门同心协力，把专业技术、经营管理、数理统计和思想教育结合起来，建立起产品的研究、设计、生产（作业）、服务等全过程的质量体系，从而有效地利用人力、物力、财力、信息等资源，提供出符合规定要求和用户期望的产品或服务，通过让顾客满意和本组织所有者、员工、供方、合作伙伴或社会等相关方受益而达到长期成功的一种管理途径。

全面质量管理的基本核心是提高人的素质，调动人的积极性，人人做好本职工作，通过抓好工作质量来保证和提高产品质量或服务质量。

全面质量管理的特点是把过去的以事后检验和把关为主转变为以预防和改进为主；把过去的以就事论事、分散管理转变为以系统的观点进行全面的综合治理；从管结果转变为管因素，把影响质量的诸因素查出来，抓住主要方面，发动全员、全企业各部门参加的全过程的质量管理。全面质量管理依靠科学的管理理论、程序和方法，使生产（作业）的全过程都处于受控制状态，以达到保证和提高产品质量或服务质量的目的。

2. 全面质量管理的基本要求

① 全面质量管理是要求全员参加的质量管理，要求全体职工树立质量第一的思想，各部门各个层次的人员都要有明确的质量责任、任务和经费，做到各司其职，各负其责，形成一个群众性的质量管理活动。尤其是要开展质量管理小组活动，充分激发广大职工的积极性，发挥其聪明才智，把质量管理提高到一个新水平。

② 全面质量管理的范围是产品或服务质量的产生、形成和实现的全过程。包括从产品的研究、设计、生产（作业）、服务等全部过程的质量管理。任何一个产品或服务的质量，都有一个产生、形成和实现的过程，把产品或服务质量有关的全过程各个环节加以管理，形成一个综合性的质量体系。做到以预防为主，防检结合，不断改进，做到一切为用户服务，以用户满意为目的。

③ 全面质量管理要求的是全企业的质量管理。可从两个方面来理解，首先从组织管理角度来看，全企业的含义就是要求企业各个管理层次都有明确的质量管理活动内容。上层质量管理侧重于质量决策，制定企业的质量方针、目标、政策和计划，并统一组织和协调各部门各环节的质量管理活动；中层的质量管理则要实施领导层（上层）的质量决策，运用一定的方法，找出本部门的关键或必须解决的事项，再确定本部门的目标和对策，更好地执行各自的质量职能，对基层工作进行具体的业务管理；基层管理则要求每个职工都要严格地按标准规范及有关规章制度进行生产和工作。这样一个企业就组成了一个完整的质量管理体系。再从职能上来看，产品或服务的质量职能是分散在全企业的有关部门的，要保证和改善产品或服务质量，就必须将分散在企业各部门的质量职能充分发挥出来。每个员工都对产品或服务质量负责，都参加质量管理，各部门之间互相协调，齐心协力地把质量工作做好，整个企业的质量管理才得以有效实施。

④ 全面质量管理要采取多种多样的管理方法。要广泛运用科学技术的新成果，尊重客观事实，尽量用数据说话，坚持实事求是，科学分析，树立科学的工作作风，把质量管理建立在科学的基础之上。

以上所说的 4 个方面的要求，可归纳为"三全一多样"，都是围绕着"有效地利用人力、物力、财力、信息等资源，生产出符合规定要求和用户期望的产品或优质的服务"这一企业目标。这是推行全面质量管理的出发点和落脚点，也是全面质量管理的基本要求。

3. 全面质量管理的原则

为促进质量目标的实现，应遵循以下八项质量管理原则。

① 以顾客为中心。组织依存于顾客，因此组织应该理解顾客当前和将来的需求，满足顾客要求并努力超越顾客的期望。

② 领导的作用。领导者建立起组织统一的目标、方向和内部环境。员工能在他们创造的环境中充分参与组织目标的实现。

③ 全员参与。各级人员是一个组织的基础，他们的充分参与可使他们的能力得以发挥，使组织最大获益。

④ 过程的方法。将相关资源和活动作为过程进行管理，会更有效地实现预期的结果。

⑤ 系统管理。针对设定目标，通过识别、理解和管理由相互关联的过程组成的系统，可以提高组织的效率和有效性。

⑥ 持续改进。持续改进是组织的永恒目标。

⑦ 基于事实决策。有效的决策基于对数据和信息的逻辑或知觉分析。

⑧ 与供方的互利关系。组织和供方的互利关系可提高双方创造价值的能力。

4. 全面质量管理的基本工作方法（程序）

把质量管理全过程划分为 P（计划，Plan）、D（实施，Do）、C（检查，Check）、A（总结处理，Action）4 个阶段 8 个步骤——PDCA 循环。

（1）P（计划）阶段

分为 4 个步骤。

① 分析现状，找出存在的主要质量问题。

② 分析产生质量问题的各种影响因素。

③ 找出影响质量的主要因素。

④ 针对影响质量的主要因素制定措施，提出改进计划，定出质量目标。

（2）D（实施）阶段

按照既定计划目标加以执行。

（3）C（检查）阶段

检查实际执行的结果，看是否达到计划的预期效果。

（4）A（总结处理）阶段

分以下两个步骤。

① 根据检查结果总结成熟的经验，纳入标准、制度和规定，以巩固成绩，防止失误。

② 把这一轮 PDCA 循环尚未解决的遗留问题，纳入下一轮 PDCA 循环中去解决。

4 个阶段的工作完整统一，缺一不可；大环套小环，小环促大环，阶梯式上升，循环前进。

四、食品安全与质量管理体系

现代食品的安全与质量控制是利用质量管理的原理和方法，通过在整个食品供应链针对各个环节制定实施专业技术操作规范和安全质量管理程序来进行控制，操作规范与管理程序结合形成食品安全与质量管理体系。目前广泛应用的食品安全与质量管理体系有以下几种。

1. 卫生标准操作程序

卫生标准操作程序（Sanitation Standard Operation Procedures，SSOP）是为了满足食品卫生的要求，消除因卫生不良导致的危害而制定的针对食品生产经营中环境卫生条件以及各个生产环节满足相应卫生要求的操作规范。

2. 良好操作规范

良好操作规范（Good Manufacturing Practice，GMP）是通过对生产过程中的各个环节、各个方面提出一系列措施、方法、具体的技术要求和质量监控措施而形成的质量保证体系。

3. 危险分析与关键控制点

危险分析与关键控制点（Hazard Analysis Critical Control Point，HACCP）是对食品

安全危害予以识别、评估和控制的食品安全质量控制体系。

4. ISO 9000 系列标准

ISO 9000 系列标准是国际标准化组织（ISO）所制定的关于质量管理和质量保证的一系列标准。ISO 9000 包括 4 个核心标准：ISO 9000《质量管理体系基础和术语》、ISO 9001《质量管理体系要求》、ISO 9004《质量管理体系业绩改进指南》和 ISO 19011《质量和（或）环境管理体系审核指南》。

5. ISO 22000 体系

ISO 22000 体系是通过 ISO 协调，将相关的食品安全管理国家标准在国际范围内进行整合，最终形成统一的国际食品安全管理体系。

6. FSSC 22000 体系

FSSC 22000 体系是 ISO 在 HACCP、GMP 和 SSOP 的基础上，缩小了 ISO 22000 标准的使用范围，仅适用于制造业，侧重食品生产组织。

 【本章小结】>>>

食品是一类特殊商品，食品质量包括食品的安全性、食品营养和食品的感官特性。食品卫生与食品安全是两个在意义上各有侧重又相互交叉的概念，当前更强调食品的安全性。

质量管理就是以保证或提高产品质量为目标的管理。质量管理是一个系统工程，包含确定质量方针、质量目标，确定岗位职责和权限，建立质量体系并通过质量体系中的质量策划、质量控制、质量保证和质量改进来实现所有管理职能的全部活动。

质量保证体系是企业为生产出符合合同要求的产品，满足质量监督和认证工作的要求对外建立的质量体系。

全面质量管理指企业全体职工及有关部门同心协力，把专业技术、经营管理、数理统计和思想教育结合起来，建立起产品的研究、设计、生产（作业）、服务等全过程的质量管理途径。全面质量管理的基本核心是提高人的素质，调动人的积极性，人人做好本职工作，通过抓好工作质量来保证和提高产品质量或服务质量。

实施全面质量管理，应遵循质量管理八项原则。

食品安全管理体系基础是 HACCP，食品质量管理体系基础是 ISO 9000 系列，在二者不断发展、完善、融合的基础上制定具有很强的综合性、适用性和可操作性的食品质量安全管理体系。

 【复习思考题】>>>

一、填空题

1. 在质量定义中，"固有特性"一般指产品的_____、_____、_____、_____、_____和_____。

2. 作为一个商品来说，其质量不仅指最终产品质量，还包括_____质量和_____质量。

3. 食品安全管理体系主要是_____、食品质量管理体系主要是_____系列，目前将其二者融合的标准是_____。

二、名词解释

食品质量、质量管理、质量方针、质量体系、质量控制、质量保证、质量改进、全面质量管理。

三、简答题

1. 你认为当前食品安全主要存在哪些问题？

2. 食品质量保障体系包括哪几个方面？

3. 与其他商品比较，食品具有哪些特性？

4. 简述质量管理发展各个阶段的核心内容及特点。

5. 如何理解全面质量管理的概念？

6. 质量管理的八项原则是什么？

7. 为什么说没有绝对安全的食品？你如何理解食品的安全性？

第二章 >>>

影响食品安全的因素

 【学习目标】>>>

1. 掌握生物性、化学性和物理性食品污染物的种类、污染源、污染途径、对人体产生的危害作用以及污染控制方法。

2. 掌握食品添加剂的标准和管理办法。

3. 了解食品容器包装材料对食品安全的影响。

食品从初级生产到消费的各个环节中可能引入对人体健康产生不良影响的物质，这些物质除少量为天然动植物原料本身含有外，主要来源于有外界环境污染、食品加工过程控制不当产生或加入，如酒中甲醇、烧烤制品中杂环胺；不良环境下食品成分发生异常变化，如脂肪酸败等。食品中危害物质主要有三大类：生物性危害，包括微生物、寄生虫及虫卵、昆虫等；化学性危害，包括农药、重金属、食品添加剂、其他有害化学物质等；物理性危害，包括固体杂质、放射性污染等。

第一节　食品原材料中的天然毒素

一、天然食品的安全性

随着科技的发展，生活水平的提高，人们对食品生产中发生食品污染问题的认识日益加深，因此，近几年来，非人工培植的、未经加工的天然食品越来越受到消费者的青睐。天然的就是安全的吗？实际情况并非如此，在可作为食物的很多有机体中存在着一些对人体健康有害的物质，如果不进行正确加工处理或食用不当，也易造成食物中毒。由天然食物引起的食物中毒主要有以下几类。

1. 人体遗传因素

食品成分和食用量都正常，却由于个别人体遗传因素的特殊性而引起的症状。例如：有些特殊人群因先天缺乏乳糖酶，不能将牛乳中的乳糖分解为葡萄糖和半乳糖，因而不能吸收利用乳糖，饮用牛乳后出现腹胀、腹泻等乳糖不耐受症状。

2. 过敏反应

食品成分和食用量都正常，却因过敏反应而发生的症状。某些人日常食用无害食品后，因体质敏感而引起局部或全身不适症状，称为食物过敏。各种肉类、鱼类、蛋类、蔬菜和水果都可以成为某些人的过敏原食物。

3. 食用量过大

食品成分正常，但因食用量过大引起各种症状。例如：荔枝含维生素 C 较多，如果连日大量食用，可引起"荔枝病"，出现饥饿感、头晕、心悸、无力、出冷汗，甚至死亡。

4. 食品加工处理不当

对含有天然毒素的食品处理不当，不能彻底清除毒素，食后引起相应的中毒症状。例如：河豚、鲜黄花菜、发芽的马铃薯等如处理不当，少量食用亦可引起中毒。

5. 误食含毒素的生物

某些外形与正常食物相似，而实际含有有毒成分的生物有机体，被作为食物误食而引起中毒（如毒蕈等）。

二、食品中的天然毒素及不安全因素

1. 天然毒素分类

天然毒素是指生物体本身含有的或生物体在代谢过程中产生的某些有毒成分。在可作为食品原材料的生物中，包括植物、动物和微生物，存在着许多天然毒素，根据这些毒素的化学组成和结构分为以下几类。

（1）苷类

苷类又称配糖体或糖苷。它们广泛分布于植物的根、茎、叶、花和果实中。其中皂苷和氰苷等常引起人的食物中毒。

（2）生物碱

生物碱是一类具有复杂环状结构的含氮有机化合物。有毒的生物碱主要有茄碱、秋水仙碱、烟碱、吗啡碱、罂粟碱、麻黄碱、黄连碱和颠茄碱（阿托品与可卡因）等。生物碱主要分布于罂粟科、茄科、毛茛科、豆科、夹竹桃科等 100 多种植物中。此外，动物中有海狸、蟾蜍等亦可分泌生物碱。

（3）有毒蛋白或复合蛋白

异体蛋白质注入人体组织可引起过敏反应，某些蛋白质经食品摄入亦可产生各种毒性反应。植物中的胰蛋白酶抑制剂、红血球凝集素、蓖麻毒素、巴豆毒素、刺槐毒素、硒蛋白等均属于有毒蛋白或复合蛋白，处理不当会对人体造成危害。例如：胰蛋白酶抑制剂存在于未煮熟透的大豆及其豆乳中，具有抑制胰脏分泌的胰蛋白酶的活性，摄入后影响人体对大豆蛋白质的消化吸收，导致胰脏肿大，抑制生长发育。血球凝集素存在于大豆和菜豆中，具有凝集红细胞的作用。此外，动物中青海湖裸鲤、鲶鱼、鲤鱼和石斑鱼等鱼类的卵中含有的鱼卵毒素也属于有毒蛋白。

（4）非蛋白类神经毒素

主要指河豚毒素、石房蛤毒素、肉毒鱼毒素、螺类毒素、海兔毒素等，大多分布于河豚、蛤类、螺类、蚌类、贻贝类、海兔等水生动物中。这些水生动物本身无毒、可食用，但因直接摄取了海洋浮游生物中的有毒藻类（如甲藻、蓝藻），或通过食物链（有毒藻类→小鱼→大鱼）间接摄取毒素并将毒素积累和浓缩于体内。

（5）动物中的其他有毒物质

猪、牛、羊、禽等畜禽肉是人类普遍食用的动物性食品。在正常情况下，它们的肌肉无毒而可安全食用。但其体内的某些腺体、脏器或分泌物，如摄食过量或误食，可扰乱人体正常代谢，甚至引起食物中毒。

（6）毒蕈（毒蘑菇）

系指食后能引起中毒的蕈类。毒蕈有 80 多种，其中含剧毒能将人致死的毒蕈在 10 种以下。

2. 常见含有天然毒素食物的危害及防控措施

（1）植物性食物

① 菜豆和大豆。菜豆（四季豆）和大豆中含有皂苷。食用不当易引起食物中毒，一年四季皆可发生。烹调不当、炒煮不够熟透的豆类，所含皂苷不能完全破坏即可引起中毒，主要是胃肠炎。潜伏期一般 2～4h。中毒症状主要为：呕吐、腹泻（水样便）、头疼、胸闷、四肢发麻。病程为数小时或 1～2d，恢复快，预后良好。因此烹调时应使菜豆充分炒熟、煮透，至青绿色消失、无豆腥味、无生硬感，以破坏其中所含有的全部毒素。

② 含氰苷食物。能引起食物中毒的氰苷类化合物主要有苦杏仁苷和亚麻苦苷。苦杏仁苷主要存在于果仁中；而亚麻苦苷主要存在于木薯、亚麻籽及其幼苗，以及玉米、高粱、燕麦、水稻等农作物的幼苗中。其中以苦杏仁、苦桃仁、木薯，以及玉米和高粱的幼苗中含氰苷毒性较大。如儿童生食 6 粒苦杏仁即可中毒，也有自用苦杏仁治疗小儿咳嗽（祛痰止咳）而引起中毒的例子；生食或食入未煮熟透的木薯或喝煮木薯的汤也可引起中毒。苦杏仁中毒潜伏期为 0.5～5h，木薯中毒潜伏期为 1～12h。中毒症状主要为：初起口中苦涩、流涎、头晕、头痛、恶心、呕吐、心悸、脉频及四肢乏力等症状，重症者胸闷、呼吸困难，严重者意识不清、昏迷、四肢冰冷，最后因呼吸麻痹或心跳停止而死亡。要加强宣传教育，禁止生食此类食物。

③ 发芽马铃薯。马铃薯（土豆）发芽后可大量产生一种对人具毒性的生物碱——龙葵素，人体摄入 0.2～0.4g，就能发生严重中毒。马铃薯中龙葵素一般含量为 2～10mg/100g，如发芽、皮变绿后可达 35～40mg/100g，尤其在幼芽及芽基部的含量最多。马铃薯如储藏不当，容易发芽或部分变黑绿色，烹调时又未能除去或破坏龙葵素，食后便易发生中毒。其潜伏期为数十分钟至数小时。中毒症状主要为：舌咽麻痒、胃部灼痛及胃肠炎症状；瞳孔散大，耳鸣等；重症者抽搐，意识丧失甚至死亡。应禁止食用发芽或部分变黑绿色马铃薯。

（2）动物性食物

① 河豚。河豚含有剧毒物质河豚毒素和河豚酸，0.5mg 河豚毒素就可以使体重 70kg 的人致死。其毒素主要存在于卵巢和肝脏内，其次为肾脏、血液、眼睛、鳃和皮肤。河豚毒素的含量因河豚的品种、雌雄、季节而不同，一般雌鱼中毒素较高，特别是在春夏季的怀孕阶

段毒性最强。河豚毒素是一种很强的神经毒，能使肌肉麻痹。发病急速而剧烈，潜伏期短（10min～3h），死亡率高。中毒症状主要为：最初感觉口渴，唇、舌、手指发麻，然后出现胃肠道症状，之后发展到四肢麻痹、共济失调、瘫痪，血压、体温下降，重症者因呼吸衰竭窒息致死。

河豚毒素为小分子化合物，对热稳定，一般的烹饪加工方法很难使之破坏。但河豚味道鲜美，每年都有一些食客拼死吃河豚而发生中毒致死事件。因此，河豚中毒是世界上最严重的动物性食物中毒之一，各国都很重视。中国的《水产品卫生管理办法》中严禁餐饮店将河豚作为菜肴经营，也禁止在市场销售。水产收购、加工、市场管理等部门应严格把关，防止鲜河豚进入市场或混进其他水产品中导致误食而中毒。

② 青皮红肉鱼类。青皮红肉的鱼类（如鲣鱼、鲐鱼、秋刀鱼、沙丁鱼、竹荚鱼、金枪鱼等）可引起过敏性食物中毒。这类鱼肌肉中含较高的组氨酸，当受到富含组氨酸脱羧酶的细菌污染和作用后，形成大量组胺，一般当人体摄入组胺量达 1.5mg/kg 以上时，即易发生中毒。但也与个体与组胺的过敏性有关。组胺中毒是一种过敏型食物中毒，中毒症状主要为：面部、胸部或全身潮红，头痛，头晕，胸闷，呼吸急迫；部分病人出现结膜出血、口唇肿，或口、舌、四肢发麻，以及恶心、呕吐、腹痛、腹泻、荨麻疹等；有的可出现支气管哮喘、呼吸困难、血压下降。病程大多为 1～2d，预后良好。

③ 贝类。某些无毒可供食用的贝类，在摄取了有毒藻类后，就被毒化。因毒素在贝类体内呈结合状态，故贝体本身并不中毒，也无外形上的变化。当人们食用这种贝类后，毒素被迅速释放而发生麻痹性神经症状，称为麻痹性贝类中毒。

中国浙江、福建、广东等地曾多次发生贝类中毒，导致中毒的贝类有蚶子、花蛤、香螺、织纹螺等经常食用的贝类。

有毒藻类主要为甲藻类，特别是一些属于膝沟藻科的藻类。毒藻类中的贝类麻痹性毒素主要是石房蛤毒素，是一种神经毒，毒性较强，且耐热，一般烹饪方法不易完全破坏，对人经口致死量为 0.54～0.9mg。中毒症状主要为：突然发病，唇、舌麻木，肢端麻痹，头晕恶心，胸闷乏力等；部分病人伴有低烧；重症者则昏迷，呼吸困难，最后因呼吸衰竭窒息而死亡。

预防措施是进行环境监测，标示具有毒藻类的水环境，禁止捕捞食用。

(3) 毒蕈

蕈菌一般称作蘑菇，不是分类学上的术语，是指所有具子实体（担子果和子囊果）的大型高等霉菌的伞形子实体。蕈类通常分为食蕈、条件食蕈和毒蕈三类。食蕈味道鲜美，有一定的营养价值；条件食蕈，主要指通过加热、水洗或晒干等处理后方可安全食用的蕈类（如乳菇类）；毒蕈系指食后能引起中毒的蕈类。中国可食用蕈近 300 种，毒蕈 80 多种，其中含剧毒能将人致死的毒蕈在 10 种左右。

毒蕈中含有多种毒素，往往由于采集野生鲜蕈时因缺乏经验而误食中毒。毒蕈含有毒素的种类与含量因品种、地区、季节、生长条件的不同而异。中毒的发生与食用者个体体质、烹调方法、饮食习惯有关。

毒蕈的有毒成分比较复杂，往往一种毒素存在于几种毒蕈中或一种毒蕈又可能含有多种毒素。几种有毒成分同时存在时，有的互相抵制，有的互相协同，因而症状较为复杂。一般按临床表现将毒蕈中毒分为四型。

① 肝肾损坏型（原浆毒型）：主要表现为消化道症状。

② 神经毒型：除有胃肠反应外，主要表现为精神神经症状，如精神兴奋或抑制，精神错乱，交感或副交感神经受影响等症状。除少数严重中毒因昏迷或呼吸抑制死亡外，很少发生死亡。

③ 溶血毒型：除致胃肠炎症状外，还可引起溶血性贫血、肝脏肿大或肾脏的损坏。

④ 胃肠毒型：以恶心、呕吐、腹痛、腹泻为主要表现。

预防控制措施：宣传教育，不购买食用未知的野生菌。

(4) 食物含有的过敏原

食物过敏是指食物中的某些物质（通常是蛋白质）进入某些人体内，被机体免疫系统识别为入侵的病原体，引发免疫反应，对身体造成不良影响。食品中能使机体产生过敏反应的物质称为过敏原。有160多种食品中含有可以导致过敏反应的过敏原。常见的含过敏原的食品有：乳及乳制品（例如牛奶、山羊奶），坚果（例如杏仁、胡桃、山核桃、榛子和腰果），菜籽（例如葵花籽、芝麻），豆类（例如花生、大豆、豌豆、蚕豆），蛋类，巧克力，香辛料，鲜果（芒果），海产品（虾、贝壳类）等。

预防控制措施：作为食品生产企业，可通过增加脱敏工艺，去除过敏原或使其失活。未经脱敏处理的食品应在食品包装上对易于引起过敏的过敏原添加警示标志。作为消费者，要规避引起过敏的食物，或进行脱敏治疗。

第二节 生物性危害

食品在生产、加工、贮存、运输、销售的很多环节都可能受到微生物、寄生虫和昆虫等生物污染，危害人体健康，其中由微生物污染引发的食源性疾病是影响食品安全的重要因素。

一、食品的细菌污染与腐败变质

微生物无处不在，空气、水、土壤和人体表面都有微生物，食品及其原料含有多种多样的微生物，并在储藏和加工过程中会生长繁殖而引起食品的腐败变质。

1. 食品腐败变质的概念

食品的腐败变质，一般是指食品在一定的环境因素影响下，由微生物为主的多种因素作用所发生的食品失去或降低食用价值的一切变化，包括食品成分和感官性质的各种变化。如鱼肉的腐臭、油脂的酸败、水果蔬菜的腐烂和粮食的霉变等。

食品的腐败变质是食品卫生和安全中经常且普遍遇到的实际问题，因此必须掌握食品腐败变质的规律，以便采取有效的控制措施。

2. 影响食品腐败变质的因素

食品的腐败变质与食品本身的性质、微生物的种类和数量以及当时所处的环境因素都有着密切的关系，它们综合作用的结果决定着食品是否发生变质以及变质的程度。

（1）微生物

在食品的腐败变质过程中，微生物起着决定性的作用。能引起食品发生变质的微生物主要有细菌、酵母和霉菌。细菌一般生长于潮湿的环境中，并都具有分解蛋白质的能力，从而使食品腐败变质。酵母一般喜欢生活在含糖量较高或含一定盐分的食品上，但不能利用淀粉。大多数酵母具有利用有机酸的能力，但是分解利用蛋白质、脂肪的能力很弱，只有少数较强，因此，酵母可使糖浆、蜂蜜和蜜饯等食品腐败变质。霉菌生长所需要的水分活性较细菌低，所以水分活性较低的食品中霉菌比细菌更易引起食品的腐败变质。

（2）环境因素

微生物在适宜的环境（如温度、湿度、阳光和水分等）条件下，会迅速生长繁殖，使食品发生腐败变质。温度 25～40℃、相对湿度超过 70%，是大多数嗜温微生物生长繁殖最适宜的条件。紫外线、氧的作用可促进油脂氧化和酸败。空气中的氧气可促进好氧性腐败菌的生长繁殖，从而加速食品的腐败变质。

（3）食品自身因素

动植物食品都含有蛋白质、脂肪、碳水化合物、维生素和矿物质等营养成分，还含有一定的水分，具有一定的酸性并含有分解各种成分的酶等，这些都是微生物在食品中生长繁殖并引起食品成分分解的先决条件。

3. 食品腐败变质的常见类型

（1）变黏

食品变黏常发生在以碳水化合物为主的食品中，食品变黏主要是由于细菌生长代谢形成的多糖所致。

（2）变酸

食品变酸常发生在碳水化合物为主的食品和乳制品中。食品变酸主要是由于腐败微生物生长代谢产酸所致。

（3）变臭

食品变臭主要是由于细菌分解蛋白质为主的食品产生有机胺、氨气、甲硫醇和粪臭素等所致。

（4）发霉和变色

食品发霉主要发生在碳水化合物为主的食品，细菌可使以蛋白质为主的食品和以碳水化合物为主的食品产生色变。

（5）变浊

变浊发生在液体食品。食品变浊是一种复杂的变质现象。

（6）变软

变软主要发生于水果蔬菜及其制品。变软的原因是水果蔬菜内的果胶质等物质被微生物分解。

4. 食品腐败变质的危害

腐败变质食品对人体健康的影响主要表现在以下三个方面。

(1) 食品变质产生的厌恶感

由于微生物在生长繁殖过程中促使食品中各种成分（分解）变化，改变了食品原有的感官性状，使人对其产生厌恶感。

(2) 食品营养价值的降低

由于食品中蛋白质、脂肪、碳水化合物腐败变质后结构发生变化，因而丧失了原有的营养价值。

(3) 食品变质引起人体中毒或潜在危害

食品从生产加工到销售的整个过程中，食品被污染的方式和程度也很复杂，食品腐败变质产生的有毒物质多种多样，因此，腐败变质食品对人体健康造成的危害也表现不同。

① 急性毒性。一般情况下，腐败变质食品常引起急性中毒，轻者多表现为急性胃肠炎症状，如呕吐、恶心、腹痛、腹泻、发烧等，经过治疗可以恢复健康；重者可出现呼吸、循环、神经等系统症状，抢救及时可转危为安，如贻误时机可危及生命。

② 慢性毒性或潜在危害。有些变质食品中的有毒物质含量较少，或者由于本身毒性作用的特点，并不引起急性中毒，但长期食用，往往可造成慢性中毒，甚至可致癌、致畸、致突变。

食品的腐败变质，不仅会损害食品的可食性，而且严重时会引起食物中毒，产生食品安全问题。因此，防止食品的腐败变质，对保证食品的安全和质量具有十分重要的意义。

5. 防止食品腐败变质的方法

常用的防止食品腐败变质的方法有：低温保藏法、加热杀菌法、物理保藏法、化学保藏法、辐照保藏法等。

(1) 低温保藏

低温条件可以有效地抑制微生物的生长繁殖和作用，降低酶的活性和食品内化学反应的速率，有利于保证食品质量。使用 $-32℃$ 或更低温度的快速冷冻方法在食品保藏上被认为是最为理想的，在这种情况下，由于形成较小的冰晶体，不会破坏食品的细胞结构。

(2) 加热杀菌

加热的目的在于杀灭微生物，破坏食品中的酶类，可以有效地防止食品的腐败变质，延长保质期。大部分微生物营养细胞在 $60℃$ 停留 $30min$ 便死亡。

(3) 物理保藏

① 通过用物理方法去除食品中水分含量，使其降至一定限度以下，使微生物不能生长，酶的活性也受到限制，从而防止食品的腐败变质。

② 微生物在高渗透压环境下细胞发生质壁分离，代谢停止。用增加渗透压的方法（盐腌或糖蜜）能防止食品腐败。高渗透压虽然可以抑制微生物生长，但不可能完全杀死微生物。

(4) 化学保藏

① 在食品中加入某些具有抑制微生物生长的化学物质可防止食品腐败。例如：山梨酸和丙酸加入面包中用来抑制霉菌生长；腌肉时加入硝酸盐和亚硝酸盐，除具发色作用外，对某些厌氧细菌也有抑制作用。化学防腐剂的使用必须符合食品添加剂的有关标准。

② 利用化学方法使食品的 Q（温度系数，下同）值降至 4.5 以下，这时除少数酵母菌、

霉菌和乳酸菌属细菌等耐酸菌外，大部分致病菌可被抑制或杀死。这种方法多用来保存蔬菜。

（5）辐照保藏

辐照保藏是继冷冻、腌渍、脱水等传统保藏方法之后发展起来的新方法。主要是将放射线用于食品灭菌、杀虫、抑制发芽等，以延长食品的保藏期限。另外也用于促进成熟和改进食品品质等方面。受照射处理的食品称为辐照食品。辐射源多用钴（^{60}Co）、铯（^{137}Cs）等放射性同位素放出的 γ 射线直接辐射食品。紫外线可用来减少一些食品的表面污染。肉类加工厂冷藏室常安装能减少表面污染的紫外灯，因此使得储藏物较长时间不腐败。

二、细菌引起的食源性疾病

通过摄食而进入人体的各种致病因子（病原体）引起的，通常具有感染性的或中毒性的一类疾病，都称之为食源性疾病，包括食物中毒、肠道传染病、人畜共患传染病、寄生虫病等，其中由细菌污染食品而引起的食源性疾病最为常见，传统上称为细菌性食物中毒。

1. 细菌性食物中毒的原因及症状

细菌性食物中毒按中毒机理分为以下三类。

① 感染型。由摄取含有大量病原活菌的食物引起，病原菌在消化道内生长繁殖，并可通过消化道造成全身感染。其症状多样，常见的是胃肠道症状，例如腹部疼痛、恶心、呕吐、发热、腹泻等。有的具有全身症状，例如头痛、发热、意识模糊、全身酸痛等。严重者可昏迷。

② 毒素型。人体摄入含有微生物毒素的食品后由于毒素的作用而引起的中毒。根据毒素作用的组织器官不同而产生多种症状。

肠道型：由肠毒素引起，主要是胃肠道症状，例如腹部疼痛、恶心、呕吐、腹泻等，严重者大便呈水样，且大便大量出血，严重脱水，甚至引发血性尿毒症、肾衰竭等并发症。

神经型：例如肉毒素经肠道吸收后进入血液，然后作用于人体的中枢神经系统，导致肌肉收缩和神经功能不全或丧失。症状为头痛、头晕，然后出现视力模糊、张目困难等症状；有的可出现声音嘶哑、语言障碍、吞咽困难等；严重者可引起呼吸和心脏功能的衰竭而死亡。

③ 混合型。摄入大量菌体，并伴随着毒素的作用，既有感染型又有神经型的症状。

2. 引起食物中毒的常见细菌类群

① 感染型。沙门氏菌、粪链球菌、单核细胞增生李斯特菌、小肠结肠炎耶尔森菌。

② 毒素型。金黄色葡萄球菌、肉毒梭菌。

③ 混合型。大肠埃希菌、副溶血性弧菌、变形杆菌、蜡状芽孢杆菌、魏氏梭菌。

3. 细菌性食物中毒的预防措施

细菌性食物中毒多发生在餐饮业和熟食制品，其预防措施一是防止细菌污染；二是防止细菌在食品中大量繁殖，产生毒素。

① 防止食品加工过程中污染。加强食品生产、销售环节的卫生管理，防止细菌对食品的污染。

② 防止原料污染。在食品加工过程中，应使用新鲜的原料，避免泥土的污染。

③ 防止交叉感染。加工后的食品应严格执行生、熟食分开制度。严禁家畜、家禽进入厨房和食品加工车间，避免再次污染。

④ 防止带菌人群对食品的污染。定期对食品生产人员、饮食从业人员及保育员等有关人员进行健康检查，患有化脓性感染的人员不适于从事任何与食品有关的工作。

⑤ 防止毒素的形成。食品、半成品在低温、通风良好的条件下储藏。在气温较高季节，各种熟食放置时间不得超过 6h，食用前还必须彻底加热。

三、病毒对食品的污染危害

病毒虽然无细胞形态，但在环境中也广泛存在，且有一定抗性，可以通过水等途径直接或间接污染食品，间接感染人体后造成危害。食源性的病毒性疾病主要有以下几种。

1. 甲肝病毒

甲肝主要通过粪便、消化道传播，人与人的直接接触是最主要的传播方式，其次是通过被污染的水和食物传播。该病毒能在海水中长期生存，因此经水产品，如毛蚶、蛤类、牡蛎、蟹等，常引起甲肝暴发。

人感染甲肝有恶心、黄疸、食欲减退、呕吐等症状。病程数周。

预防控制措施：对操作人员进行健康管理，贝壳类食品来源要可靠；操作规范，防止交叉污染。

2. 诺如病毒

诺如病毒属人类杯状病毒科，在美国等发达国家既是造成急性胃肠炎疫情暴发的首要病原，也是儿童和成人急性胃肠炎散发病例的常见病因。诺如病毒在环境中抵抗力较强，可以因饮食、接触、贝类和水源等途径感染。最易播散的场所是老年公寓、幼儿园、学校和医院。

诺如病毒感染的临床症状：恶心、呕吐、腹泻、腹痛、发热、厌食等。儿童呕吐多于腹泻，而成人腹泻较为常见。

预防控制措施：勤洗手、食物生熟分开操作防止交叉污染；少吃生食，特别是不生吃牡蛎等贝壳类海鲜；蔬菜水果需要彻底清洗。

3. 疯牛病病毒

疯牛病病毒是称为朊粒的微小病毒，最先从感染牛体中分离，是一类可侵犯人类和动物中枢神经系统的致死性疾病，其潜伏期长、病程短，死亡率100%。

疯牛病病原体朊粒具有很强的抵抗力和感染力。耐受高热，普通煮沸等一般的食品灭菌方法不能破坏；耐受紫外线照射；对化学药物也有抵抗性。以食物链为途径传播，人食用了携带朊粒的牛肉、内脏、脑或其加工的产品，就可能被感染。

预防控制措施：对牛养殖场实行严格管控，杜绝病毒传播。

四、霉菌对食品的污染危害

自然界中的霉菌分布非常广泛，对各类食品污染的机会很多，可以说所有食品上都可能有霉菌生存。例如：在粮食加工及制作成品的过程中，油料作物的种子、水果、干果、肉类制品、乳制品、发酵食品等均发现过霉菌毒素。

1. 霉菌与霉菌毒素的污染

霉菌及霉菌毒素污染食品后，引起的危害主要有两个方面：一是，霉菌引起的食品变质，降低食品的食用价值，甚至不能食用，每年全世界平均至少有2%的粮食因为霉变而不能食用；二是，霉菌如在食品或饲料中产毒可引起人畜霉菌毒素中毒，其中由霉菌毒素引起的中毒是影响食品安全的重要因素。

霉菌毒素的中毒系指霉菌毒素引起的对人体健康的各种损害。目前已知的霉菌毒素有200多种。与食品卫生关系密切的有黄曲霉毒素、赭曲霉毒素、杂色曲霉素、烟曲霉震颤素、单端孢霉烯族化合物、玉米赤霉烯酮、伏马菌素以及展青霉素、橘青霉素、黄绿青霉素等。其中最为重要的是黄曲霉毒素和镰孢菌类毒素。

(1) 黄曲霉毒素

① 性质。黄曲霉毒素（aflatoxin，简称AF）是一类结构类似的化合物，目前已经分离鉴定出20多种，主要为AFB和AFG两大类。AF耐热，一般的烹调加工很难将其破坏，在280℃时，才发生裂解，毒性破坏。AF在中性和酸性环境中稳定，在Q为9～10的氢氧化钠强碱性环境中能迅速分解，形成香豆素钠盐。

② 产毒的条件。黄曲霉产毒的必要条件为湿度80%～90%，温度25～30℃，氧气1%。此外天然基质培养基（玉米、大米和花生粉）比人工合成培养基产毒量高。

③ 对食品的污染。温暖潮湿地区黄曲霉毒素污染较为严重，主要污染的粮食作物为花生、花生油和玉米，大米、小麦、面粉污染较轻，豆类很少受到污染。

④ 毒性。黄曲霉毒素有很强的急性毒性，也有明显的慢性毒性和致癌性。

急性毒性：黄曲霉毒素为剧毒物，其毒性为氰化钾的10倍。一次大量口服后，可出现急性毒性症状，表现为肝实质细胞坏死、胆管上皮增生、肝脏脂肪浸润、脂质消失延迟、肝脏出血等。

慢性毒性：长期小剂量摄入AF可造成慢性损害，从实际意义出发，它比急性中毒更为严重。其主要表现是动物生长障碍，肝脏出现亚急性或慢性损伤。其他症状如食物利用率下降、体重减轻、生长发育迟缓、雌性不育或产仔少。

致癌性：AF可诱发多种动物发生癌症。从肝癌流行病学研究发现，凡食物中黄曲霉毒素污染严重和人类实际摄入量比较高的地区，原发性肝癌发病率高。

(2) 镰孢菌类毒素

镰孢菌类毒素种类较多，从食品卫生角度（与食品可能有关）主要有单端孢霉烯族化合物、玉米赤霉烯酮、伏马菌素、丁烯酸内酯等毒素。

① 单端孢霉烯族化合物。是一组主要由镰刀菌的某些菌种所产生的生物活性和化学结构相似的有毒代谢产物。其化学性能非常稳定，一般能溶于中等极性的有机溶剂，微溶于水。在烹调过程中不易被破坏，具有较强的细胞毒性、免疫抑制和致畸作用，有的有弱致癌性。急性毒性也强，可使人和动物出现呕吐。

② 玉米赤霉烯酮。主要由禾谷镰刀菌、黄色镰刀菌、木贼镰刀菌等产生，是一类结构相似具有二羟基苯酸内酯类化合物，主要作用于生殖系统，具有类雌激素作用。玉米赤霉烯

酮主要污染玉米，也可污染小麦、大麦、燕麦和大米等粮食作物。

③ 伏马菌素（FB）。是一种霉菌毒素，由串珠镰刀菌产生。是一类由不同的多氢醇和丙三羧酸组成的双酯化合物。从伏马菌素中分离出两种结构相似的有毒物质，分别被命名为伏马菌素 B_1（FB_1）和伏马菌素 B_2（FB_2）。食物中以 FB_1 为主，主要污染玉米及玉米制品，为水溶性霉菌毒素，对热稳定，不易被蒸煮破坏。可引起马的脑白质软化症、羊的肾病变、狒狒的心脏血栓、猪和猴的肝脏毒性、猪的肺水肿、抑制鸡的免疫系统，还可以引起动物实验性的肝癌。可以确定，FB 是一种致癌剂。

2. 霉菌性食物中毒的预防与控制

在自然界中食物要完全避免霉菌污染是比较困难的，但要保证食品安全，就必须将食物中霉菌毒素的含量控制在允许的范围内，主要做法应从以下两方面入手：一方面，需要减少谷物、饲料在田野、收获前后、储藏运输和加工过程中霉菌的污染和毒素的产生；另一方面，需要在食用前和食用时去除毒素或不吃霉烂变质的谷物和毒素含量超过标准的食物。目前国内外采取的预防和去除霉菌毒素污染的重要措施如下。

① 利用合理耕作、灌溉和施肥、适时收获来降低霉菌的浸染和毒素的产生。

② 采取减少粮食及饲料的水分含量，降低储藏温度和改进储藏、加工方式等措施来减少霉菌毒素的污染。

③ 通过抗性育种，培养抗霉菌的作物品种。

④ 加强污染的检测和检验，严格执行食品卫生标准，禁止出售和进口霉菌毒素超过含量标准的粮食和饲料。

⑤ 利用碱炼法、活性白陶土和凹凸棒黏土或高岭土吸附法、紫外线照射法、山苍子油熏蒸法和五香酚混合蒸煮法等化学、物理学方法去毒。

以上方法用于去除花生等食品中的黄曲霉毒素，是十分有效的。为了最大限度地抑制霉菌毒素对人类健康和安全的威胁，中国对食品及食品加工制品中黄曲霉毒素的允许残留量制定了相关的标准。

五、寄生虫对食品的污染危害

寄生虫是需要有寄主才能存活的生物，它们生活在寄主体表或其体内，寄主或中间宿主可能是动物（包括人）、植物或微生物，如果控制不当，人可能通过作为寄主或中间宿主的肉品、鱼类、果蔬而感染，导致疾病。

1. 家畜寄生虫

常见的家畜寄生虫有猪囊尾蚴和猪旋毛虫。

猪囊尾蚴是猪带绦虫的幼虫，寄生在猪的横纹肌及结缔组织中，呈包囊状，又称"猪囊虫"，人是猪带绦虫的终末宿主，中间宿主除猪以外，还有犬、猫、人。人通过食用未经煮熟的猪肉而感染绦虫病，成虫寄生于人的小肠，经粪便排出孕卵节片，污染环境后易造成人畜间反复相互感染。人感染了猪绦虫病会出现贫血、消瘦、腹痛、消化不良、腹泻等症状。如果囊尾蚴寄生于人体肌肉，则会感到肌肉酸痛、僵硬；寄生于脑内，因脑组织受到压迫会出现神经症状，如抽搐、头痛、瘫痪，甚至死亡；寄生于眼部可影响视力，甚至失明。

旋毛虫是一种极小的线虫，成虫寄生于猪的小肠，幼虫寄生于横纹肌，其宿主有肉食兽、杂食兽、啮齿类和人，家畜中主要见于猪和犬，猪主要通过鼠类感染。人因生食或食用未煮熟（不充分的熏烤或涮食）含有活的旋毛虫幼虫肉类而感染。主要临床表现有胃肠道症状、发热、眼睑水肿和肌肉疼痛等。

预防控制措施：生猪养殖过程中进行控制，特别是在散养猪场进行驱虫灭囊、灭鼠工作，同时管理好厕所、猪圈，加强粪便无害化处理，加强人员卫生管理，控制人畜互相感染。加强肉品卫生检验，禁止销售有囊虫感染的肉品。不食用生猪肉和没有完全烧烤熟透的肉类食品，对切肉的刀、砧板、盛具等要生熟分开并及时消毒，可有效地防止囊尾蚴进入人体。

2. 鱼贝类寄生虫

华支睾吸虫、阔节裂头绦虫、猫后睾吸虫等寄生虫的成虫可寄生于人、猫、犬等动物，卵随粪便排出后，在水体中由中间宿主孵化成幼虫，幼虫可进入鱼类体内，人食用了未彻底加热或被污染的食品后，其幼虫就进入小肠发育为成虫，造成病害。

预防控制措施：水产养殖业注意不得用人畜粪便作为饲料；水产品经检验后方可上市；不得食用未经彻底加热的鱼类；水产烹饪加工注意卫生规范，避免交叉污染。

3. 植物类寄生虫

布氏姜片吸虫俗称姜片虫，是寄生在人、猪小肠内的大型吸虫，其成虫或虫卵随粪便排出，污染水体后易附着于荸荠、茭白、菱角等水生植物，人食入带姜片虫囊蚴的食物后，由于姜片虫吸盘发达，吸附力强，吸附在小肠壁。一般致病的潜伏期为 1～3 个月。一般轻度感染无症状。若感染虫数较多，虫体争夺宿主营养，覆盖肠黏膜，影响宿主消化与吸收功能，可导致营养不良和消化功能紊乱，甚至虫体成团而引起肠梗阻。此外，虫体代谢产物和分泌物还可引起变态反应。

预防控制措施：猪粪经生物热处理杀死虫卵后再使用。不生吃未经刷洗过或沸水烫的菱角、荸荠等水生植物。不喝河塘内生水。建议以牛粪为肥料。注意烹饪卫生，防止交叉污染。

第三节　化学性危害

一、重金属污染

重金属污染主要来源于工业的"三废"。对人体有害的重金属主要有汞、镉、砷、铅、铬等，这些有害的重金属大多是由矿山开采、工厂加工生产过程，通过废气、残渣等污染土壤、空气和水。土壤、空气中的重金属由作物吸收直接蓄积在作物体内；水体中的重金属则可通过食物链在生物中富集，如鱼吃草或大鱼吃小鱼。用被污染的水灌溉农田，也使土壤中的重金属含量增多。环境中的重金属通过各种渠道可对食品造成严重污染，其进入人体后可在人体内蓄积，引进人体的急性或慢性毒害作用。

1. 重金属对食品的污染及毒害作用

不同的重金属污染，所造成的危害也不同，下面简要介绍几种重金属污染的危害。

(1) 汞的污染

① 污染途径。未经净化处理的工业"三废"排放后造成河川海域等水体和土壤的汞污染。水中的汞多吸附在悬浮的固体微粒上而沉降于水底，使底泥中含汞量比水中高 $7\sim25$ 倍，且可转化为甲基汞。环境中的汞通过食物链的富集作用在食品中大量残留。

② 对人体的危害。甲基汞进入人体后分布较广。对人体的影响取决于摄入量的多少。长期食用被汞污染的食品，可引起慢性汞中毒的一系列不可逆的神经系统中毒症状，也能在肝、肾等脏器蓄积并透过人脑屏障在脑组织内蓄积。还可通过胎盘侵入胎儿，使胎儿发生中毒。严重的造成妇女不孕症、流产、死产，或使初生婴儿患先天性水俣病，表现为发育不良，智力减退，甚至发生脑麻痹而死亡。

③ 食品中限量。中国国家标准《食品安全国家标准 食品中污染物限量》（GB 2762—2022）规定常见食品内限量为：谷物及制品 0.02mg/kg（以总汞计）；蔬菜及制品、乳及乳制品 0.01mg/kg（以总汞计）；肉类、鲜蛋 0.05mg/kg（以总汞计）；水产动物及其制品（肉食性鱼类及其制品除外）0.5（以甲基汞计）；一般鱼类（金枪鱼、金目鲷、枪鱼、鲨鱼及以上鱼类的制品除外）1.0mg/kg（以甲基汞计）。

(2) 镉的污染

① 污染途径。镉也是通过工业"三废"进入环境，例如目前丢弃在环境中的废电池已成为重要的污染源。土壤中的溶解态镉能直接被植物吸收，不同作物对镉的吸收能力不同，一般蔬菜含镉量比谷物籽粒高，且叶菜根菜类高于瓜果类蔬菜。水生生物能从水中富集镉，其体内浓度可比水体含镉量高 4500 倍左右。据调查非污染区贝介类含镉量为 $0.05\mu g/kg$，而在污染区贝介中镉含量可达 $420\mu g/kg$。动物体内的镉主要经食物、水摄入，且有明显的生物蓄积倾向。

② 对人体的危害。镉也可以在人体内蓄积，长期摄入含镉量较高的食品，可患严重的"痛痛病"，症状以疼痛为主，初期腰背疼痛，以后逐渐扩至全身，疼痛性质为刺痛，安静时缓解，活动时加剧。镉对体内 Zn、Fe、Mn、Se、Ca 的代谢有影响，这些无机元素的缺乏及不足可增加镉的吸收及加强镉的毒性。

③ 食品中限量。中国国家标准《食品安全国家标准 食品中污染物限量》（GB 2762—2022）规定常见食品中镉的限量（以 Gd 计）为：谷物碾压奖品（糙米、大米除外）0.1mg/kg；糙米、大米 0.2mg/kg；叶菜蔬菜 0.2mg/kg；豆类、块根蔬菜 0.1mg/kg；新鲜水果 0.05mg/kg；肉类（畜禽内脏除外）0.1mg/kg；鱼类 0.1mg/kg；蛋及蛋制品 0.05mg/kg。

(3) 铅的污染

① 污染途径。铅在自然环境中分布很广，通过排放的工业"三废"使环境中铅含量进一步增加。植物通过根部吸收土壤中溶解状态的铅，农作物含铅量与生长期和部位有关，一般生长期长的高于生长期短的，根部含量高于茎叶和籽实。

在食品加工过程中，铅可以通过生产用水、容器、设备、包装等途径进入食品。

② 对人体的危害。食用被铅化物污染的食品，可引起神经系统、造血器官和肾脏等发生明显的病变。患者可查出点彩红细胞和牙龈的铅线。常见的症状有食欲不振、胃肠炎、口

腔金属味、失眠、头痛、头晕、肌肉关节酸痛、腹痛、腹泻或便秘、贫血等。

③ 食品中限量。中国国家标准《食品安全国家标准 食品中污染物限量》（GB 2762—2022）规定常见食品中铅的限量（以 Pd 计）为：谷物及制品（麦片、面筋、八宝粥罐头、带馅料面制品除外）0.2mg/kg；麦片、面筋、八宝粥罐头、带馅料面制品 0.5mg/kg；叶菜蔬菜 0.3mg/kg；豆类蔬菜、薯类 0.2mg/kg；新鲜水果 0.1mg/kg；肉类（内脏除外）0.2mg/kg；生乳、灭菌乳 0.02mg/kg；调制乳 0.04mg/kg；蛋及蛋制品（皮蛋及制品除外）0.2mg/kg。

（4）砷的污染

① 污染途径。砷在自然界广泛存在，砷的化合物种类很多，但 As_2O_3 是剧毒物质。在天然食品中含有微量的砷。化工冶炼、焦化、染料和砷矿开采后的废水、废气、废渣中的含砷物质污染水源、土壤等环境后再间接污染食品。水生生物特别是海洋甲壳纲动物对砷有很强的富集能力，可浓缩高达 3300 倍。用含砷废水灌溉农田，砷可在植株各部分残留，其残留量与废水中砷浓度成正比。

农业上由于广泛使用含砷农药，导致农作物直接吸收和通过土壤吸收的砷大大增加。

② 对人体的危害。由于砷污染食品或者受砷废水污染的饮水而引起的急性中毒，主要表现为胃肠炎症状，中枢神经系统麻痹，四肢疼痛，意识丧失而死亡。慢性中毒表现为植物性神经衰弱症、皮肤色素沉着、过度角化、多发性神经炎、肢体血管痉挛、坏疽等症状。

③ 食品中限量。中国国家标准《食品安全国家标准 食品中污染物限量》（GB 2762—2022）规定常见食品中砷的限量（以 As 计）为：谷物（稻谷除外）0.5mg/kg（总砷计）；稻谷、糙米、大米等 0.2mg/kg（无机砷计）；鱼类及其制品 0.1mg/kg（无机砷计）；新鲜蔬菜、肉及肉制品 0.5mg/kg（总砷计）；生乳、灭菌乳、调制乳 0.1mg/kg（总砷计）。

（5）铬的污染

① 污染途径。铬是构成地球元素之一，广泛地存在于自然界环境。含有铬的废水和废渣是环境铬污染的主要污染来源，尤其是皮革厂、电镀厂的废水、下脚料含铬量较高。环境中的铬可以通过水、空气、食物的污染而进入生物体。目前食品中铬污染严重，主要是由于用含铬污水灌溉农田。据测定，用污水灌溉的农田土壤及农作物的含铬量随污灌年限及污灌水的浓度而逐渐增加。作物中的铬大部分在茎叶中。水体中的铬能被生物吸收并在体内蓄积。

② 对人体的危害。铬是人和动物所必需的一种微量元素，人体中缺铬会影响糖类和脂类的代谢，引起动脉粥样硬化。但过量摄入会导致人体中毒。铬中毒主要由六价铬引起，它比三价铬的毒性高 100 倍，可以干扰体内多种重要酶的活性，影响物质的氧化还原和水解过程。小剂量的铬可加速淀粉酶的分解，高浓度铬则可减慢淀粉酶的分解过程。铬能与核蛋白、核酸结合，六价铬可促进维生素 C 的氧化，破坏维生素 C 的生理功能。近来研究表明，铬先以六价的形式渗入细胞，然后在细胞内还原为三价铬而构成"终致癌物"，与细胞内大分子相结合，引起遗传密码的改变，进而引起细胞的突变和癌变。

③ 食品中限量。中国国家标准《食品安全国家标准 食品中污染物限量》（GB 2762—2022）规定常见食品中铬的限量（以 Cr 计）为：谷物、豆类、肉及肉制品 1.0mg/kg；新鲜蔬菜 0.5mg/kg；水产动物及其制品 2.0mg/kg；生乳、巴氏杀菌乳、灭菌乳、调制乳、发酵乳 0.3mg/kg；乳粉和调制乳粉 2.0mg/kg。

2. 重金属污染的控制措施

① 健全法律法规，消除污染源，防止环境污染。建立健全工业"三废"的管理制度。废水、废气、废渣必须按规定处理后达标排放。采用新技术，控制"三废"污染物的产生。对于生活垃圾，要进行分类回收，集中进行无害化处理。只有消除污染源，才能有效控制有害重金属的来源，使其对食品安全的影响减少到最低限度。

② 加强化肥、农药的管理。化肥特别是磷、钾、硼肥以矿物为原料，其中含有某些有害元素，如磷矿石中，除含五氧化二磷外，还含有砷、铬、镉、钯、氟等。垃圾、污泥、污水用作肥料施入土壤中，也含某些重金属。要合理安全使用化肥和含重金属的农药，减少残留和污染，并制定和完善农药残留限量的标准。

③ 对农业生态环境进行检测和治理，禁止使用重金属污染的水灌溉农田。

④ 制定各类食品中有毒有害金属的最高允许限量标准，并加强经常性的监督检测工作。

⑤ 妥善保管有毒有害金属及其化合物，防止误食误用以及人为污染食品。

二、化肥、农药与兽药的污染

1. 化肥、农药与兽药的污染

（1）化肥的污染

化肥是指用矿物、空气、水等做原料，经过化学加工制成的无机肥料。常用的化肥有氮肥、磷肥、钾肥。农业生产中施用化肥，能给农作物补充正常生长所需的养料，对提高农作物产量有很大作用。但是化肥本身，特别是在不合理施用的情况下，也会使环境受到污染。化肥在使用过程中约有 70％逸散于环境中，如果过度施用，很易造成农业环境的污染。化肥造成的污染主要表现在以下几个方面。

① 化肥随农业退水和地表流水进入河、湖、库、塘，造成水体富营养化。据监测，农村许多浅层地下水中硝酸盐、氨态氮肥、亚硝酸盐等含氮化合物严重超标，其中还含有一些致癌物质。

② 化肥施用不合理，使土壤板结、地力下降。

③ 从化肥原料和生产过程中产生的一些对人体有毒有害的微量重金属、无机盐和有机物等成分通过化肥而进入土壤，并在土壤中累积。

④ 化肥施用方法不当，造成大气污染。例如：氮素化肥浅施，撒施后往往造成氮的逸失，进入大气，造成污染；氮肥使用不当，也会增加大气中二氧化碳的含量，增强温室效应，造成植物营养失衡，使植物徒长而造成病虫害大面积发生。

（2）农药的污染

农药是防治植物病虫害，去除杂草，调节农作物生长，实现农业机械化和提高家畜产品产量和质量的主要措施。全世界的化学农药品种有 1400 多种。按化学成分可分为：有机氯类、有机磷类、有机氮类、有机汞类、有机硫、有机砷、氨基甲酸酯及抗谷素制剂等。按用途可分为：杀虫剂、杀菌剂、除草剂、粮食熏蒸剂、植物生长调节剂等。

农药残留是指农药使用后在农作物、土壤、水体、食品中残存的农药母体、衍生物、代谢物、溶解物等的总称。农药残留的数量称为残留量。农药残留状况除了与农药的品种及化学性质有关外，还与施药的浓度、剂量、次数、时间以及气象条件等因素有关。农药残留性越大，在食品中残留量也越大，对人体的危害也越大。农药对食品的污染主要在以下三个方面。

① 施用农药对农作物的直接污染。农药一般喷洒在农作物表面，首先在蔬菜、水果等农产品表面残留，随后通过根、茎、叶被农作物吸收并在体内代谢后残留于农作物组织内。

② 农药使用不当。不遵守安全间隔期的有关规定。安全间隔期是指最后一次施药至作物收获时允许的间隔天数。农药使用不当，没有在安全间隔期后进行收获，是造成农药急性中毒的主要原因。

农药的利用率低于30%，大部分使用的农药都逸散于环境之中。植物可以从环境吸收，动物则通过食物链的富集作用造成在组织中的残留。

③ 农药在运输、贮存过程中保管不当，也可造成食品的农药污染。

(3) 兽药的残留

兽药残留是指动物产品的任何可食部分所含兽药的母体化合物及（或）其代谢物，以及与兽药有关的杂质。所以兽药残留既包括原药，也包括药物在动物体内的代谢产物和兽药生产中所伴生的有害杂质。

兽药经各种途径进入动物体后，分布到几乎全身各个器官，也可通过泌乳和产蛋过程而残留在乳和蛋中。动物体内的药物可通过各种代谢途径，随排泄物排出体外，因此进入动物体内兽药的量随着时间推移而逐渐减少，经过一定时间后，动物体内残留量可在安全标准范围内，此时即可屠宰动物或允许动物产品（奶、蛋）上市，这一段时间就称为休药期。休药期是依据药物在动物体内的消除规律确定的，药物在动物体内的消除规律就是按最大剂量、最长用药周期给药，停药后在不同的时间点屠宰，采集各个组织进行残留量的检测，直至在最后那个时间点采集的所有组织中均检测不出药物为止。

兽药在动物体内的残留量与兽药种类、给药方式、停药时间及器官和组织的种类有很大关系。一般情况下，对兽药有代谢作用的脏器，如肝脏、肾脏，其兽药残留量较高。另外动物种类不同，兽药代谢的速率也不同。例如：通常所用的药物在鸡体内的半衰期大多数在12h以下，多数鸡用药物的休药期为7d。

动物性食品中兽药残留量超标主要有以下几个方面的原因。

① 对违禁或淘汰药物的使用。将有些不允许使用的药物当作添加剂使用，往往会造成残留量大、残留期长，对人体危害严重。

② 不遵守休药期的有关规定。

③ 滥用药物。由于错用、超量使用兽药，例如把治疗量当作添加量长期使用。

④ 饲料在加工过程受污染。若将盛过抗菌药物的容器储藏饲料，或使用盛过药物而没有充分清洗干净的储藏器，都会造成饲料加工过程中兽药污染。

⑤ 用药无记录或方法错误。在用药剂量、给药途径、用药部位和用药动物的种类等方面不符合用药规定，因此造成药物残留在体内；由于没有用药记录而重复用药等都会造成药物在动物体内大量残留。

⑥ 屠宰前使用兽药。屠宰前使用兽药用来掩饰有病畜禽临床症状，逃避宰前检验，很可能造成肉用动物的兽药残留。

2. 化肥、农药与兽药污染的控制

① 科学、合理地选用化肥。要加大有机肥料的施入量，提倡使用菌肥和生物制剂肥料，防治水土污染，禁止在蔬菜地上施用未经处理的垃圾和污泥，严禁污水灌溉。抑制土壤氧化还原状况。为防止土壤的污染还可以推行粮菜轮作、水旱轮作，施加抑制剂，减少污染物的活性，这样不但可以改善土壤的 Q 值，还能使作物降低对放射性物质的吸收。

② 科学、安全地使用农药。选用高效、低毒、低残留的化学农药，禁止使用剧毒、高毒和高残留农药。推广应用低污染或无污染的生物农药，如 BT 乳剂、灭虫灵、苦参素等。

③ 严格遵守兽药使用准则，科学安全地用药。要针对畜禽疫病发生的种类和情况，合理用药，在用药剂量、给药途径、用药部位和用药动物的种类等方面严格按照用药规定，禁止滥用抗生素和激素类药物。

④ 制定和严格执行食品中农药、兽药残留限量标准，制定适合中国的农药、兽药政策。

三、其他化学污染物

1. N-亚硝基化合物污染及其预防

(1) N-亚硝基化合物的种类和来源

N-亚硝基化合物可分为 N-亚硝胺和 N-亚硝酰胺，其前体物是硝酸盐、亚硝酸盐和胺类物质。硝酸盐和亚硝酸盐广泛存在于环境中，是自然界中最普遍的含氮化合物。一般蔬菜中的硝酸盐含量较高，而亚硝酸盐含量较低。但腌制不充分的蔬菜、不新鲜的蔬菜、泡菜中含有较多的亚硝酸盐（其中的硝酸盐在细菌作用下，转变成亚硝酸盐）。另外，硝酸盐作为食品添加剂广泛用于肉制品加工。

含氮的有机胺类化合物也广泛存在于环境中，尤其是食物中，因为蛋白质、氨基酸、磷脂等胺类的前体物是各种天然食品的成分。另外，胺类也是药物、化学农药和一些化工产品的原材料（如大量的二级胺用于药物和工业原料），易于污染环境。

许多天然食品，如海产品、肉制品、啤酒和不新鲜的蔬菜等都含有 N-亚硝基化合物，在动物体内也可合成。

(2) N-亚硝基化合物对人体的危害

动物试验证明，N-亚硝基化合物具有较强的致癌作用。可使多种动物罹患癌肿，通过呼吸道吸入、消化道摄入、皮下肌内注射、皮肤接触的动物均可引起肿瘤，且具有剂量效应关系。妊娠期的动物摄入一定量的 N-亚硝基化合物可通过胎盘使子代动物致癌，甚至影响到第三代和第四代。有的实验显示，N-亚硝基化合物还可以通过乳汁使子代发生肿瘤。

许多流行病学资料显示，N-亚硝基化合物的摄入量与人类的某些肿瘤的发生呈正相关。如胃癌、食管癌、结直肠癌、膀胱癌等。例如，引起肝癌的环境因素，除黄曲霉毒素外，亚硝胺也是重要的环境因素。肝癌高发区的副食以腌菜为主，对肝癌高发区的腌菜中的亚硝胺测定显示，其检出率为 60%。

N-亚硝基化合物，除致癌性外，还具有致畸作用和致突变作用。亚硝酰胺对动物具有致畸作用，并存在剂量效应关系；而亚硝胺的致畸作用很弱。亚硝酰胺是一类直接致突变物。亚硝胺经哺乳动物的混合功能氧化酶系统代谢活化后才具有致突变性。

（3）预防措施

① 减少其前体物的摄入量。如限制食品加工过程中的硝酸盐和亚硝酸盐的添加量；尽量食用新鲜蔬菜等。

② 减少 N-亚硝基化合物的摄入量。人体接触的 N-亚硝基化合物有 $70\%\sim90\%$ 是在体内自己合成的。多食用能阻断 NOC 合成的成分和富含阻断 NOC 合成成分的食品，如维生素 C、维生素 E 及一些多酚类的物质。

③ 制定食品中 N-亚硝基化合物的最高限量标准。

2. 多环芳族化合物

多环芳族化合物目前已鉴定出数百种，其中对苯并［a］芘的研究最早，资料最多。

（1）苯并［a］芘

苯并［a］芘是苯与芘稠合而成的一类多环芳烃。多环芳烃主要由各有机物如煤、柴油、汽油、原油及香烟燃烧不完全而来。食品中的多环芳烃主要有以下几个来源。

① 食品在烘烤或熏制时直接受到污染。

② 食品成分在烹调加工时经高温裂解或热聚形成，是食品中多环芳烃的主要来源。

③ 植物性食物可吸收土壤、水中污染的多环芳烃，并可受大气飘尘直接污染。

④ 食品加工过程中，受机油污染，或食品包装材料的污染，以及在柏油马路上晾晒粮食可使粮食受到污染。

⑤ 污染的水体可使水产品受到污染。

⑥ 植物和微生物体内可合成微量的多环芳烃。

动物试验证实苯并［a］芘对动物具有致癌性，能对大鼠、小鼠、地鼠、豚鼠、蝾螈、兔、鸭及猴等动物成功诱发肿瘤，对小鼠可经胎盘使子代发生肿瘤，也可使大鼠胚胎死亡、仔鼠免疫功能下降。许多流行病学研究资料显示人类摄入多环芳族化合物与胃癌发生率具有相关关系。

（2）杂环胺类化合物（HCA）

在烹饪的肉和鱼类中能检出杂环胺类化合物，这些物质是在高温下由肌酸、肌酐、某些氨基酸和糖形成的，为带杂环的伯胺。

HCA 具有致癌性，可诱发小鼠肝脏肿瘤，也可诱发出肺、前胃和造血系统的肿瘤，大鼠可发生肝、肠道、乳腺等器官的肿瘤。

（3）防止 HCA 危害的措施

① 改进烹调方法，尽量不要采用油煎、油炸、烘烤或熏制的烹调方法，避免过高温度，不要烧焦食物。

② 食品加工过程中防止受到机油的污染，禁止在柏油马路上晾晒粮食。

③ 增加蔬菜水果的摄入量。膳食纤维可以吸附 HCA。而蔬菜和水果中的一些活性成分又可抑制 HCA 的致突变作用。

④ 建立完善的 HCA 的检测方法，开展食物 HCA 含量检测，研究其生成条件和抑制条件，以及在体内的代谢情况，毒害作用的域剂量等方面的研究，尽早制定食品中的允许含量标准。

3. 二噁英

二噁英类化合物是一种重要的环境持久有机污染物，它是目前世界上已知毒性最强的化合物，也称"世纪之毒"。

（1）二噁英的主要污染源及污染途径

二噁英及其类似物主要来源于含氯工业产品的杂质，垃圾焚烧，纸张漂白及汽车尾气排放等。二噁英类化合物在环境中非常稳定，难以降解，亲脂性高，具生物累积性。可经空气、水、土壤的污染，通过食物链，最后在人体达到生物富集，从而使人类的污染负荷达到最高。

某些塑料饲料袋，尤其是聚氯乙烯袋、经漂白的纸张或含油墨的旧报纸包装材料等都会将二噁英转移至饲料或含油脂的食品中。从被二噁英污染的纸制包装袋向牛奶的转移仅需几天的时间。

人体内的二噁英95％来源于食品的摄入。

（2）二噁英的危害

二噁英具有致癌、免疫及生理毒性，一次污染可长期留存体内，长期接触可在体内积蓄，即使低剂量的长期接触也会造成严重的毒害作用。其毒害作用主要有：致死作用、胸腺萎缩及免疫毒性、"氯痤疮"（发生皮肤增生或角化过度）、肝中毒、生殖毒性、发育毒性和致畸性、致癌性。二噁英是全致癌物，单独使用二噁英即可诱发癌症，但它没有遗传毒性。1997年国际癌症研究机构（IARC）将二噁英定为对人致癌的Ⅰ级致癌物。

（3）预防二噁英污染的措施

① 严格执行和实施《固体废物污染环境防治法》。减少化学和家庭废物。禁止焚烧固体垃圾和作物秸秆。加强对垃圾填埋场的监管。

② 禁止用含氯的塑料包装物包装食品和饲料。

③ 加强对食品从原料到产品的检测，制定国家限量标准和检测方法。

④ 加强对二噁英及其类似物的危险性评估和危险性管理方面的研究。

⑤ 加强对预防二噁英污染方面的知识宣传，提高对二噁英污染中毒的自我保护意识。

第四节　食品添加剂对食品安全的影响

食品添加剂在食品加工中扮演着重要角色，对改善食品的色、香、味，调整食品营养结构，改善食品加工条件，延长食品保存期发挥着重要作用。随着食品工业在世界范围内飞速发展和化学合成技术的进步，食品添加剂品种不断增加，产量持续上升。但是，由于食品添加剂不是食品天然成分，如果无限制地使用，也可能引起人体的某些毒害作用。近年来，随着毒理学研究方法的不断发展，已发现原来认为无害的食品添加剂也存在致癌、致畸、致突变等潜在危险。因此，对食品添加剂的研究应不断深入，在生产、使用时要严格执行相关标准。

一、食品添加剂概述

1. 食品添加剂的分类

（1）按照来源分类

① 化学合成的添加剂。利用各种有机物、无机物通过化学合成的方法而得到的添加剂。

目前在使用的添加剂中占主要部分。如防腐剂中的苯甲酸、护色剂中的亚硝酸钠等。

② 生物合成的添加剂。以粮食为原料，利用发酵技术，通过微生物代谢生产的添加剂。如味精、红曲色素、柠檬酸等。

③ 天然提取的添加剂。利用分离提取的方法，从天然的动、植物体等原料中分离提纯而得到的食品添加剂。如色素中的辣椒红、香料中的天然香精油、薄荷等。

（2）按食品添加剂的功能分类

中国在 GB 2760—2014《食品安全国家标准　食品添加剂使用标准》中，将食品添加剂分为 22 类，分别为：酸度调节剂、抗结剂、消泡剂、抗氧化剂、漂白剂、膨松剂、胶基糖果中基础剂物质、着色剂、护色剂、乳化剂、酶制剂、增味剂、面粉处理剂、被膜剂、水分保持剂、防腐剂、稳定和凝固剂、甜味剂、增稠剂、食品用香料、食品工业加工助剂、其他（上述功能类别中不能涵盖的其他功能）。每类添加剂中所包含的种类不同，少则几种（如抗结剂 5 种），多则达千种（如食用香料 1027 种），总数达 2300 多种。

（3）按安全性分类

联合国粮农组织和世界卫生组织所属的国际食品添加剂联合专家委员会（JECFA）把食品添加剂按照安全性评价等级划分为三大类，每类再细分为 2 类。

A 类——JECFA 已制定人体每日允许摄入量（ADI）和暂定 ADI 者，其中，A1 类：经 JECFA 评价认为毒理学资料清楚，已制定出 ADI 值或者认为毒性有限无需规定 ADI 值者；A2 类：JECFA 已制定暂定 ADI 值，但毒理学资料不够完善，暂时许可用于食品者。这类添加剂一般只要按标准使用，不会对人体造成危害、影响身体健康。

B 类——JECFA 曾进行过安全性评价，但未建立 ADI 值，或者未进行过安全性评价者，其中，B1 类：JECFA 曾进行过评价，因毒理学资料不足未制定 ADI 者；B2 类：JECFA 未进行过评价者。该类为有争议的食品添加剂，有的国家按照传统使用。

C 类——JECFA 认为在食品中使用不安全或应该严格限制作为某些食品的特殊用途者，其中，C1 类：JECFA 根据毒理学资料认为在食品中使用不安全者；C2 类：JECFA 认为应严格限制在某些食品中作特殊应用者。该类添加剂中有的国家按照传统习惯使用，有的国家禁止使用。

由于毒理学及评价技术在不断进步和发展，对一些食品添加剂的安全性不可避免地发生变化，因此其所在的安全性评价类别也将进行必要的调整。

2. 食品添加剂的功能

食品添加剂的功能很多，概括地讲主要有以下几种。

① 改进食品风味，提高感官性能引起食欲。如面包和糕点的松软绵甜就是添加剂发酵粉的作用。

② 防止腐败变质，确保食用者的安全与健康，减少食品中毒的现象。实验表明，不加防腐剂的食品的品质显然比加防腐剂的食品的品质要差得多。如食品在气温较高的环境里保管不当时，即使想在短时间不变质也是不可能的，可以说无防腐剂的食品不安全因素反而加大。

③ 满足生产工艺的需要，例如制作豆腐必须使用凝固剂。

④ 提高食品的营养价值，如氨基酸、维生素、矿物质等营养强化剂。

3. 食品添加剂对人体的危害作用

食品添加剂对人体的毒性作用主要有急性毒性作用和慢性毒性作用。急性毒性作用一般只有在误食或滥用的情况下才会发生，慢性毒性作用表现为致癌、致畸和致突变。食品添加剂具有叠加毒性，即单独一种添加剂的毒性可能很小，但两种以上组合后可能会产生新的较强的毒性，特别是当它们与食品中其他化学物质如农药残留、重金属等一同摄入，可能使原来无致癌性的物质转变为致癌物质。另外，有资料表明一些食品添加剂，如水杨酸、色素、香精等，可造成儿童产生过激、暴力等异常行为。

目前，各国在批准使用新的添加剂之前，首先要考虑它的安全性，搞清楚它的来源，并进行安全性评价，经过科学试验证明，确实没有蓄积毒性，才能批准投产使用，并严格规定其安全剂量。因此，食品添加剂对人体的危害，一方面是由于使用不当或超量使用，即"剂量决定危害"；另一方面是使用不符合卫生标准的食品添加剂或将不用于食品的化工用品用于食品生产中。例如，过多摄入苯甲酸及其盐可引起肠炎性过敏反应；腌、腊制品添加过量的硝酸盐、亚硝酸盐会引起急、慢性食物中毒；一些色素在人体内蓄积会使人中毒或致癌等。"苏丹红（一号）"用于食品加工事件，就属于将化工用品用于食品生产加工中，造成了极大的食品化学危害。

4. 食品添加剂的卫生管理

中国将食品添加剂的管理纳入食品质量管理体系，除制定《食品添加剂使用标准》外，原卫生部于 2002 年发布了《食品添加剂卫生管理办法》，2017 年修订为《食品添加剂新品种管理办法》对食品添加剂的开发、生产、经营和使用都做出了明确的管理规定，要求生产、经营企业实行卫生许可制度；对食品添加剂的新产品、新工艺、新用途实行审批程序。

作为食品生产企业，使用食品添加剂应当符合下列要求：

① 不应当掩盖食品腐败变质；
② 不应当掩盖食品本身或者加工过程中的质量缺陷；
③ 不以掺杂、掺假、伪造为目的而使用食品添加剂；
④ 不应当降低食品本身的营养价值；
⑤ 在达到预期的效果下尽可能降低在食品中的用量；
⑥ 食品工业用加工助剂应当在制成成品之前去除，有规定允许残留量的除外。

二、几类常见食品添加剂的性质及使用标准

1. 食品防腐剂

防腐剂是能够防止腐败微生物生长，延长食品保质期的添加剂。目前各国使用的食品防腐剂种类很多。各种防腐剂的理化性质不同，在使用时，必须注意防腐剂应与食品的风味及理化特性相容，使食品的 pH 处于防腐剂的有效 pH 范围内，根据环境 pH 的变化其防腐效果有所差异；另外，每种防腐剂往往只对一类或某几种微生物有抑制作用，由于不同的食品中染菌的情况不一样，需要的防腐剂也不一样。因此，防腐剂必须按添加剂标准使用，不得任意滥用。

(1) 苯甲酸及其盐

苯甲酸及其盐类是最常用的防腐剂之一。苯甲酸分子式：$C_7H_6O_2$；分子量：122.12。苯甲酸钠分子式：$C_7H_5O_2Na$；分子量：144.11，苯甲酸钠的防腐效果1.18g相当于1.0g苯甲酸。

① 理化性质。苯甲酸是无味的白色小叶状或针状结晶。在冷水中溶解度较低，微溶于热水，在酒精及其他有机溶剂中较易溶解。苯甲酸是酸性防腐剂，环境的pH越低，防腐的效果越强。苯甲酸钠是白色颗粒状或白色粉末，在冷、热水中均溶解，但不易溶于酒精。由于苯甲酸难溶于水，因而在实际生产中多使用其钠盐。

② 毒性作用。动物实验，用添加1%苯甲酸的饲料喂养大白鼠4代，试验表明，对成长、生殖无不良影响；用添加8%苯甲酸的饲料，喂养大白鼠12d后，有50%左右死亡；还有的实验表明，用添加5%苯甲酸的饲料喂养大白鼠，全部白鼠都出现过敏、尿失禁、痉挛等症状，而后死亡。苯甲酸的LD_{50}为：大白鼠经口2.7~4.44g/kg，MNL为0.5g/kg。由犬经口LD_{50}为2g/kg。

③ 使用范围与限量。苯甲酸和苯甲酸钠一般只限于蛋白质含量较低的食品，如碳酸饮料、酱油、酱类、蜜饯、果蔬等及其他酸性食品的保藏。苯甲酸的动物最大无作用剂量MNL为每1kg体重500mg，ADI值为每1kg体重0.5mg。在食品中使用的量为0.2~2.0g/kg（以苯甲酸计）。使用量可参照中国国家标准GB 2760—2014《食品安全国家标准 食品添加剂使用标准》的规定，一般在碳酸饮料中最大使用量为0.2g/kg；酱及酱制品1.0；蜜饯为0.5g/kg。

(2) 山梨酸及其盐

山梨酸的化学名称：2,4-己二烯酸；分子式：$C_6H_8O_2$；分子量：112.13；结构式：$CH_3CH=CHCH=CHCOOH$。山梨酸钾分子式：$C_6H_7KO_2$；分子量：150.22；结构式：$CH_3CH=CHCH=CHCOOK$。

① 理化性质。山梨酸为白色针状粉末或结晶，在冷水中较难溶解，在热水中有3%左右可溶解，易溶于酒精。在空气中长时间放置容易氧化并变色。pH影响山梨酸的防腐能力，pH越低，防腐能力就越强。

山梨酸钾为白色或淡黄色结晶、粉末或颗粒，易溶于水，在20℃的酒精中溶解度为25g，溶解度比山梨酸大，在空气中放置易吸潮分解。

② 毒性作用。动物实验以添加4%、8%山梨酸的饲料喂养大鼠，经90d，4%剂量组未发现病态异常现象；8%剂量组肝脏微肿大，细胞轻微变性。以添加0.1%、0.5%和5%山梨酸的饲料，喂养大鼠100d后，对大鼠的生长、繁殖、存活率和消化均未发现不良影响。山梨酸大鼠经口LD_{50}为10.5g/kg，MNL为2.5g/kg。山梨酸钾的大鼠经口LD_{50}为4.2~6.17g/kg。

③ 使用范围与限量。山梨酸及其盐可破坏微生物的脱氢酶，能抑制微生物的生长，但不具有杀菌作用。山梨酸属于酸性防腐剂，环境的pH低时防腐效果好。由于山梨酸的吸湿性比其钾盐强，故常使用山梨酸钾。山梨酸一般用于肉、鱼、蛋、禽类制品；果蔬类、碳酸饮料、酱油、豆制品等的防腐。中国国家标准《食品安全国家标准 食品添加剂使用标准》（GB 2760—2014）规定常见食品中最大使用量（以山梨酸计）为一般熟肉制品0.075 g/kg；风味冰、冰棍类、蜜饯凉果0.5 g/kg；果酱、豆制品、糕点、焙烤食品馅料及表面用挂浆等为1.0 g/kg；胶基糖果、方便米面制品（仅限米面灌肠制品）、肉灌肠类等为1.5 g/kg。

2. 食品抗氧化剂

抗氧化剂是能阻止或推迟食品氧化变质、提高食品稳定性和延长储存期的食品添加剂。食品在储藏及保鲜过程中不仅会出现由于腐败菌群而导致的变质，而且也会出现由于氧气作用而形成的氧化变质。特别是油脂的氧化，不仅影响食品的风味，而且产生有毒的氧化物或致癌物质、心血管疾病诱发因子等有害物质。因此，对于油脂或含油脂的食品，需要使用抗氧化剂或使用瓶、罐及真空包装等措施阻断空气与食品的接触。现用的抗氧化剂可分为两大类：一类是水溶性的，另一类是油溶性的。最常见的有柠檬酸、酒石酸、抗坏血酸（维生素C）等。中国允许使用的抗氧化剂有：丁羟基茴香醚（BHA）、二丁基羟基甲苯（BHT）、没食子酸丙酯和异抗坏血酸钠。现简要介绍两种。

(1) 二丁基羟基甲苯

二丁基羟基甲苯，分子式：$C_{15}H_{24}O$；分子量：220.35。

① 理化性质。BHT为无色结晶性粉末，无臭、无味、不溶于水，可溶于乙醇或油脂中，对热稳定。在不饱和的脂肪酸中加入BHT，可以通过氧化自身来保护油脂中不饱和键，从而起到抗氧化作用。BHT比其他防腐剂稳定性强，并在加热制品中尤为突出，几乎完全能保持原有的活性。

② 毒性作用。对于大白鼠经口投食的半致死量LD_{50}为2.0g/kg，BHT中毒的主要症状是行动失调，动物死亡的时间一般是12～24h，并且经解剖后一般有胃出血、溃疡，肝脏的颜色变得暗红等现象。若加大BHT的摄入量，动物的生长就会受到抑制、肝脏的质量也会有所增加。用含0.8%或1.0%BHT的饲料喂养大白鼠，与对照组比较，处理组动物体重降低。

③ 使用范围与限量。BHT主要用于食用植物油、黄油、干制水产品、腌制水产品、油炸食品、罐头等食品的抗氧化作用。BHT的ADI值为0～0.125mg/kg，中国国家标准《食品安全国家标准 食品添加剂使用标准》（GB 2760—2014）规定在食用油、腌腊肉制品类（如咸肉、腊肉、板鸭、中式火腿、腊肠）、方便米面制品、坚果与籽类罐头等食品中最大使用量为0.2g/kg（以油脂中的含量计）。

(2) 异抗坏血酸与异抗坏血酸钠

异抗坏血酸的分子式：$C_6H_7O_6$；分子量：175。异抗坏血酸钠分子式：$C_6H_6NaO_6$；分子量：197。

① 理化性质。异抗坏血酸是一种白色或略带黄色的结晶状粉末，无臭，并有微酸味，易溶于水（水中溶解度为40g/100mL，乙醇中的溶解度为5g/100mL），水溶液呈酸性，0.1%水溶液的pH为3.5。化学性质近似于抗坏血酸，具有强烈的还原性，遇光可缓慢分解并着色。干燥状态下性质非常稳定，但在水溶液中容易分解。

异抗坏血酸钠也是白色或略带黄色的粉末或细粒状物质，无臭味，略带盐味，水溶性极强，100mL水中可溶解55g，乙醇溶液中几乎不溶，干燥状态非常稳定。

② 毒性作用。用0.62%～10%的异抗坏血酸钠水溶液作为饮用饲料喂养小白鼠13周时，当含量增大到5%以上时开始出现死亡，而喂养大白鼠10周时，只有当含量增大到10%时才开始出现死亡。用2.5%的水溶液喂养小白鼠104周，各种异常现象均没有发生，也没有发现致癌作用。由此可见异抗坏血酸和异抗坏血酸钠为一种较为安全的添加剂。

③ 使用范围与限量。中国国家标准《食品安全国家标准 食品添加剂使用标准》（GB

2760—2014）规定抗坏血酸钠和异抗坏血酸钠最大使用量：用于浓缩果蔬汁（浆）按生产需要适量使用；异抗坏血酸钠用于葡萄酒为 0.15 g/kg（以抗坏血酸计）。

3. 食品护色剂与漂白剂

(1) 食品护色剂

食品护色剂又称发色剂，是指食品加工工艺中为了使果、蔬类制品和肉制品等呈现良好色泽所添加的物质。发色剂自身是无色的，它与食品中的色素发生反应形成一种新物质，可加强色素的稳定性。硝酸钠、亚硝酸钠是一种常用的护色剂，现简介如下。

① 理化性质。硝酸钠分子式：$NaNO_3$；分子量：84.99。是无色透明结晶或白色结晶粉末，味咸、微苦，有吸湿性，溶于水，微溶于乙醇。亚硝酸钠分子式：$NaNO_2$；分子量：69.00；是白色或微黄色结晶颗粒状粉末，无臭，味微咸，易吸潮，易溶于水，微溶于乙醇，在空气中可吸收氧而逐渐变为硝酸钠。

② 毒性作用。亚硝酸钠是一种毒性较强的物质，大量摄取可使正常的血红蛋白（二价铁）变成高铁血红蛋白（三价铁），失去携氧的功能，导致组织缺氧。潜伏期仅为 0.5～1h，症状为头晕、恶心、呕吐、全身无力、心悸、血压下降等。严重者会因呼吸衰竭而死。硝酸盐的毒性主要是因为它在食物中、水或在胃肠道，尤其是在婴幼儿的胃肠道中，易被还原为亚硝酸盐所致。

③ 使用范围与限量。中国国家标准《食品安全国家标准 食品添加剂使用标准》（GB 2760—2014）规定硝酸钠（钾）和亚硝酸钠（钾）只能用于肉类罐头和肉类制品，最大使用量分别为 0.5g/kg 及 0.15g/kg（以亚硝酸钠计）。

(2) 食品漂白剂

漂白剂是能使色素褪色或使食品免于褐变的食品添加剂。漂白剂可分为氧化漂白剂和还原漂白剂两类。氧化漂白剂有溴酸钾和过氧化苯甲酰，多用于面粉的品质改变，又称为面粉改良剂或面粉处理剂。还原漂白剂是当其被氧化时将有色物质还原而呈现强烈的漂白作用的物质，通常应用较广。常用的有亚硫酸钠、低亚硫酸钠（即保险粉）、焦亚硫酸钠、亚硫酸氢钠和硫黄等，以亚硫酸钠为例简单介绍。

亚硫酸钠分子式：Na_2SO_3；分子量：126.04（无水）、252.15（七水化合物）。

① 理化性质。亚硫酸钠有无水和七水物两种，两者均为无味的白色结晶或粉末。在水中易溶解，一般在 0℃的 100mL 水中溶解 32.8g。水溶液呈碱性，1%的结晶溶于水后 Q 为 8.3～9.3。与酸作用产生二氧化硫，有强还原性，在空气中逐步被氧化为硫酸钠。

② 毒性作用。亚硫酸盐的兔经口 LD_{50} 为 600～700mg/kg（以二氧化硫计），大鼠静脉注射 LD_{50} 为 115mg/kg。食品中亚硫酸盐的毒性取决于亚硫酸盐氧化生成二氧化硫的速度、量与浓度。亚硫酸盐在生物体内氧化生成硫酸盐，硫酸盐又可以生成亚硫酸，亚硫酸十分容易刺激消化道的黏膜；在 20d 内让犬经口摄入 6～16g 的亚硫酸盐，结果发现犬的 2～3 个内脏出血，但少量的喂养均未发现异常现象。ADI 为 0～0.7mg/kg（以二氧化硫计）。

③ 使用范围与限量。中国国家标准《食品安全国家标准 食品添加剂使用标准》（GB 2760—2014）规定亚硫酸钠在常见食品中最大用量（以二氧化硫计）为：经表面处理的鲜水果、蘑菇罐头类 0.05g/kg；食糖等类似食品 0.1g/kg；果蔬汁（浆）类饮料 0.05g/kg（浓缩果蔬汁（浆）按浓缩倍数折算，固体饮料按稀释倍数增加使用量）。

4. 食品调味剂与乳化剂

(1) 食品调味剂

味觉是食品中不同的呈现物质刺激味蕾，通过味神经传送到大脑后的感觉。在生理学上将味觉分为酸、甜、苦、咸四种基本味。常用的调味剂有酸味剂、甜味剂、鲜味剂、咸味剂和苦味剂等。其中苦味剂应用很少，咸味剂一般使用食盐（中国并不作为添加剂管理），最常用的是甜味剂。

甜味剂是赋予食品甜味的食品添加剂。按来源可分为天然甜味剂与人工合成甜味剂两大类，天然甜味剂又分为糖与糖的衍生物、非糖天然甜味剂两类。通常所说的甜味剂是指人工合成的非营养甜味剂、糖醇类甜味剂和非糖天然甜味剂三类。至于葡萄糖、果糖、蔗糖、麦芽糖和乳糖等物质，虽然也是天然甜味剂，因长期被人们食用，且是重要的营养素，中国通常视为食品原料，不作为食品添加剂对待。以糖精钠为例简单介绍。

糖精和糖精钠是中国许可使用的甜味剂。糖精钠分子式：$C_7H_4O_3NSNa \cdot 2H_2O$；分子量：241.19。

① 理化性质。糖精为白色结晶或粉末，甜度是蔗糖的 300 倍，在水中不易溶解，因此常用其钠盐。糖精钠又称可溶性糖精、水溶性糖精，为白色结晶或结晶状粉末，易溶于水，也易溶于乙醇。一般含有两分子结晶水，易失去结晶水而形成无水糖精。若在它的水溶液中加入 HCl 即可形成游离态的糖精，其甜度随使用条件不同而有所变化，一般是砂糖的 350～900 倍。

② 毒性作用。一般认为糖精在体内不能被利用，大部分从尿中排出而且不损害肾功能，不改变体内酶系统的活性，全世界曾广泛使用糖精数十年，尚未发现对人体的毒害表现。20 世纪 70 年代美国食品与药品管理局（FDA）对糖精进行动物实验，发现其有致膀胱癌的可能，因而一度受到限制，但后来也有许多动物实验未证明糖精有致癌作用。大规模的流行病学调查结果表明，在被调查的数千名人群中未观察到使用人工甜味剂有增高膀胱癌发病率的趋势。1993 年 JECFA 重新对糖精的毒性进行评价，不支持食用糖精与膀胱癌之间可能存在联系。糖精的优势是所有甜味剂中价格最低的一种，虽然安全性基本得到肯定，但考虑到其苦味及消费者对其毒性忧虑的心理因素等，加上它不是食品中天然的成分，从长远观点看，它可能将被其他安全性高的甜味剂所逐步代替。

③ 使用范围与限量。中国国家标准《食品安全国家标准 食品添加剂使用标准》（GB 2760—2014）规定糖精钠在常见食品中的最大使用量（g/kg，以糖精计）为冷冻饮品 0.15，果酱 0.2，蜜饯凉果、新型豆制品（大豆蛋白及其膨化食品、大豆素肉等）、脱壳熟制坚果与籽类 1.0。

(2) 乳化剂

乳化剂是能改善乳化体中各种构相之间的表面张力，形成均匀分散体或乳化体的食品添加剂。乳化剂一般分为两类：一类是形成水包油（油/水）型乳浊液的亲水性强的乳化剂；另一类是形成油包水（水/油）型乳浊液的亲油性强的乳化剂。乳化剂的品种很多，其中食品乳化剂使用量最大的是脂肪酸单甘油酯，其次是蔗糖酯、山梨糖醇酯、大豆磷脂等。乳化剂能稳定食品的物理状态，改进食品组织结构，简化和控制食品加工过程，改善风味、口感，延长货架期等。乳化剂是消耗量较大的一类食品添加剂，各国允许使用的种类很多，中国允许使用的也有近 30 种。在使用过程中它们不仅可以起到乳化的作用，还兼有一定的营养价值和医药功能，是值得重视和发展的一类添加剂。但是，在食品中添加的量和方式对食品的安全有直接的影响，故正确的使用方法是非常关键的问题。以蔗糖脂肪酸酯为例简单介绍。

蔗糖脂肪酸酯是蔗糖与食用脂肪酸酯所生成的单酯、二酯和三酯。脂肪酸可分为硬脂酸、棕榈酸和油酸等。

① 理化性质。蔗糖脂肪酸酯是白色或黄色粉末状，或无色、微黄色的黏稠状的液体或软固体，无臭或稍有特殊气味。易溶于乙醇、丙酮。单酯可以溶于热水，但是二酯和三酯难溶于水。在乳化剂中单酯含量高，亲水性强；二酯和三酯含量高，亲油性强。软化温度为 $50\sim70℃$，分解温度 $233\sim238℃$。在酸性或碱性时加热可被皂化。

② 毒性作用。蔗糖脂肪酸酯的大鼠经口 LD_{50} 为 $39g/kg$，无亚急性毒性，ADI 为 $0\sim20mg/kg$，属于比较安全的添加剂。

③ 使用范围与限量。根据中国国家标准《食品安全国家标准　食品添加剂使用标准》规定：用于肉制品、水果和鸡蛋的保鲜、冷冻饮品、杂粮罐头，最大使用量为 $1.5g/kg$；用于乳化天然色素，最大使用量为 $10.0g/kg$。

5. 食品色素的安全

食用色素即着色剂，是以食品着色和改善食品色泽为目的的食品添加剂。着色剂按其来源和性质可分为食用合成色素和食用天然色素两大类。

（1）食用合成色素

食用合成色素主要指用人工合成方法所制得的有机色素，按化学结构的不同可分成两类：偶氮类色素和非偶氮类色素。偶氮类色素按溶解性不同又分为油溶性和水溶性两类。油溶性偶氮类色素不溶于水，进入人体内不易排出体外，毒性较大，现在世界各国基本上不再使用这类色素对食品着色。水溶性偶氮类色素较容易排出体外，毒性较低，目前世界各国使用的合成色素有相当一部分是水溶性偶氮类色素。此外，食用合成色素还包括色淀和正在研制的不吸收的聚合色素。色淀是由水溶性色素沉淀在许可使用的不溶性基质上所制备的特殊着色剂。其色素部分是许可使用的合成色素，基质部分多为氧化铝。以苋菜红为例简单介绍。

苋菜红亦称蓝光酸性红，为水溶性偶氮类色素，是中国允许使用的食用合成色素，现简介如下。

① 理化性质。本品为紫红色均匀粉末，无臭，可溶于水（0.01％的水溶液呈玫瑰红色）、甘油及丙二醇，不溶于油脂。耐细菌性差，有耐光性、耐热性、耐盐性。耐酸性也比较好，对柠檬酸、酒石酸等稳定，但在碱性溶液中则变成暗红色。由于耐氧化、还原性差，不适于在发酵食品中使用。

② 毒性作用。合成苋菜红多年来公认其安全性高，并被世界各国普遍使用。但是 1968 年报道本品有致癌性，1972 年 FAO/WHO 联合食品添加剂专家委员会将其 ADI 从 $0\sim1.5mg/kg$ 修改为暂定 ADI：$0\sim0.75mg/kg$，1978 年和 1982 年两次将其暂定 ADI 延期。1984 年该委员会根据所收集到的资料再次进行评价，并在对鼠的无作用量 $50mg/kg$ 的基础上，规定其 ADI 为 $0\sim0.5mg/kg$。

③ 使用范围与限量。苋菜红可用于蜜饯凉果、装饰性果蔬、糖果、糕点上彩装、果蔬汁（浆）类饮料、碳酸饮料、配制酒、果冻等，其中的最大使用量均为 $0.25g/kg$（GB 2760—2014）。

（2）食用天然色素

食用天然色素主要是从植物组织中提取的色素，也包括来自动物和微生物的色素。此外还包括少量无机色素，但后者很少应用。

食用天然色素按来源不同，主要有以下三类：植物色素，如甜菜红、姜黄、β-胡萝卜素、叶绿素等；动物色素，如紫胶红（虫胶红）、胭脂虫红等；微生物色素，如红曲红等。

按结构不同，天然色素一般可分为：叶啉类、异戊二烯类、多烯类、黄酮类、醌类，以及甜菜红和焦糖色素等。

食用天然色素一般成本较高，着色力和稳定性通常不如合成色素。但是人们对它们的安全感较高，特别是对来自果蔬等食物的天然色素。因而，各国许可使用的食用天然色素的品种和用量均在不断增加。中国许可使用的食用天然色素已达20多种。

β-胡萝卜素是中国许可使用的一种天然食用色素，它存在于天然胡萝卜、南瓜、辣椒等蔬菜中，水果、谷物、蛋黄和奶油中也广泛存在，过去主要是从胡萝卜中提制（胡萝卜油），现在多采用化学合成法制得。

① 理化性质。为紫红色结晶或结晶状粉末，不溶于水，可溶于油脂，色调在低浓度时呈黄色，在高浓度时呈橙红色。在一般食品的 Q 范围内（Q 为 $2\sim7$）较稳定，且不受还原物质的影响。但对光和氧不稳定，铁离子可促进其褪色。纯 β-胡萝卜素结晶在 CO_2 或 N_2 中贮存，温度低于 $20℃$ 时可长期保存，但在 $45℃$ 的空气中贮存 6 周后几乎完全被破坏。其油脂溶液及悬浮液在正常条件下很稳定。

② 毒性作用。β-胡萝卜素是食物的正常成分，并且是重要的维生素 A 原。化学合成品经严格的动物试验，认为安全性高。目前世界各国普遍许可使用。ADI 为 $0\sim5mg/kg$。

人工化学合成的 β-胡萝卜素，尽管日本将此作为化学合成品对待，但欧美各国多将其视为天然色素或天然同一色素。中国现已成功地从盐藻中提制出天然的 β-胡萝卜素，产品性能可与化学合成品相媲美，已正式批准允许使用。天然 β-胡萝卜素，安全性高，目前JECFA 尚未制定 ADI。

③ 使用范围与限量。根据《食品安全国家标准　食品添加剂使用标准》规定：β-胡萝卜素可用于焙烤食品馅料及表面用挂浆，最大使用量为 $0.1g/kg$。用于奶油、熟肉制品，最大用量为 $0.02g/kg$。

6. 食品甜味剂的安全

人工甜味剂甜度高，卡路里低，常在肥胖和糖尿病患者的饮食管理中代替糖类使用。由于甜味剂除了具有一定甜度外还具有独特的风味，赋予食品丰富的口感，也大量用于普通食品。我国食品添加剂标准中用于食品的甜味剂主要有甜菊糖苷、甘草等天然甜味剂和糖精钠、安赛蜜、甜蜜素、阿斯巴甜、纽甜和三氯蔗糖等人工甜味剂。这些甜味剂在单一按标准使用时是安全的，超量滥用有一定安全隐患，目前很多企业在同种食品中联合食用多种甜味剂，其安全性待进一步研究。为保证消费者安全，食品企业应严格按照国家标准食用，不可超范围、超限量使用和多种复合使用。

第五节 包装材料的危害及控制

食品包装在食品工业生产中已占据了相当重要的地位，它的最基本作用是保藏食品，使食品免受外界因素的影响。另外包装还可增加食品的商品价值。食品在生产加工、储运和销售过程中，包装材料中的某些有害成分可能转移到食品中造成污染，危害人体健康。随着包装容器和材料种类的不断增多，由此而带来的安全问题也引起人们的关注。

目前，食品包装材料有塑料、纸与纸板、金属（镀锡薄板、铝、不锈钢）、陶瓷与搪瓷、玻璃、橡胶、复合材料、化学纤维等。

一、包装材料中污染物质的来源及危害

1. 塑料包装材料

（1）常用塑料包装材料的性质和用途

① 聚乙烯（PE）和聚丙烯（PP）。两种塑料都是饱和的聚烯烃。高压聚乙烯质地柔软，多制成薄膜，其特点是具透气性、不耐高温、耐油性亦差。低压聚乙烯坚硬、耐高温，可以煮沸消毒。聚丙烯透明度好，耐热，具有防潮性（其透气性差），常用于制成薄膜、编织袋和食品周转箱等。二者毒性较低，对大鼠 LD_{50} 都大于最大可能灌胃量，属于低毒级物质。

② 聚苯乙烯（PS）。也属于饱和烃，但单体苯乙烯及甲苯、乙苯和异丙苯在一定剂量时具毒性。如苯乙烯可致肝肾质量减轻，抑制动物的繁殖能力。

聚苯乙烯塑料有透明聚苯乙烯和泡沫聚苯乙烯两个品种（后者在加工中加入发泡剂制成，如快餐饭盒）。以聚苯乙烯容器贮存牛奶、肉汁、糖液及酱油等可产生异味；储放发酵奶饮料后，可能有极少量苯乙烯移入饮料，其移入量与贮存温度、时间成正比。

③ 聚氯乙烯（PVC）。是氯乙烯的聚合物。聚氯乙烯塑料的相容性比很广泛，可以加入多种塑料添加剂。聚氯乙烯透明度较高，但易老化和分解，一般用于制作薄膜（大部分为工业用）、盛装液体用瓶，硬聚氯乙烯可制作管道。

未参与聚合的游离的氯乙烯单体被吸收后可在体内与 DNA 结合而引起毒性作用，主要作用于神经、骨髓和肝脏，同时氯乙烯也被证实是一种致癌物质。

④ 聚碳酸酯塑料（PC）。具有无毒、耐油脂的特点，广泛用于食品包装，可用于制造食品的模具、婴儿奶瓶等。美国 FDA 允许此种塑料接触多种食品。

⑤ 三聚氰胺甲醛塑料与脲醛塑料。前者又名蜜胺塑料，为三聚氰胺与甲醛缩合热固而成。后者为尿素与甲醛缩合热固而成，称为电玉。两者均可制食具，且可耐120℃高温。

由于聚合时，可能有未充分参与聚合反应的游离甲醛，甲醛含量则往往与模压时间有关，时间越短则含量越高。

⑥ 聚对苯二甲酸乙二醇酯塑料。可制成直接或间接接触食品的容器和薄膜，特别适合于制复合薄膜。在聚合中使用含锑、锗、钴和锰的催化剂，因此应防止这些催化剂的残留。

⑦ 不饱和聚酯树脂及玻璃钢制品。以不饱和聚酯树脂加入过氧甲乙酮为引发剂，环烷

酸钴为催化剂，玻璃纤维为增强材料制成玻璃钢。主要用于盛装肉类、水产、蔬菜、饮料以及酒类等食品的储槽，也大量用作饮用水的水箱。

(2) 塑料包装制品中污染物来源

① 塑料包装材料。用于食品包装的大多数塑料树脂材料是无毒的，但有的单体却有毒性，并且有的毒性较强，有的已证明为致癌物。例如：聚苯乙烯树脂中的苯乙烯单体对肝脏细胞有破坏作用；聚氯乙烯、丙烯腈塑料的单体是强致癌物。另外，塑料添加剂，包括增塑剂、稳定剂、着色剂、油墨和润滑剂等，均有一些毒性，在使用时可能转移到食品中。

② 塑料包装物表面污染。塑料易于带电，造成其表面易吸附灰尘、杂质造成包装的食品污染。

③ 包装材料回收处理不当。塑料包装材料在使用中带入大量有害污染物质，回收处理不当，极易造成食品污染。

2. 橡胶

橡胶也是高分子化合物，有天然和合成两种。天然橡胶系以异戊二烯为主要成分的不饱和态的直链高分子化合物，在体内不被酶分解，也不被吸收，因此可被认为是无毒的。但因工艺需要，常加入各种添加剂。合成橡胶系高分子聚合物，因此可能存在着未聚合的单体及添加剂的污染问题。

(1) 橡胶胶乳及其单体

合成橡胶单体因橡胶种类不同而异，大多是由二烯类单体聚合而成的。丁苯橡胶，蒸气有刺激性，但小剂量也未发现有慢性毒性作用。丁腈（丁腈橡胶）耐热性和耐油性较好，但其单体丙烯腈有较强毒性，也可引起出血并有致畸作用。美国已将其溶出限量由 $0.3mg/kg$ 降至 $0.05mg/kg$。氯丁橡胶的单体 1,3-二氯丁二烯，有报告称可致肺癌和皮肤癌，但有争论。硅橡胶的毒性较小，可用于食品工业，也可作为人体内脏器使用。

(2) 添加剂

主要的添加剂有硫化促进剂、防老剂和填充剂。其中某些添加剂具有毒性，或对试验动物具有致癌作用。α-巯基咪唑啉、α-巯基苯并噻唑（促进剂 M）、二硫化二苯并噻唑（促进剂 DM）、N-苯基-β-萘胺（防老剂丁）、对苯二胺类、苯乙烯化苯酚、防老剂 124 等不得在食品用橡胶制品中使用。

3. 金属涂料

用于食品包装金属容器中的涂料主要有以下几种。

(1) 溶剂挥干成膜涂料

如过氯乙烯漆、虫胶漆等。系将固体涂料树脂（成膜物质）溶于溶剂中，涂覆后，溶剂挥干，树脂析出成膜。此种树脂涂料和加入的增塑剂与食品接触时，常可溶出造成食品污染。必须严禁采用多氯联苯和磷酸三甲酚等有毒增塑剂。溶剂也应选用无毒者。

(2) 加固化剂交联成膜树脂

主要代表为环氧树脂和聚酯树脂。常用固化剂为胺类化合物。此类成膜后分子非常大，除未完全聚合的单体及添加剂外，涂料本身不易向食品移行。其毒性主要在于树脂中存在的单体环氧丙烷，与未参与反应的固化剂，如乙二胺、二亚乙基三胺、三亚乙基四胺及四亚乙基五胺等。

(3) 环氧成膜树脂

干性油为主的油漆属于这一类。干性油在加入的催干剂（多为金属盐类）作用下形成漆膜。此类漆膜不耐浸泡，不宜盛装液态食品。

(4) 高分子乳液涂料

聚四氟乙烯树脂为代表，可耐热280℃，属于防黏的高分子颗粒型，多涂于煎锅或烘干盘表面，以防止烹调食品黏附于容器上。其卫生问题主要是聚合不充分，可能会有含氟低聚物溶于油脂中。在使用时，加热不能超过其耐受温度280℃，否则会使其分解产生挥发性很强的有毒害的氟化物。

4. 陶瓷或搪瓷

两者都是以釉药涂于素烧胎（陶瓷）或金属坯（搪瓷）上经800～900℃高温炉搪结而成。其卫生问题主要是由釉彩而引起，釉的彩色大多数为无机金属颜料，如硫镉、氧化铬、硝酸锰。上釉彩工艺有三种，其中釉上彩及彩粉中的有害金属易于移入食品中，而釉下彩则不易移入。其卫生标准以4%乙酸液浸泡后，溶于浸泡液中的Pb与Cd量，应分别低于7.0mg/L、0.5mg/L。

搪瓷食具容器的卫生问题同样是釉料中重金属移入食品中带来的危害，常见的也为铅、镉、锑，其溶出量（4%乙酸浸泡）分别应低于1.0mg/L、0.5mg/L与0.7mg/L。

但由于不同颜料中所含有的重金属不同，所以溶出的金属也不一定相同，应加以考虑。

5. 铝制品

主要的卫生问题在于回收铝的制品。由于其中含有的杂质种类较多，必须限制其溶出物的杂质金属量，常见为锌、镉和砷。因此，凡是回收铝，不得用来制作食具，如必须使用时，应仅供制作铲、瓢、勺，同时，必须符合GB 4806.9—2016《食品安全国家标准 食品接触用金属材料及制品》要求。

6. 不锈钢

以控制铅、铬、镍、镉和砷为主，按在4%乙酸浸泡液中分别不高于1.0mg/L、0.5mg/L、3.0mg/L、0.02mg/L和0.04mg/L。

7. 玻璃制品

玻璃制品原料为二氧化硅，毒性小，但应注意原料的纯度，在4%乙酸中溶出的金属主要为铅。而高档玻璃器皿（如高脚酒杯）制作时，常加入铅化合物，其数量可达玻璃质量的30%，是较突出的卫生问题。

8. 包装纸

包装纸中污染物质主要来源于荧光增白剂；废品纸的化学污染和微生物污染；浸蜡包装纸中多环芳烃；彩色或印刷图案中油墨的污染等。

9. 复合包装材料

污染物来源主要是胶黏剂。有的采用聚氨酯型胶黏剂，它常含有甲苯、二异氰酸酯（TDI），蒸煮食物时，可以使TDI移入食品，TDI水解可以产生具有致癌作用的2,4-二氨基甲苯（TDA）。所以应控制TDI在胶黏剂中的含量，美国FAO认可TDI在食物中含量应小于0.024mg/kg。我国规定由纸、塑料薄膜或铝箔黏合（胶黏剂多采用聚氨酯和改性聚丙烯）复合而成的复合包装袋（蒸煮袋或普通复合袋），其 4％乙醇浸泡液中甲苯二胺应不高于 0.004mg/L。

二、包装材料的卫生管理

1. 对食品包装材料及容器进行安全性评价

① 工艺及配方的审查。对各种原材料、配方、工艺过程中有毒物质的来源及危害程度进行审核评价。

② 卫生检测。对包装材料和容器进行卫生检测，其检测项目要根据不同的性质的材料和用途来确定。

国外大部分采用模拟食品的溶剂来浸泡，然后取浸泡液进行检测。模拟食品的溶剂有水（代表中性食品及饮料）、乙酸（2％～4％，含量代表酸性食品及饮料）、乙醇（8％～60％含量，代表酒类及含醇饮料）及正己烷或正庚烷（代表油脂性食品）。浸泡条件则要根据食品包装材料、容器的使用条件来定，温度有常温 60℃或煮沸，浸泡时间可从 30min 到 24h，必要时可增加至数天或数月。在浸泡液中可测定可能迁移出的各种物质。

③ 毒性试验。食品包装材料、容器的毒性试验可选择配方中有关物质，如配制后的涂料、涂制后的涂膜粉或涂膜经浸泡后的浸泡液做试验，根据毒性试验的结果进行选择。

④ 根据安全性评价结果制定卫生标准。

2. 生产许可制度

国家规定凡生产食具、容器、包装材料及其原材料的单位，必须经食品卫生监督机构认可后方能生产，且不得同时生产有毒化学物品。

3. 生产管理

要求凡生产塑料食具、容器、包装材料所使用的助剂应符合食品容器、包装材料用助剂使用卫生标准，加工塑料制品不得利用回收塑料。食品用塑料制品必须在明显处印上"食品用"字样。酚醛树脂不得用于制作食具、容器、包装材料、生产管道、输送带等直接接触食品的材料。

生产过程中必须严格执行生产工艺，建立健全产品卫生质量检验制度。产品必须有清晰完整的生产厂名、厂址、批号、生产日期的标识和产品卫生质量合格证。

4. 其他

① 销售单位在采购时，要索取检验合格证或检验证书，凡不符合卫生标准的产品不得销售。

② 食品生产经营者不得使用不符合标准的食品容器包装材料设备。

③ 食品容器包装材料设备在生产、运输、贮存过程中，应防止有毒有害化学品的污染。

【本章小结】 >>>

食品中的有害物质除少量来源于天然动植物原料本身外，主要来源于外界环境污染、食品原料及各种添加剂、食品加工过程中产生或加入的有害物；各种情况下食品成分发生异常变化生成。

食品污染物质主要有三大类：生物性污染，包括微生物、寄生虫及虫卵、昆虫等；化学性污染，包括农药、重金属、食品添加剂、其他有害化学物质等；物理性污染，包括固体杂质、放射性污染等。

含天然毒素的物质主要有动物天然有毒物质、植物天然有毒物质和含有蕈类毒素的毒蘑菇。引起食物中毒的原因主要是误食、食用量不当或烹调不当所致。

工业"三废"对环境造成的主要是重金属污染，其中汞、镉、砷、铅等污染比较常见。

农药、兽药的残留和化肥的不合理使用是造成环境污染的另一主要因素，其中农药对人体危害较大，可通过皮肤、呼吸道和消化道三种途径进入人体。

生物性污染物常见微生物性污染，包括细菌、病毒、霉菌及霉菌毒素对食品的污染。可导致细菌性食物中毒、食源性传染病等。

食品添加剂大多数为化学合成的物质，有的食品添加剂在过量使用的情况下对人体有一定危害。因此，使用食品添加剂一定要适量，并严格按照国家标准使用，不得超标超量。

食品包装材料主要有塑料、纸类、金属、陶瓷、玻璃等。因包装材料的卫生会影响食品安全，因此在使用时要严格按食品卫生标准的要求去执行。

 【复习思考题】 >>>

一、填空题

1. 作为抗氧化剂的食品添加剂 BHT 是＿＿＿＿＿＿＿＿的简称。

2. 漂白剂分为两类，分别为＿＿＿＿、＿＿＿＿。

3. 食品中有害物质的主要来源为＿＿＿＿、＿＿＿＿、＿＿＿＿。

4. 天然食品引起的食物中毒的情况有＿＿＿、＿＿＿、＿＿＿、＿＿＿、＿＿＿。

5. 影响食品腐败变质的因素有＿＿＿＿、＿＿＿＿、＿＿＿＿。

6. 防止食品腐败变质的措施主要有＿＿＿、＿＿＿、＿＿＿、＿＿＿、＿＿＿。

7. 农药对食品的污染主要途径有＿＿＿＿、＿＿＿＿、＿＿＿＿。

二、名词解释

食品添加剂、防腐剂、护色剂、环境污染、无作用量、每人每日允许摄入量、抗氧化剂、乳化剂、食品色素、农药。

三、判断题

1. 食品中亚硝酸盐等含量超标对人体有害。　　　　　　　　　　　　（　　）

2. 化学添加剂中不包括防腐剂。　　　　　　　　　　　　　　　　　（　　）

3. 化学药剂污染残留对食品卫生有一定的影响。　　　　　　　　　　（　　）

4. 化学添加剂中包括防腐剂、抗氧化剂、护色剂、漂白剂等。　　　　（　　）

5. 食品在生产及包装过程中污染食品的渠道有：一次污染和二次污染。（　　）

6. 食品中的添加剂是为了增加食品的营养成分而加入的外来化合物。　（　　）

7. 常用的食品包装材料有四种。 （   ）

8. 兽药残留是指动物产品的任何可食部分所含兽药的母体化合物及（或）其代谢物，以及与兽药有关的杂质。 （   ）

9. 没有腐败变质的食品就没有受到生物性污染。 （   ）

10. 食品容器具和包装材料的卫生是造成食品二次污染的主要原因。 （   ）

四、选择题

1. 世界卫生组织简称（   ）。

A. WHO   B. WTO   C. GMP   D. CAC

2. 下列物质是防腐剂的为（   ）。

A. 苯甲酸   B. 二丁基羟基甲苯   C. 亚硝酸钠   D. 亚硫酸钠

3. 在食品包装材料中居于第一位的是（   ）。

A. 纸类   B. 塑料   C. 金属材料   D. 玻璃

4. 漂白剂通常分为几类（   ）。

A. 1   B. 2   C. 3   D. 4

5. 重金属污染主要来源于（   ）。

A. 工业的"三废"   B. 化肥   C. 生活垃圾   D. 生物污染

6. 常见人畜共患寄生虫病有（   ）。

A. 3 种   B. 4 种   C. 5 种   D. 6 种

7. 经食物传播的传染病主要分为（   ）。

A. 两大类   B. 三大类   C. 四大类   D. 以上都不对

8. 根据污染物在环境中存在的位置可将其分为（   ）。

A. 大气污染物   B. 水体污染物   C. 土壤污染物   D. 以上三种

五、简答题

1. 何为食品中的有害物质？引起食品污染的主要原因有哪些？

2. 什么是化学性污染？如何防止化学性污染？

3. 含天然有毒物质的食物有哪几种？中毒条件是什么？如何防止蘑菇中毒？

4. 使用食品添加剂应坚持的原则是什么？举例说明。

5. 举例说明不合理使用食品添加剂对人体产生的危害。

6. 如何理解食品安全性这一问题？

第三章 >>>
食品安全风险分析

 【学习目标】 >>>

1. 掌握食品安全风险评估的概念。
2. 掌握食品安全风险管理和风险交流的概念。
3. 了解食品安全风险监测相关制度。

风险通常是指受当事者主观上不能控制的一些因素的影响，即某种特定危险事件（事故或意外事件）发生的可能性和后果的组合。实际上风险是由危险发生的可能性（危险概率）和危险事件（发生）产生的后果两个因素组合而成。例如：飞机失事是严重后果，但是危险概率仅仅是二十五万分之一，属于较低风险。如果危险概率较高，就必须采取适当的防范措施。风险分析就是指对影响组织目标实现的各种不确定性（危险）事件进行识别和评估，并根据风险程度采取相应的风险管理措施控制或者降低风险，使其在可接受范围内的过程。

风险分析可以运用在社会活动的各个领域。例如：金融业中商业银行非系统性风险存在信用风险、流动性风险（又称支付风险或声誉风险）、资本风险、竞争风险、内部风险、资财风险和结算风险等7个方面的风险。在新药的研制过程中，面临的风险主要有项目来源风险、市场风险、技术风险和政策风险4个方面。通常人们买卖股票更是要承担事先不可预测和难以从主观上加以控制的风险。

1995年，国际食品法典委员会（CACO）在食品安全性评价中提出了风险分析的概念，引入以风险评估、风险管理和风险信息交流三部分构成的食品安全风险分析框架，将食品安全风险分析定义为：通过对影响食品安全的各种生物、物理和化学危害进行识别，定性或定量的描述风险的特征，并在参考有关因素的前提下，提出和实施风险管理措施和标准，在风险管理过程中交织着对有关信息进行的交流。食品安全风险分析是风险分析原理和方法在食品安全管理中的应用，是在分析食源性危害，确定食品安全性保护水平条件下，采取风险管理措施，保证消费的食品在食品安全性风险方面处于可接受的水平。食品安全风险分析着重事前控制，是对食品安全源头的管理，更能起到根本性的作用，可实现保障食品安全的最大效益。食品安全风险分析是近年来国际上发展迅速的保证食品安全的一种有效模式，许多国家纷纷采纳"风险分析"作为决策和管控依据。

风险分析由风险评估、风险管理和风险交流三个部分组成。

第一节　食品安全风险评估

我国《食品安全法》规定国家建立食品安全风险评估制度，2010 年卫生部会同工业和信息化部、农业部、商务部、工商总局、质检总局、国家食品药品监管局等部门，制定印发《食品安全风险评估管理规定(试行)》(简称《规定》)，并于 2021 年进行修订后正式发布。《规定》明确国务院卫生行政部门负责组织食品安全风险评估工作，成立国家食品安全风险评估中心和由医学、农业、食品、营养、生物、环境等方面的专家组成的食品安全风险评估专家委员会负责食品安全风险评估的组织和实施，明确食品安全风险评估结果是制定、修订食品安全标准和实施食品安全监督管理的科学依据；并规定了食品安全风险评估信息上报、公布、预警、交流等具体做法。

食品安全风险评估是运用科学方法，根据食品安全风险监测信息、科学数据以及有关信息，对食品、食品添加剂、食品相关产品中生物性、化学性和物理性危害因素进行风险评估，包括危害识别、危害特征描述、暴露评估、风险特征描述等四个基本步骤。具体为利用现有科学资料及分析手段，包括毒理学数据、污染物残留数据分析、统计手段、暴露量及相关参数等，并选用合适模型对食品中某种因素的暴露对人体健康产生的不良后果进行判断(鉴定、确认和定量)。食品风险评估是食品风险分析的核心和基础。

一、食品安全风险评估的范围和对象

1. 食品安全风险评估的范围。我国《食品安全法》规定，有下列情形之一的，应当进行食品安全风险评估：

① 通过食品安全风险监测或者接到举报发现食品、食品添加剂、食品相关产品可能存在安全隐患的。

② 为制定或者修订食品安全国家标准提供科学依据需要进行风险评估的。

③ 为确定监督管理的重点领域、重点品种需要进行风险评估的。

④ 发现新的可能危害食品安全因素的。

⑤ 需要判断某一因素是否构成食品安全隐患的。

⑥ 国务院卫生行政部门认为需要进行风险评估的其他情形。

2. 食品安全风险评估的因素。食品可能接触到的各类可能危害人体健康的因素都可应用风险评估的方法，进行风险评估。比较常见的有：

① 对重金属、持久性有机污染物等化学污染物的评估。

② 对食品添加剂、食品包装材料等食品相关新品种的风险评估。目的是评价具体某种化学物质或天然提取物是否适合作为食品添加剂制成包装材料，并通过评估建立人体每日允许摄入量，规定在食品中的允许使用量。

③ 对农药、兽药等农业投入品的评估，建立食品中农药、兽药等的最大残留量。

④ 对食源性致病菌的定性或定量风险评估，评估致病菌可能造成的致病风险，建立食

品中致病菌含量水平的限值。

⑤ 评估食品中营养素含量水平对人体健康造成的影响。

二、食品安全风险评估的基本程序

食品安全风险评估包括危害识别、危害特征描述、暴露评估、风险特征描述等四个基本步骤。

① 危害识别。确定食品中可能存在的对人体健康造成不良影响的生物性、化学性或物理性因素的过程，是对危害因子进行的定性鉴定和定量评价。

② 危害特征描述。对一种因素或状况引起潜在不良作用的固有特性进行的定性和定量（可能情况下）描述。即对与危害相关的不良作用进行定性和定量评价，应包括剂量-反应评估及其伴随的不确定性。如果可能，对于毒性作用有阈值的危害应建立人体安全摄入量水平，为危害管理提供依据。

③ 暴露评估。指对于通过食品的可能摄入和其他有关途径暴露的生物因素、化学因素和物理因素的定性和（或）定量评价。描述危害进入人体的途径，估算不同人群摄入危害的水平。

④ 风险特征描述。在危害识别、危害特征描述和暴露评估的基础上，综合分析危害对人群健康产生不良作用的风险及其程度，同时描述和解释风险评估过程中的不确定性。

三、食品安全风险评估的方法

食品安全风险评估是一个复杂的系统工程，要根据某种因素的毒理学、体外试验、流行病学、临床医学、化学、生物统计学、微生物学等科学文献信息和借助于计算机模拟、大数据分析等工具来进行分析研究。

风险评估首先要求对危害因素进行定性、定量分析，这是风险评估的基础。危害因素的种类繁多，在启动食品安全风险评估程序时，首先要进行筛选，以确定需要评估或优先评估的危害因素。危害识别主要以流行病学、动物试验、体外试验的资料为依据，通过流行病学资料可以筛查与危害特征相关的危害因素类型。动物试验可以确定是否有危害作用以及危害作用与剂量的关系，确认临界剂量。体外试验可以研究危害的作用机制。

化学性危害特征描述一般应用毒理学试验、临床以及流行病学等学科的研究确定危害与各种不良健康作用之间的剂量-反应关系，从高剂量到低剂量、从实验动物外推到人，确认毒性作用的机制是否有阈值，确定人体的每日摄入量。生物或物理因素在可以获得资料的情况下也应进行剂量-反应评估。危害特征描述还应评估外剂量和内剂量、确定最敏感种属和品系、确定种属差异（定性和定量）、描述作用方式和作用机制等。

暴露评估是根据危害因素在膳食中的水平、人群膳食消费量，初步估算危害的膳食总摄入量，同时考虑其他非膳食进入人体的途径，估算总摄入量并与安全摄入量进行比较。进行暴露评估需要有关食品的摄入量和这些食品中相关危害因素含量等资料，一般可以采用膳食调查、个别食品的选择性研究等方法进行研究。进行膳食调查和国家食品污染监测计划是准确进行暴露评估的基础。

风险特征描述应通过整合并综合分析危害识别、危害特征描述与暴露评估的信息，评估目标人群的潜在健康、不良作用的可能性及严重程度进行定性和定量的估计，即评估在不同的暴露情形、不同人群（包括一般人群及婴幼儿、孕妇等易感人群），食品中危害物质致人体健康损害的潜在风险，包括风险的特性、严重程度、风险与人群亚组的相关性等，并对风险管理者和消费者提出相应的建议。

在进行食品安全风险评估时，由于以下两方面的原因，使每一过程都有不确定性。①试验结果的推测，例如以动物试验或体外试验结果推测一般人群、从一般人群流行病学调查结果外推到特定人群（敏感人群）等情况。②研究数据的局限性，理想的情形是能够获得人体暴露于危害因素的所有信息和资料，但实际上由于很多条件的限制，存在着科学证据不足、研究数据及研究方法具有一定局限性的情况，使得风险评估的过程伴随着各种不确定性。因此，在进行食品安全风险评估时，应对所有可能来源的不确定性进行明确的描述和必要的解释。

食品安全风险评估应具有独立性，由相关学科的专家组成立专门机构进行，不受政府、企业、消费者等相关群体影响，保证风险评估结果的科学、客观和公正。我国鼓励有条件的技术机构以接受国家食品安全风险评估中心委托等方式，按照《食品安全风险评估管理规定》积极参与国家食品安全风险评估工作。

四、毒理学评价

食品安全风险评价主要以毒理学评价为基础，毒理学评价是通过一系列的毒理学试验对受试物的毒性作用进行定性分析，并结合受试物的资料确定受试物在食品中的安全限量。

进行毒理学评价时首先要对毒理学试验设计进行方法学评价，包括试验项目、顺序与方法等。然后进行毒理学试验并对试验结果进行解释与评价，分析资料包括被评价物质的化学结构、理化性质、纯度、动物毒理试验数据等。最后根据被评价物质的作用强度、残留动态、靶器官和人类可能摄入量做出对人体的安全性评价，并说明被评价的物质允许存在于食品中的限量。

为了保障食品安全，有必要对食品安全性评价进行规范管理。因此，世界各国都制定了毒理学评价标准程序和方法，中国也于 1993 年颁发了 GB 15193—94《中华人民共和国食品安全性毒理学评价程序》的国家标准，并于 2003 年进行了修订，2003 年还制定了 GB 15193.1—2014《食品安全性毒理学评价程序》，标准规定了食品安全性毒理学评价的程序和具体方法，简要介绍如下。

1. 初步工作

（1）受试物的要求

受试物是能代表人体进食的样品，必须是符合既定的生产工艺和配方的规格化产品。应提供受试物的名称、批号、含量、保存条件、原料来源、生产工艺、质量规格标准、性状等有关资料。

受试物纯度应与实际使用的相同，在需要检测高纯度受试物及其可能存在的杂质的毒性或进行特殊试验时，可选用纯品，或以纯品和杂质分别进行毒性检测。

对受试物的用途、理化性质、纯度、所获样品的代表性以及与受试物类似的或有关物质的毒性等信息要进行充分的了解和分析，以便合理设计毒理学试验、选择试验项目和试验剂量。

（2）估计人体可能的摄入量

经过调查、研究和分析，对人群摄入受试物的情况做出估计，包括一般人群的人体推荐（可能）摄入量、每人每日平均摄入量、某些人群最高摄入量等。掌握了人体对受试物的摄入情况，即可结合动物试验的结果对受试物的危害程度进行评价。

2. 毒理学评价试验程序的选择

毒理学评价试验包括四个阶段，第一阶段为急性毒性试验；第二阶段包括遗传毒性试验，传统致畸试验和短期喂养试验；第三阶段为亚慢性毒性试验（90天喂养试验、繁殖试验、代谢试验）；第四阶段为慢性毒性（包括致癌）试验。

（1）急性毒性试验

急性毒性是指一次给予受试物或在24h内多次给予受试物，观察引起动物毒性反应的试验方法。进行急性毒性试验的目的是了解受试物的毒性强度和性质，为蓄积性和亚慢性试验的剂量选择提供依据。急性毒性试验一般分别用两种性别的小鼠或大鼠作为受试动物，进行LD_{50}的测定。

LD_{50}（Median Lethal Does），即半数致死量或称致死中量，指受试动物经口一次或在24h内多次染毒后，能使受试动物有半数（50%）死亡的剂量，单位为mg/kg。LD_{50}是衡量化学物质急性毒性大小的基本数据，其倒数作为表示在类似实验条件下不同化学物质毒性强弱的参数。但LD_{50}不能反映受试物对人类长期和慢性的危害，特别是对急性毒性小的致癌物质无法进行评价。

（2）遗传毒性试验、传统致畸试验和短期喂养试验

遗传毒性试验的目的是对受试物的遗传毒性以及是否具有潜在致癌作用进行筛选。遗传毒性试验需在细菌致突变试验、小鼠骨髓微核率测定或骨髓细胞染色体畸变分析、小鼠精子畸形分析和睾丸染色体畸变分析等多项备选试验中选择四项进行，试验的组合必须考虑原核细胞和真核细胞、生殖细胞和体细胞、体内和体外试验相结合的原则。

致畸试验主要了解受试物对胎仔是否具有致畸作用。

短期喂养试验用于对只需进行第一、二阶段毒性试验的受试物进行短期喂养试验，目的是在急性毒性试验的基础上，通过28d短期喂养试验，进一步了解其毒性作用，并可初步估计最大无作用剂量。

（3）亚慢性毒性试验

亚慢性毒性包括90天喂养试验、繁殖试验和代谢试验。

90天喂养试验主要是观察受试物以不同剂量水平经较长期喂养后对动物的毒性作用性质和作用靶器官，并初步确定最大无作用剂量。

繁殖试验可了解受试物对动物繁殖及对子代的致畸作用，为慢性毒性和致癌试验的剂量选择提供依据。

代谢试验可了解受试物在体内的吸收、分布和排泄速度以及蓄积性，寻找可能的靶器官，为选择慢性毒性试验的合适动物种系提供依据，同时了解有无毒性代谢产物的形成。

对于新研制的化学物质或是与已知物质化学结构基本相同的衍生物，至少应进行以下几项试验：胃肠道吸收；测定血浓度，计算生物半衰期和其他动力学指标；主要器官和组织中的分布；排泄（尿、粪、胆汁）。有条件时可进一步进行代谢产物的分离和鉴定。对于世界卫生组织等国际机构已认可或两个及两个以上经济发达国家已允许使用的以及代谢试验资料比较齐全的物质，暂不要求进行代谢试验。对于属于人体正常成分的物质可不进行代谢试验。

（4）慢性毒性（包括致癌）试验

慢性毒性试验实际上是包括致癌试验的终生试验。试验目的是发现只有长期接触受试物后才出现的毒性作用，尤其是进行性或不可逆的毒性作用以及致癌作用；确定最大无作用剂量，为最终评价受试物能否应用于食品提供依据。慢性毒性试验是目前为止评价受试物是否存在进行性或不可逆反应以及致癌性的唯一适当的方法。

并非所有受试物均需做四个阶段的试验，根据受试物性质、对毒性的了解程度及在食品中存在、使用的情况进行选择。

3. 食品安全性评价

毒理学试验结果是对受试物的安全性进行评价的主要依据，同时还需要考虑如下因素。

① 人的可能摄入量。除一般人群的摄入量外，还应考虑特殊和敏感人群（如儿童、孕妇及高摄入量人群）。

② 人体资料。由于存在着动物与人之间的种属差异，在将动物试验结果推论到人时，应尽可能收集人群接触受试物后反应的资料，如职业性接触和意外事故接触等。志愿受试者体内的代谢资料对于将动物试验结果推论到人具有重要意义。在确保安全的条件下，可以考虑按照有关规定进行必要的人体试食试验。

③ 动物毒性试验和体外试验资料。本程序所列的各项动物毒性试验和体外试验系统虽然仍有待完善，却是目前水平下所得到的最重要的资料，也是进行评价的主要依据。在试验得到阳性结果，而且结果的判定涉及受试物能否应用于食品时，需要考虑结果的重复性和剂量-反应关系。

④ 由动物毒性试验结果推论到人时，鉴于动物、人的种属和个体之间的生物特性差异，一般采用安全系数的方法，以确保对人的安全性。安全系数通常为100倍，但可根据受试物的理化性质、毒性大小、代谢特点、接触的人群范围、食品中的使用量及使用范围等因素，综合考虑增大或减小安全系数。

⑤ 代谢试验的资料。代谢研究是对化学物质进行毒理学评价的一个重要方面，因为不同化学物质、剂量大小，在代谢方面的差别往往对毒性作用影响很大。在毒性试验中，原则上应尽量使用与人具有相同代谢途径和模式的动物种系来进行试验。研究受试物在实验动物和人体内吸收、分布、排泄和生物转化方面的差别，对于将动物试验结果比较正确地推论到人具有重要意义。

⑥ 综合评价。在进行最后评价时，必须在受试物可能对人体健康造成的危害以及其可能的有益作用之间进行权衡。评价的依据不仅是科学试验资料，而且与当时的科学水平、技术条件，以及社会因素有关。因此，随着时间的推移，很可能结论也不同。随着情况的不断改变，科学技术的进步和研究工作的不断进展，对已通过评价的化学物质需进行重新评价，

作出新的结论。

对于已在食品中应用了相当长时间的物质，对接触人群进行流行病学调查具有重大意义，但往往难以获得剂量-反应关系方面的可靠资料，对于新的受试物质，则只能依靠动物试验和其他试验研究资料。然而，即使有了完整和详尽的动物试验资料和一部分人类接触者的流行病学研究资料，由于人类的种族和个体差异，也很难作出能保证每个人都安全的评价。所谓绝对的安全实际上是不存在的。根据上述材料，进行最终评价时，应全面权衡和考虑实际可能，在确保发挥该受试物的最大效益，以及对人体健康和环境造成最小危害的前提下作出结论。

4. 食品中有害化学物质限量标准的制定

按照毒理学动物毒性实验的结果和实际膳食情况依次确定动物最大无作用剂量、人体每日允许摄入量、一日食物中总允许量、每种食物中最高允许量、食品中有毒物质限量标准。

（1）动物最大无作用剂量的确定

动物最大无作用剂量（Maximal No-Effect Level，MNL）是指在实验时间内实验动物对受试物不显示毒性损害的剂量水平。

（2）人体每日允许摄入量的确定

人体每日允许摄入量（Acceptable Daily Intake，ADI）是指人类终生每日摄入受试物后对机体不产生任何已知不良效应的剂量，以人体每千克体重摄入该物质的质量（mg/kg）表示。该剂量根据动物最大无作用剂量换算而得：

$$ADI = MNL \times 1/100 (mg/kg)$$

式中，100 为安全系数，可理解为种间差异和个体差异各为 10，则 $10 \times 10 = 100$。

（3）一日食物中总允许量的确定

一日食物中总允许量是指允许人体每日膳食的所有食品中含有受试物的总量，由 ADI 推算而得。由于人体每日摄入有害物质不仅来源于膳食，还可能经空气、饮水等途径进入人体，所以推算时要先确定经膳食摄入该物质的比例。

（4）每种食物中最高允许量的确定

先通过膳食调查了解含有该物质的各种食品的每日摄取量，以此推算出每种食物中最高允许量。

（5）食品中有毒物质限量标准的制定

以每种食物中最高允许量为基础依据，根据该物质在人体内的代谢情况、毒性作用、在食品中的稳定性以及含有该物质食品的消费等实际情况，进行调整后制定出各类物质中有害物质的限量标准，即食品卫生标准。

第二节　食品安全风险管理与风险交流

食品安全分析框架中，食品安全风险评估是基础和核心，评估的目的是对风险进行管理，使食品安全危害得到有效控制，相关信息在相关团体与人员之间准确、有效的交流对于进行风险评估和风险管理极其重要。

一、风险管理

食品风险管理是依据风险评估的结果，同时考虑社会、经济等方面的有关因素，权衡管理决策方案，并在必要时，选择实施适当的控制措施的过程。食品风险管理的首要目标是通过选择和实施适当的措施，有效地控制食品风险，保障公众健康。食品风险管理的具体措施包括制定最高限量，制定食品标签标准，实施公众教育计划，通过使用替代物质或者改善农业或工业生产规范，以减少某些具危害因素（物质）的使用。

在风险管理决策中应当首先考虑保护人体健康。对风险的可接受水平应主要根据对人体健康的影响程度决定，同时避免风险水平上随意性的和不合理的差别。在某些风险管理情况下，尤其是决定将采取的措施时，可适当考虑其他因素（如经济费用、效益、技术可行性和社会习俗）。

食品安全风险管理内容有风险评价、风险管理选择评估、执行管理决定以及监控和审查几个程序。首先要确认食品安全问题，描述风险概况，就风险评估和风险管理的优先性对危害进行排序；然后确定现有的管理选项、选择最佳的管理选项加以实施，如需要应及时启动风险预警机制；最后进行审查。

国家层面为制定防控、预警、应急机制，由政府行政机构负责食品安全风险评估、食品安全信息公布等宏观管理，食品生产者承担生产安全食品的主要责任，地方政府行政机构有效实施监督管理。食品加工企业实施风险管理的手段主要有良好生产规范、良好卫生规范和危害分析关键控制点等安全质量管理系统。

二、风险交流

食品安全风险交流是指各相关方就食品安全风险、风险所涉及的因素和风险认知相互交换信息和意见的过程。风险交流贯穿于风险分析总过程，是风险分析的必备手段。风险评估需要大量相关信息，风险管理涉及国家、团体、个人，用清晰、易懂的术语同具体的交流对象进行有意义的、相关的和准确的信息交流，对于风险管理者和风险评估者以及与其他有关各方是极其重要的。有效的风险交流使各方获得相互信任，推进风险管理措施在所有各方之间达到更高程度的理解和实施。

风险交流的目的：在风险分析过程中提高对所研究的特定问题的认识和理解；在制定和实施风险管理时进行协调、取得透明度；制定和实施风险管理相关的培训、教育、宣传计划；促进所有相关团体人员的沟通。

风险交流的原则：食品安全风险交流工作以科学为准绳，以维护公众健康权益为根本出发点，贯穿食品安全工作始终，服务于食品安全工作大局。开展食品安全风险交流坚持科学客观、公开透明、及时有效、多方参与的原则。

风险交流的内容：风险评估的原则、框架和管理体系；风险评估项目的立项背景、依据和必要性；风险评估的方法、模型等技术信息；风险评估项目的进展。风险评估的结果解释；风险评估的不确定性，食品安全风险管理的建议等。

风险交流的主要工作形式：发布风险评估结果及配套问答、食品安全监管机构的通报、学术界交流、公众活动、出版物等。

风险交流的策略：①了解各相关方需求。食品安全风险涉及政府监管部门、食品生产经营企业、食品行业协会、相关研究机构、相关学科专家、消费者、媒体和其他社会团体等。应当根据其不同需求，采取不同的风险交流策略，以提高针对性、有效性。②制订计划和预案。制订风险交流年度或阶段性计划，并为重点风险交流活动配套具体实施方案。针对食品安全事件应当制订相应的风险交流预案，并进行预案演练。主管行政部门统筹协调所属食品安全相关机构的风险交流活动。③加强内外部协作。建立健全机构内以及与上下级机构的信息通报与协作机制，与有关机构或部门建立信息交换和配合联动机制，通过有效的沟通协调达成共识，提高风险交流有效性。④加强信息管理。建立通畅的信息发布和反馈渠道，完善信息管理制度。明确信息公开的范围与内容，明确信息发布的人员、权限以及发布形式，确保信息发布的准确性、一致性。

风险交流的评价：食品安全相关机构可通过对程序、能力及效果的评价，总结经验教训，完善和提高风险交流工作水平。风险交流评价的主要方式包括预案演练、案例回顾、专家研讨、小组座谈以及问卷调查等。

第三节　食品安全风险监测制度

食品安全风险监测是进行食品风险分析、实施食品安全风险评估和风险管理的基础，为了保障食品安全长治久安，国家必须建立食品安全风险监测制度，我国于 2010 年由卫生部、工业和信息化部、工商总局、质检总局、国家食品药品监管局发布了《食品安全风险监测管理规定（试行）》，2021 年由卫生健康委根据《中华人民共和国食品安全法》及其实施条例的规定进行了修订。10 余年来，各级政府持续推进食品安全风险监测工作，截至 2021 年底，全国设置食品安全风险监测点 2778 个，对 26 大类 11.3 万份样品开展污染物及有害因素监测。在 70478 个医疗卫生机构开展食源性疾病监测。

食品安全风险监测是通过系统和持续性地收集食源性疾病、食品污染以及食品中有害因素的监测数据及相关信息，并进行综合分析和及时通报的活动。其目的是为食品安全风险评估、食品安全标准制定修订、食品安全风险预警和交流、监督管理等提供科学支持。

系统性就是由国家专门机构负责组织、监管，各级政府建立相应部门，自上而下制定监测计划，对各类食品进行常规安全监测，要求做到全覆盖。同时，根据当地实际情况，对当地、当前食品安全问题多发地区、多发食品类别或特殊危害因子进行重点抽检，以便及时发现风险，启动预警机制。持续性就是将食品安全监测作为常态化工作，按照预定计划持续进行，而不是作为出现风险后的应急手段。各地主管部门要对监测结果进行科学分析、及时自下而上进行汇报，同时及时向社会通报。

食品安全风险监测的目的是为食品安全风险评估、食品安全标准制定修订、食品安全风险预警和交流、监督管理等提供科学支持。食品安全风险监测中长期可为食品安全总体状况的评价提供科学依据，特殊情况下可为食品安全风险预警提供科学依据。食品安全风险监测也是政府实施食品安全监督管理的重要手段。

一、组织管理

我国食品安全风险监测由各级卫生健康委员会负责实施。

国家卫生健康委会同工业和信息化部、商务部、海关总署、市场监管总局、国家粮食和物资储备局等部门，制定实施国家食品安全风险监测计划。

省级卫生健康行政部门会同同级食品安全监督管理等部门，根据国家食品安全风险监测计划，结合本行政区域的具体情况，制定本行政区域的食品安全风险监测方案，报国家卫生健康委备案并实施。

县级以上卫生健康行政部门会同同级食品安全监督管理等部门，落实风险监测工作任务，建立食品安全风险监测会商机制，及时收集、汇总、分析本辖区食品安全风险监测数据，研判食品安全风险，形成食品安全风险监测分析报告，报本级人民政府和上一级卫生健康行政部门。

各级卫生健康行政部门重点对食源性疾病、食品污染物和有害因素基线水平、标准制定修订和风险评估专项实施风险监测。海关、市场监督管理、粮食和储备部门根据各自职责，配合开展不同环节风险监测。各部门风险监测结果、数据共享、共用。

二、监测内容

① 食源性疾病。食源性疾病是指通过摄食而进入人体的致病因素引起的具有感染性或中毒性的疾病，即通过食物传播和感染。包括食物中毒、肠道传染病、人畜共患传染病、寄生虫病以及化学性有毒有害物质所引起的疾病。食源性疾病具有暴发性、散发性、地区性和季节性特征，发病率居各类疾病总发病率的前列，在全世界范围内都是一个日益严重的食品安全和公共卫生问题。例如：2021 年我国共报告食源性疾病暴发事件 5493 起，发病 32334 人，死亡 117 人。

② 食品污染及食品中有害因素。食品污染是指食品及其原料中天然存在，在生产、加工、运输、包装、贮存、销售、烹调等过程中，因农药、废水、污水、病虫害和家畜疫病所引起的污染；食品加工过程产生或由霉菌毒素引起的食品霉变，运输、包装材料中有毒物质等食品中的有害因素。

③ 为标准制定修订和风险评估制定的专项实施风险监测计划。

三、监测范围

食品安全风险监测范围应该覆盖所有食品类别及地区，根据食品的生产量、消费量或贸易量按照统计学原理设计采样方式和样品量，保证其样品具有代表性。还应根据地方实际情况综合考虑如风险程度、社会热点、贸易冲突等相关因素，使得采样更为合理。

在制定计划时应当将以下情况作为优先监测内容：①健康危害较大、风险程度较高以及风险水平呈上升趋势的；②风险监测、监督检查、专项整治、案件稽查、事故调查、应急处置等工作表明存在较大隐患的食品；③易于对婴幼儿、孕产妇等重点人群造成健康影响的；学校和托幼机构食堂以及旅游景区餐饮服务单位、中央厨房、集体用餐配送单位经营的食品；④以往在国内导致食品安全事故或者受到消费者关注的以及已在国外导致健康危害并有证据表明可能在国内存在的；⑤新发现的可能影响食品安全的食品污染和有害因素；⑥有关部门公布的可能违法添加非食用物质的食品；⑦食品安全监督管理及风险监测相关部门认为需要优先监测的其他内容。

出现下列情况时，有关部门应当及时调整国家食品安全风险监测计划和省级监测方案，组织开展应急监测：①处置食品安全事故需要的；②公众高度关注的食品安全风险急需解决的；③发现食品、食品添加剂、食品相关产品可能存在安全隐患，开展风险评估需要新的监测数据支持的；④其他有必要进行计划调整的情形。

四、抽样检验及结果报送

国家食品安全风险监测计划由具备相关监测能力的技术机构承担，主要由各级食品监管部门（市场监管局、农业农村局、粮食和物资储备局、海关以及疾病防控部门等）国有检测机构和委托第三方具资质检测机构承担。第三方机构的监测与评估独立于政府机构的监测与评估结果，与行政执法分离，一方面减轻了行政执法的负担，另一方面使数据与结论互为补充。

技术检测机构应当根据食品安全风险监测计划和监测方案开展检测工作，保证检测数据真实、准确，抽样与检测要按照《食品安全抽样检验管理办法》要求进行，保证程序合法、科学、公平、公正、统一。抽检应当采用食品安全标准规定的检验项目和检验方法。在没有标准检验方法的情况下，可以采用其他检验方法分析查找食品安全问题的原因，所采用的方法应当遵循技术手段先进的原则，并取得国家或者省级市场监督管理部门同意。

技术检测机构按照食品安全风险监测计划和监测方案的要求及时报送检测数据和分析结果。国家食品安全风险评估中心负责汇总分析国家食品安全风险监测计划结果数据。

各级卫生健康行政部门及时汇总分析和研判食品安全风险监测结果，发现可能存在食品安全隐患的，及时将已获悉的食品安全隐患相关信息和建议采取的措施等通报同级食品安全监督管理、相关行业主管等部门。食品安全监督管理等部门经进一步调查确认有必要通知相关食品生产经营者的，应当及时通知。县级以上卫生健康行政部门、农业行政部门应当及时相互通报食品、食用农产品安全风险监测信息。县级以上卫生健康行政部门接到医疗机构或疾病预防控制机构报告的食源性疾病信息，应当组织研判，认为与食品安全有关的，应当及时通报同级食品安全监督管理部门，并向本级人民政府和上级卫生健康行政部门报告。

县级以上卫生健康行政部门会同同级工业和信息化、农业农村、商务、海关、市场监管、粮食和储备等有关部门建立食品安全风险监测会商机制，根据工作需要，会商分析风险监测结果。会商内容主要包括：通报食品安全风险监测结果分析研判情况；通报新发现的食品安全风险信息；通报有关食品安全隐患核实处置情况；研究解决风险监测工作中的问题。

【本章小结】>>>

食品的安全性评价是对食品中的物质及食品对人体健康的危害程度进行评估，以阐明某种食品是否可以安全食用，并通过科学的方法确定危害物质的安全剂量，在食品生产中进行风险控制。进行安全性评价的对象主要有用于食品生产、加工和保藏的化学和生物物质；食品在生产、加工、运输、销售和保藏过程中产生和污染的有害物质；新技术、新工艺、新资源加工食品。

食品风险分析是风险分析在食品安全管理中的应用，是分析食源性危害，确定食品安全性保护水平，采取风险管理措施，使消费的食品在食品安全性风险方面处于可接受的水平。食品风险分析包括三个部分：风险评估、风险管理与风险交流，它的总体目标在于确保公众健康得到保护。风险评估是整个风险分析体系的核心和基础，也是有关国际组织今后工作的重点。

食品安全风险评估是以毒理学评价为基础，必要时还要进行化学性评价、微生物学评价和营养学评价。毒理学评价是通过一系列的毒理学试验对受试物的毒性作用进行定性分析，并结合受试物的资料确定受试物在食品中的安全限量。

毒理学试验内容包括急性毒性试验；遗传毒性试验、传统致畸试验和短期喂养试验；亚慢性毒性试验；慢性毒性（包括致癌）试验。

食品安全风险监测是食品风险、实施食品安全风险评估和风险管理分析的基础，为食品安全风险评估、食品安全标准制定修订、食品安全风险预警和交流、监督管理等提供科学支持。食品安全风险监测中长期可为食品安全总体状况的评价提供科学依据，特殊情况下可为食品安全风险预警提供科学依据。食品安全风险监测也是政府实施食品安全监督管理的重要手段。

【复习思考题】>>>

简答题

1. 什么是风险分析？简述食品安全风险分析的内容。
2. 什么是风险？如何理解食品安全风险？
3. 简述食品安全风险评估的意义。
4. 简述食品安全风险监测的内容。

第四章 >>>
食品安全保障体系

 【学习目标】>>>

1. 掌握国际食品安全相关组织机构及其职能。
2. 掌握我国食品安全监管体制。
3. 了解我国食品安全法律法规体系。

食品安全和质量不仅涉及国家、民族的整体素质，关系到消费者及其子孙后代的生命健康，关系到社会生产、生活秩序的稳定，而且还关系到世界食品贸易以及全球经济秩序的健康稳定。食品安全质量水平受多种因素制约，不仅受整个生产流通环节的影响，还受社会经济发展、科学技术进步和人们生活水平的影响。食品供应链涉及从农田到餐桌整个过程，涉及众多行业和从业人员，因此保障食品安全是一项范围广泛的系统工程，需要建立一个完整的食品安全保障体系。

第一节　食品安全相关国际组织机构

为了保障消费者的健康和利益、促进国际贸易活动和世界经济发展，联合国相关组织成立了相应机构，就食品安全提出指导方针、战略性建议、参考标准以及贸易要求等，以协助各成员国制定国家政策，从立法、基础设施到监管执法机制方面提出最佳方案，帮助各成员国建立全面有效的食品质量监督管理体制。

一、联合国粮食及农业组织

联合国粮食及农业组织（Food and Agriculture Organization of the United Nations，FAO），简称粮农组织，是根据 1943 年 5 月召开的联合国粮食及农业会议的决议，于 1945 年 10 月 16 日在加拿大魁北克正式成立。1946 年 12 月成为联合国的一个专门机构，现总部设在意大利罗马。FAO 是一个政府间组织，中国为创始国之一。

联合国粮农组织的宗旨是通过加强世界各国和国际社会的行动，提高人民的营养和生活水平，改进粮农产品生产及分配效率，改善农村人口的生活状况，以及帮助发展世界经济和保证人类免于饥饿等。该组织的业务范围包括农、林、牧、渔生产、科技、政策及经济各方面。它搜集、整理、分析并向世界各国传播有关粮农生产和贸易的信息；向成员国提供技术援助；动员国际社会进行农业投资，并利用其技术优势执行国际开发和金融机构的农业发展项目；向成员国提供粮农政策和计划的咨询服务；讨论国际粮农领域的重大问题，制定有关国际行为准则和法规，加强成员国之间的磋商与合作。

粮农组织下设全体成员大会、理事会和秘书处。理事会下设计划、财政、章程法律、农业、林业、渔业、商品、粮食安全8个职能委员会。截至2022年10月，共有194个成员国、1个成员组织（欧洲联盟）和2个准成员（法罗群岛、托克劳群岛）。主要出版物有《粮农状况》《谷物女神》以及各种专业年鉴和杂志。

中国是粮农组织的创始国之一。1973年4月中国恢复其在粮农组织的合法席位，并在粮农组织第17届大会上被选为理事国。同年，中国向该组织派出常驻代表，建立了中国常驻联合国粮农机构代表处。1983年1月，粮农组织在北京设立代表处。1997年11月18日，中国当选为粮农组织理事会成员。

二、世界卫生组织

世界卫生组织（World Health Organization，WHO），简称世卫组织，是联合国下属的一个专门机构，其前身可以追溯到1907年成立于巴黎的国际公共卫生局和1920年成立于日内瓦的国际联盟卫生组织。中国和巴西代表在参加1945年4月25日至6月26日联合国于旧金山召开的关于国际组织问题的大会上，提交的"建立一个国际性卫生组织的宣言"，为创建世界卫生组织奠定了基础。1946年7月64个国家的代表在纽约举行了一次国际卫生会议，签署了《世界卫生组织组织法》。1948年4月7日，该法得到26个联合国会员国批准后生效，世界卫生组织宣告成立，每年的4月7日也就成为全球性的"世界卫生日"。同年6月24日，世界卫生组织在日内瓦召开的第一届世界卫生大会上正式成立，总部设在瑞士日内瓦。截至2021年5月，世卫组织共有194个成员国。

世界卫生组织是当今国际社会最主要的、最大的负责全球健康卫生问题的专业性国际组织，其宗旨是使全世界人民获得尽可能高水平的健康。该组织给健康下的定义为"身体、精神及社会生活中的完美状态"。主要职能是促进流行病和地方病的防治；提供和改进公共卫生、疾病医疗和有关事项的教学与训练；推动确定生物制品的国际标准。

中国是世卫组织的创始国之一。1972年5月10日，第25届世界卫生大会通过决议，恢复了中国在世界卫生组织的合法席位。此后，中国出席该组织历届大会和地区委员会会议，被选为执委会委员，并与该组织签订了关于卫生技术合作的备忘录和基本协议。

三、世界贸易组织

世界贸易组织（World Trade Organization，WTO），简称世贸组织，成立于1994年4月，1995年1月1日正式开始运作，总部设在瑞士日内瓦莱蒙湖畔。世贸组织是一个独立于联合国的永久性国际组织，具有法人地位，与国际货币基金组织、世界银行一起被称为世界经济发展的三大支柱。1999 年 11 月 15 日，中国和美国签署关于中国加入世界贸易组织的双边协议。2001 年 11 月 10 日，中国被批准加入世界贸易组织。2001 年 12 月 11 日，中国正式成为其第 143 个成员。截至 2020 年 5 月，世界贸易组织有 164 个成员，24 个观察员。

世贸组织是负责监督成员经济体之间各种贸易协议得到执行的一个国际组织，是多边贸易体制的法律基础和组织基础，是众多贸易协定的管理者，是各成员贸易立法的监督者，是就贸易进行谈判和解决争端的场所。是当代最重要的国际经济组织之一，其成员间的贸易额占世界贸易额的绝大多数，被称为"经济联合国"。在调解成员争端方面具有更高的权威性。

世贸组织的目标是建立一个完整的包括货物、服务、与贸易有关的投资及知识产权等更具活力、更持久的多边贸易体系包括关贸总协定、贸易自由化的成果和乌拉圭回合多边贸易谈判的所有成果。

WTO 将食品安全相关的要求包含在相关贸易协议中，主要是《关税与贸易总协定》(简称《GATT》)和《实施卫生与植物卫生措施协定》(简称《SPS 协定》)，通过《GATT》与《SPS 协定》为成员国提供对不安全食品实施进口限制的机制，对促进世界食品安全起到推动作用。

四、食品法典委员会

1962 年，联合国粮食及农业组织（FAO）和联合国世界卫生组织（WHO）共同创建了 FAO/WHO 食品法典委员会（Codex Alimentarius Commission，CAC），并使其成为一个促进消费者健康和维护消费者经济利益，以及鼓励公平的国际食品贸易的国际性组织。CAC 现有 186 个成员（185 个成员国和 1 个成员组织——欧洲联盟）及 220 个观察员（50个政府间国际组织、154 个非政府组织和 16 个联合国组织），覆盖全球 99% 的人口。

(1) CAC 的作用

CAC 的宗旨：通过建立国际协调一致的食品标准体系，保护消费者的健康，促进公平的食品贸易和协调所有食品标准的制定工作。

① CAC 的职能和作用。保护消费者健康和确保公正的食品贸易；促进国际组织、政府和非政府机构在制定食品标准方面的协调一致；通过或与适宜的组织一起决定、发起和指导食品标准的制定工作。将那些由其他组织制定的国际标准纳入 CAC 标准体系；修订已出版的标准等。

② CAC 委员会。CAC 的具体工作是由成员国组成的委员会和其他分支机构开展的。共有三类委员会。一般议题委员会，主要涉及如食品卫生、农药残留、分析和采样方法等。商品委员会，主要涉及如鱼和鱼制品、新鲜水果和蔬菜、乳和乳制品等。地区协调委员会，如欧洲、亚洲以及北美和西南太平洋。

(2) CAC 标准的意义

在 WTO 成立以前，CAC 的标准、准则和建议，各国政府可以自愿采纳，但与当时的关贸总协定（GATT）等国际贸易体系之间没有直接的联系，从某种意义上讲，CAC 只是讨论国际标准的一个非常有用的论坛。WTO 成立之后，CAC 的标准虽然名义上仍然是非强制性的，但 WTO 的"实施动植物卫生检疫措施的协议"（SPS）和"技术性贸易壁垒协定"（TBT）的签订使其具有新的意义，CAC 的标准逐渐成为促进国际贸易和解决贸易争端的依据，同时也成为 WTO 成员保护自身贸易利益的合法武器。在食品领域，一个国家只要采用了 CAC 的标准，就被认为是与 SPS 和 TBT 协定的要求一致。如果一个国家的标准低于 CAC 标准，在理论上则意味着该国将成为低于国际标准的食品的倾销市场。由于即使是美国、澳大利亚这样的发达国家，它们的相当一部分国家标准也低于 CAC 标准。因此，如何尽快与 CAC 标准接轨，不仅是发展中国家，同时也是发达国家面临的一项极其紧迫和艰巨的任务。在这种情况下，为了保护本国消费者的健康，各个国家面临两种选择：要么采纳 CAC 标准，要么按照 SPS 协定的规定，根据风险评估的原则，制定更加严格的国家标准。事实上，在大多数情况下，发展中国家甚至包括某些发达国家都无力进行后一项工作，采用 CAC 的标准在技术和经济上成了一种比较明智的选择。

五、国际标准化组织

国际标准化组织（International Organization for Standardization，ISO），其全名与缩写之间存在差异，缩写是"ISO"而不是"IOS"，这是因为"ISO"并不是首字母缩写，而是一个词，它来源于希腊语，意为"相等"，从"相等"到"标准"，由于词义上的联系使"ISO"成为国际标准化组织的名称。

1946 年 10 月 14-26 日，中国、英国、美国、法国、苏联等 25 个国家的 64 名代表在伦敦集会，决定成立一个新的国际标准化组织，以促进国际合作和工业标准的统一。1947 年 2 月 23 日，ISO 章程得到 15 个国家标准化机构的认可，国际标准化组织宣告正式成立，总部设在瑞士的日内瓦。

(1) 国际标准化组织的性质和宗旨

ISO 不属于联合国，是一个全球性的非政府组织，是国际标准化领域中一个十分重要的组织。目前和 ISO 建立联系的有 400 多个国际组织，其中包括所有有关的联合国专门机构。ISO 是联合国经济和社会理事会的甲级咨询组织和贸易发展理事会综合级（即最高级）的咨询组织，也是联合国系统几乎所有其他团体和专门机构的甲级咨询组织。

ISO 的宗旨：在全世界范围内促进标准化工作及其有关活动的开展，以利于国际物资交流和相互服务，并扩大在知识界、科学界、技术界和经济活动方面的合作。

(2) ISO 的组织结构和主要工作

按照 ISO 章程，ISO 的成员分为团体成员和通信成员。团体成员是指最有代表性的国家标准化机构，且每一个国家只能有一个机构代表其国家参加 ISO。通信成员是指尚未建立全国标准化机构的发展中国家（或地区）。通信成员不参加 ISO 技术工作，但可了解 ISO 的工作进展情况，经过若干年后，待条件成熟，可转为团体成员。ISO 现有成员 138 个。

ISO 的组织机构包括全体大会、主要官员、成员团体、通信成员、捐助成员、政策发展委员会、理事会、ISO 中央秘书处、特别咨询组、技术管理处、标样委员会、技术咨询组、技术委员会等。

ISO 的主要活动是制定国际标准，协调世界范围内的标准化工作，组织各成员国和各技术委员会进行情报交流，以及与其他国际组织合作，共同研究有关标准化问题。ISO 技术工作是高度分散的，由 227 个技术委员会（TC）承担。在这些委员会中，世界范围内的工业界代表、研究机构、政府权威、消费团体和国际组织都作为对等合作者共同讨论全球的标准化问题。

六、全球食品安全倡议

全球食品安全倡议（Global Food Safety Initiatives，GFSI）成立于 2000 年，是独立的非营利国际组织，由包括政府主管部门代表在内的全球食品行业领先的食品生产、零售企业和餐饮等供应链服务商组成，旨在通过协调各食品安全认证制度，进行等效性基准比较和整合，减少各生产商、零售商的重复认证审核，从而实现"一处认证，处处认可"的目标，提高食品供应链的成本效率。

GFSI 的认证对促进食品企业持续、高效、互信开展全球经贸业务具有重要意义。目前，全球共有 14 个认证制度正在进行或者已经完成同 GFSI 技术标准的基准比较工作。其中 3 个认证制度是由政府部门所有，分别是我国危害分析与关键控制点（HACCP）认证制度、美国农业部（USDA）的良好农业规范认证制度，加拿大谷物委员会（CGC）的 HACCP 认证制度。GFSI 在 2015 年正式承认我国 HACCP 认证制度，2019 年续签，使得我国获 HACCP 认证的食品企业进入 GFSI 成员的供应链时，可以减少采购方审核或国外认证，从而降低贸易成本并提升在国际市场的品牌声誉。

第二节　食品安全监管体制

食品安全监管体系，是指国家行政主体依据法定职权通过法律法规对食品生产、流通进行有效监督管理的一整套管理机制。现代食品安全行政管理体系在横向管理上，以各种法律法规健全、组织执行机构配套、政府和企业建立预防性管理体系为特征；在纵向实施上；从农田到餐桌全过程管理；在管理手段上，强调法律制度与行政手段的结合。

一、发达国家食品安全监管体制

目前，食品安全已成为全球性的焦点，各国都在加强以食品安全为重点的食品监管工作，建立了适合本国，并且与国际接轨的食品安全与食品质量管理体制。目前世界上食品监督管理体制主要有三种模式。

① 由多个职能部门共同负责的美国模式。美国负责食品安全管理的机构主要有 3 个：一是食品药品监督管理局（FDA），主要负责除肉类和家禽产品外美国国内和进口的食品安全；二是农业部（USDA），主要负责肉类、家禽及相关产品和蛋类加工产品的监管；三是国家环境保护署（EPA），主要监管饮用水和杀虫剂。此外，美国商业部、财政部和联邦贸易委员会等也不同程度地承担了对食品安全的监管职能。为加强各机构之间的协调与配合，美国还先后成立了食品传染疾病发生反应协调组和总统食品安全委员会。

② 成立专门食品安全监督机构的英国模式。英国食品安全体系由中央和地方两级政府共同

实施和负责，中央政府主要负责立法。为了强化食品安全管理，根据《1999年食品标准法》，英国成立了一个独立的食品安全监督机构——食品标准局，统一履行食品安全监管职能。

③ 由农业部门负责的加拿大模式。1997年3月，加拿大议会通过《食品监督署法》，在农业部之下设立一个专门的食品安全监督机构——加拿大食品监督署，统一负责农业投入品监管、产地检查、动植物和食品及其包装检疫、药残监控、加工设施检查和标签检查等。德国、丹麦也属于这一类型。

从食品监管体制的发展趋势看，趋向于逐步建立统一管理、协调、高效运作的架构，强调从"农田到餐桌"食品生产链的全过程食品安全质量监控，形成政府、企业、科研机构、消费者共同参与的监管模式；在管理手段上，逐步采用"风险分析"作为食品安全质量监管的基本模式。

二、我国食品安全监管体制

我国党和政府一直非常重视食品安全，1995年颁布了《食品卫生法》，2009年颁布《食品安全法》取代《食品卫生法》，不断完善食品安全保障体系，目前已经基本建立了适应当前经济发展水平和满足人民实际需求的食品安全保障体系，包括食品安全风险评估体系，食品安全监管体系（包括监管体制、法律法规体系、食品标准和检测体系）和食品生产经营质量管理体系，其中食品安全监管体制是核心。

我国食品安全监管体制架构是由国务院食品安全委员会统领，一个职能部门（国家市场监督管理总局）为首，多个部门（国家卫生健康委员会、农业农村部、商务部等）协同合作的模式。

国务院食品安全委员会，由国务院副总理任主任、国务院相关直属部门和机构负责人组成。食品安全委员会办公室设在国家市场监督管理总局，承担国务院食品安全委员会日常工作。食品安全委员会的职能是分析食品安全形势，研究部署、统筹指导食品安全工作；提出食品安全监管的重大政策措施；督促落实食品安全监管责任。

国家市场监督管理总局对食品生产经营活动实施总体监督管理，国家卫生健康委员会负责食品安全的风险评估，农业农村部负责食用农产品的生产监管和质量监管，海关总署负责进出口食品的安全，工业和信息化部对食品的工业处理流程进行监管，公安部则是打击食品方面的违法犯罪。

各省、市、县按照国务院相关部门的模式设置相应的行政管理机构，对本行政区域的食品安全监督管理工作负责，统一领导、组织、协调本行政区域的食品安全监督管理工作以及食品安全突发事件应对工作，建立健全食品安全全程监督管理工作机制和信息共享机制。

第三节　食品安全法律法规体系

食品法律法规是为了保障食品安全的法律规定和行政法规，一个有效的食品质量安全保障体系以健全的法律法规体系为基础，法律法规体系是世界各国提升食品安全质量水平，是国家进行食品质量安全监管、开展食品执法监督管理的依据。食品法律法规体系应涵盖所有食品类别和食品生产链的各个环节。食品法律法规体系建设应以食品链全程监管、风险分析、预防监控、食品信息可追溯以及企业承担主体责任为基本原则。与食品安全有关的法律法规包括宪法、法律、行政法规、地方性法规和部门规章。

一、食品安全法律

宪法是国家的根本大法，是治国安邦的总章程，规定国家的根本任务和根本制度，即社会制度、国家制度的原则和国家政权的组织以及公民的基本权利义务等内容。宪法中有关公民享有的权利与义务等内容是制定食品安全法律法规的准绳。

食品安全相关法律是由全国人大或者全国人大常委会制定（修订）的、由国家主席签署公布的规范性文件，其法律效力仅次于宪法。

现阶段食品安全基本法是以《中华人民共和国食品安全法》为主导，辅之以《中华人民共和国产品质量法》《中华人民共和国农产品质量安全法》《中华人民共和国消费者权益保护法》《中华人民共和国传染病防治法》《中华人民共和国进出口商品检验法》和《中华人民共和国标准化法》等法律中有关食品质量安全的相关规定构成的集合法群。

1.《中华人民共和国食品安全法》

《中华人民共和国食品安全法》简称《食品安全法》，于 2009 年 10 月 30 日第八届全国人民代表大会常务委员会第十六次会议通过，并由中华人民共和国主席令第五十九号公布，自公布之日起实行，以取代之前的《食品卫生法》。《食品安全法》分别于 2015 年、2018 年、2021 年经过 3 次修订。

《食品安全法》是专门针对保障食品安全的法律，也是一部综合性的法律，涉及食品链全过程以及相关的环节。现行《食品安全法》总计十章、154 条，主要内容如下。

① 我国现阶段食品安全监管体制。由国务院食品安全委员会统领，一个职能部门（国家市场监督管理总局）为首，多个部门（卫生健康委员会、农业农村部、商务部等）协同合作的模式。食品安全工作实行预防为主、风险管理、全程控制、社会共治，建立科学、严格的监督管理制度。执行食品监管的主要职能部门是市场监管局。

② 食品安全的主体责任人。食品生产经营者对其生产经营食品的安全负责。

③ 国家建立食品安全风险监测制度和食品安全风险评估制度。对食源性疾病、食品污染以及食品中的有害因素进行监测。运用科学方法，根据食品安全风险监测信息、科学数据以及有关信息，对食品、食品添加剂、食品相关产品中生物性、化学性和物理性危害因素进行风险评估，并不断完善食品标准。

④ 规范食品生产经营。包括一般规定；生产经营过程控制；标签、说明书和广告；餐饮、（学校、幼儿园、养老机构、特殊）食品。

⑤ 国家建立食品召回制度。食品生产者发现其生产的食品不符合食品安全标准或者有证据证明可能危害人体健康的，应当立即停止生产，召回已经上市销售的食品，通知相关生产经营者和消费者，并记录召回和通知情况。

⑥ 保健食品、特殊医学用途配方食品和婴幼儿配方食品等特殊食品实行严格监督管理。

⑦ 食品检验要求、食品进出口管理。

⑧ 食品安全事故处置。制定国家食品安全事故应急预案，建立快速反应机制。

⑨ 信息公开。国家建立统一的食品安全信息平台，实行食品安全信息统一公布制度。

⑩ 相关法律责任。

2. 《中华人民共和国产品质量法》

《中华人民共和国产品质量法》简称《产品质量法》，1993 年 2 月 22 日第七届全国人民代表大会常务委员会第三十次会议通过。分别于 2000 年、2009 年和 2018 年进行了 3 次修正。

《产品质量法》是为了加强对产品质量的监督管理，提高产品质量水平，明确产品质量责任，保护消费者的合法权益，维护社会经济秩序而制定的。共计六章、七十四条。

总则中明确其适用范围是在中华人民共和国境内从事产品生产、销售活动，所称产品是指经过加工、制作，用于销售的产品（包括食品）。建设工程不适用本法规定；但是，建设工程使用的建筑材料、构配件和设备，属于前款规定的产品范围。国务院市场监督管理部门主管全国产品质量监督工作。法律中规定了产品质量的监督者、生产者、销售者的产品质量责任和义务，生产者的产品质量责任和义务，销售者的产品质量责任和义务、损害赔偿、罚则等内容。

3. 《中华人民共和国农产品质量安全法》

《中华人民共和国农产品质量安全法》简称《农产品质量安全法》，最初于 2006 年发布，新的《农产品质量安全法》于 2022 年 9 月 2 日经第十三届全国人民代表大会常务委员会第三十六次会议修订通过，自 2023 年 1 月 1 日起施行，2006 年版废止。

《农产品质量安全法》是为了保障农产品质量安全，维护公众健康，促进农业和农村经济发展而制定的。总计八章、八十一条。主要内容如下。

① 明确农产品是指来源于种植业、林业、畜牧业和渔业等的初级产品，即在农业活动中获得的植物、动物、微生物及其产品。农产品质量安全，是指农产品质量达到农产品质量安全标准，符合保障人的健康、安全的要求。与农产品质量安全有关的农产品生产经营及其监督管理活动，适用本法。

② 监管体系：国家加强农产品质量安全工作，实行源头治理、风险管理、全程控制，建立科学、严格的监督管理制度，构建协同、高效的社会共治体系。国务院农业农村主管部门、市场监督管理部门依照本法和规定的职责，对农产品质量安全实施监督管理。地方各级政府统一领导、组织、协调本行政区域的农产品质量安全工作，建立健全农产品质量安全工作机制，提高农产品质量安全水平。

③ 实施农产品质量安全风险管理和标准制定。国家建立农产品质量安全风险监测和农产品质量安全风险评估制度。建立健全农产品质量安全标准体系，确保严格实施。

④ 农产品产地管理。国家建立健全农产品产地监测制度，根据农产品品种特性和产地安全调查、监测、评价结果，依照土壤污染防治等法律法规的规定，提出划定特定农产品禁止生产区域，并要求农产品生产者科学合理使用农药、兽药、肥料、农用薄膜等农业投入品，防止对农产品产地造成污染。

⑤ 农产品生产管理。要求各级政府和农业技术推广机构，制定保障农产品质量安全的生产技术要求和操作规程，并加强对农产品生产经营者的培训和指导。国家鼓励和支持农产

品生产企业、农民专业合作社、农业社会化服务组织建立和实施危害分析和关键控制点体系，实施良好农业规范，提高农产品质量安全管理水平。农业生产企业或个人建立农产品生产记录，对农药、兽药、肥料、农用薄膜等进行管理。

⑥ 农产品销售管理。销售的农产品应当符合农产品质量安全标准，农产品生产企业、农民专业合作社应当根据质量安全控制要求自行或者委托检测机构对农产品质量安全进行检测；经检测不符合农产品质量安全标准的农产品，应当及时采取管控措施，且不得销售。另外，明确农产品包装、运输、贮存等要求，对农产品批发市场、通过网络平台销售农产品都提出具体安全管理要求。

⑦ 监督管理。县级以上人民政府农业农村主管部门和市场监督管理等部门应当建立健全农产品质量安全全程监督管理协作机制，确保农产品从生产到消费各环节的质量安全。

⑧ 法律责任。

4.《中华人民共和国消费者权益保护法》

《中华人民共和国消费者权益保护法》简称《消费者权益保护法》，1993 年 10 月 31 日第八届全国人民代表大会常务委员会第四次会议通过，并于 1993 年 10 月 31 日由中华人民共和国主席令第十一号公布，于 2013 年进行修订。

《消费者权益保护法》是为保护消费者的合法权益，维护社会经济秩序，促进社会主义市场经济健康发展而制定的，消费者为生活消费需要购买、使用商品或者接受服务等适用本法。总计八章、六十三条。

总则明确提出国家保护消费者的合法权益不受侵害，经营者与消费者进行交易，应当遵循自愿、平等、公平、诚实信用的原则。分别规定了就消费者的权利、经营者的义务、国家对消费者合法权益的保护、消费者组织、争议的解决、法律责任等。

5.《中华人民共和国进出口商品检验法》

《中华人民共和国进出口商品检验法》简称《商检法》，于 1989 年 2 月 21 日第七届全国人民代表大会常务委员会第六次会议通过，分别于 2002 年、2013 年、2018 年、2021 年进行了四次修订。

《商检法》是为了加强进出口商品检验工作，规范进出口商品检验行为，维护社会公共利益和进出口贸易有关各方的合法权益，促进对外经济贸易关系的顺利发展而制定的。总计六章、三十九条。

总则明确国家商检部门设在各地的进出口商品检验机构管理所辖地区的进出口商品检验工作，商检机构和依法设立的检验机构，依法对进出口商品实施检验。分别规定了进口商品的检验、出口商品的检验、监督管理和法律责任。

二、行政法规和部门规章

行政法规和规章包括行政法规、地方性法规和部门规章。行政法规是国务院及其所属政府部门根据宪法和法律而制定和颁布的行政法规，也称行政规章；其法律效力低于法律；地方性法规是由省、自治区、直辖市的人民代表大会及其常委会根据本行政区域的具体情况和实际需要制定和颁布的；或较大的市（省会、首府）的人民代表大会及其常委会制定的地方性法规（须报省、自治区人大常委会批准后施行）；部门规章是国务院所属的各部、委员会根据法律和行政法规制定的规范性文件。包括实施条例、管理办法、实施细则、工作程序等。国家食品相关法律颁布以来，国务院以及各级政府食品安全管理职能部门制定了一系列行政法规和部门规章，按照管理的对象分为如下几类。

① 食品卫生。包括食品及食品原料的卫生管理，食品生产经营过程卫生管理，食品容器、包装材料、工具与设备卫生管理，食品卫生监督与行政处罚规定，食品卫生检验管理规定等。

② 食品质量与安全。例如：食品生产加工企业质量安全监督管理办法、水产养殖质量安全管理规定等。

③ 食品标签、广告。例如：查处食品标签违法行为规定、进出口食品标签管理办法、农业转基因生物标识管理办法、食品广告管理办法、酒类广告管理办法、食品广告发布暂行规定等。

④ 进出口食品。例如：中华人民共和国进出口商品检验法实施条例、中华人民共和国进出境动植物检疫法实施条例。

⑤ 农产品。例如：绿色食品标志管理办法、无公害农产品管理办法、农作物种质资源管理办法等。

⑥ 保健食品。例如：保健食品管理办法、保健食品评审技术规程、保健食品功能学评价程序和检验方法、保健食品标识规定、保健食品通用卫生要求等。

⑦ 食品添加剂。例如：食品添加剂卫生管理办法。

⑧ 其他。例如：γ 辐照加工装置放射卫生防护管理规定、母乳代用品销售管理办法等。

第四节　食品质量安全标准体系

一、标准与标准化

1. 有关概念

（1）标准

国际标准化组织（ISO）的标准化管理委员会（STACO）一直致力于标准化概念的研究，先后以"指南"的形式给"标准"的定义作出统一规定：标准是由一个公认的机构制定和批准的文件，它对活动或活动的结果规定了规则、导则或特殊值，供共同和反复使用，以实现在预定领域内最佳秩序的效果。

中国国家标准 GB/T 20000.1—2014《标准化工作指南　第 1 部分：标准化和相关活动的通用术语》中"标准"的定义是："通过标准化活动，按照规定的程序经协商一致制定，为各种活动或其结果提供规则、指南或特性，供共同使用和重复使用的文件。"标准宜以科学、技术和经验的综合成果为基础。规定的程序指制定标准的机构颁布的标准制定程序。诸如国际标准、区域标准、国家标准等，由于它们可以公开获得以及必要时通过修正或修订保持与最新技术水平同步，因此它们被视为公认的技术规则。

标准编号用标准代号加发布的顺序号和年号表示。例如："GB 3935.1—1996"中"GB"是标准代号，表示国家标准，"3935.1"是顺序号，"1996"是发布的年号。

食品标准是食品行业中的技术规范，从多方面规定了食品的技术要求和品质要求，是食品生产、检验和评定的依据，是企业进行科学管理的基础和食品质量的保证，同时也是食品监管机构进行监督管理的依据。食品标准涉及食品从农田到餐桌的各个环节，包括食品原辅料及产品的品质要求、生产操作规范以及质量管理等内容。

（2）标准化

国家标准 GB/T 20000.1—2014《标准化工作指南 第 1 部分：标准化和相关活动的通用术语》中"标准化"的定义是："为了在既定范围内获得最佳秩序，促进共同效益，对现实问题或潜在问题确立共同使用和重复使用的条款以及编制、发布和应用文件的活动。"同时在定义后注明：①上述活动主要包括编制、发布和实施标准的过程；②标准化的主要作用在于为了其预期目的改造产品、过程或服务的适用性，防止贸易壁垒，并促进技术合作。

标准化是一个在一定范围内的活动过程，其活动范围包括生产、经济、技术、科学、管理等各类社会实践领域。标准化的活动过程包括标准的制定、发布、实施、监督管理以及标准的修订。标准化的目的是获得最佳秩序和社会效益。

作为食品生产企业来说，标准化是组织现代化生产的重要手段，是质量管理的重要组成部分，有利于提高产品质量和生产效率。作为国家来说，标准化是国家经济建设和社会发展的重要基础工作，搞好标准化工作，对于加快发展国民经济，提高劳动生产率，有效利用资源，保护环境，维护人民身体健康都有重要作用。在当前全球经济一体化的世界格局下，标准化的重要意义在于改进产品、过程和服务的实用性，防止贸易壁垒，并促进各国的科学、技术、文化的交流与合作。

（3）标准体系

标准体系是与实现某一特定的标准化目的有关的标准，按其内在联系，根据一些要求所形成的科学的有机整体。它是有关标准分级和标准属性的总体，反映了标准之间相互连接、相互依存、相互制约的内在联系。

（4）标准备案

标准备案是指一项标准在其发布后，负责制定标准的部门或单位，将该项标准文本及有关材料，送标准化行政主管部门及有关行政主管部门存案以备查考的活动。

（5）标准实施

标准实施是指有组织、有计划、有措施地贯彻执行标准的活动，是标准制定部门、使用部门或企业将标准规定的内容贯彻到生产、流通、使用等领域中去的过程。它是标准化工作的任务之一，也是标准化工作的目的。

（6）标准实施监督

标准实施监督是国家行政机关对标准贯彻执行情况进行督促、检查、处理的活动。它是政府标准化行政主管部门和其他有关行政主管部门领导和管理标准化活动的重要手段，也是标准化工作任务之一。其目的是促进标准的贯彻，监督标准贯彻执行的效果，考核标准的先进性和合理性，通过标准实施的监督，随时发现标准中存在的问题，为进一步修订标准提供依据。

2. 标准的分类

(1) 根据标准适用的范围

分为若干不同的层次，这样利于对标准的贯彻执行和加强实施管理。

① 国际标准。国际标准是指国际标准化组织（ISO）和国际电工委员会（IEC）所制定的标准，以及国际标准化组织认可已列入《国际标准题内关键词索引》中的一些国际组织制定的标准。例如：国际计量局（BIPM）、食品法典委员会（CAC）、世界卫生组织（WHO）等组织制定、发布的标准都是国际标准。

② 区域标准。区域标准是由某一区域标准或标准组织制定，并公开发布的标准。例如：欧洲标准化委员会（CEN）发布的欧洲标准（EN）就是区域标准。

③ 国家标准。国家标准是由国家标准团体制定并公开发布的标准。例如：GB、ANSI、BS、NF、DIN、JIS 等是中国、美国、英国、法国、德国、日本等国家标准的代号。

中国的国家标准是指对全国经济技术发展有重大意义，需要在全国范围内统一的技术要求所制定的标准，在全国范围内实施，其他各级标准不得与之相抵触。

④ 行业标准。行业标准是由行业标准化团体或机构制定、发布在某行业的范围内统一实施的标准，又称为团体标准。例如：美国的材料与试验协会标准（ASTM）、石油学会标准（API）、机械工程师协会标准（ASME）、英国的劳氏船级社标准（LR），都是国际上具有权威性的团体标准，在各自的行业内享有很高的信誉。

中国的行业标准是对没有国家标准而又需要在全国某个行业范围内统一的技术要求所制定的标准。行业标准是对国家标准的补充，是专业性、技术性较强的标准。行业标准的制定不得与国家标准相抵触，国家标准公布实施后，相应的行业标准即废止。

中国行业标准用行业代号由国务院标准化行政主管部门（目前为标准化委员会）规定。例如 JB、QB、FJ、TB 等就是机械、轻工、纺织、铁路运输行业的标准代号。

⑤ 地方标准。地方标准是由一个国家的地方部门制定并公开发布的标准。

中国的地方标准是对没有国家标准和行业而又需要在省、自治区、直辖市范围内统一的产品安全、卫生要求、环境保护、食品卫生、节能等有关要求所制定的标准，它由省级标准化行政主管部门统一组织制定、审批、编号和发布。地方标准在本行政区域内适用，不得与国家标准和行业标准相抵触。国家标准、行业标准公布实施后，相应的地方标准即行废止。

中国地方标准代号由"DB"加上省、自治区、直辖市行政区划代码前两位数字表示。例如江苏省标准表示为"DB 32××××"。

⑥ 企业标准。有些国家又称公司标准，是由企事业单位自行制定、发布的标准，也是对企业范围内需要协调、统一的技术要求、管理要求和工作要求所制定的标准。美国波音飞机公司、德国西门子电器公司、新日本钢铁公司等企业发布的企业标准都是国际上有影响的先进标准。

中国企业标准代号用"Q"表示。

⑦ 国家标准化指导性技术文件。中国对于技术尚在发展中，需要有相应的标准文件引导其发展或具有标准化价值，尚不能制定为标准的项目，以及采用国际标准化组织、国际电

工委员会及其他国际组织的技术标准的项目，可以制定国家标准化指导性技术文件。用"/Z"表示。例如"GB/Z ××××"。

（2）根据标准的性质分类

通常把标准分为基础标准、技术标准、管理标准和工作标准四大类。

基础标准是在一定范围内作为其他标准的基础并普遍使用，具有广泛指导意义的标准。例如术语、符号、代号、代码、计量与单位标准等都是目前广泛使用的综合性基础标准。

技术标准是指对标准化领域中需要协调统一的技术事项所制定的标准。技术标准包括基础技术标准、产品标准、工艺标准、检测标准以及安全、卫生、环保标准等。

管理标准是指对标准化领域中需要协调统一的管理事项所制定的标准，主要规定人们在生产活动和社会生活中的组织结构、职责权限、过程方法、程序文件以及资源分配等事宜。它是合理组织国民经济，正确处理各种生产关系，正确实现合理分配，提高生产效率和效益的依据。管理标准包括管理基础标准，技术管理标准，经济管理标准，行政管理标准，生产经营管理标准等。

工作标准是指对工作的责任、权利、范围、质量要求、程序、效果、检查方法、考核办法所制定的标准。工作标准一般包括部门工作标准和岗位（个人）工作标准。

（3）根据法律的约束性分类

国家标准和行业标准分为强制性标准和推荐性标准。

强制性标准是国家通过法律的形式明确要求对标准所规定的技术内容和要求必须执行，不允许以任何理由或方式加以违反、变更，这样的标准称之为强制性标准，包括强制性的国家标准、行业标准和地方标准。对违反强制性标准的，国家将依法追究当事人法律责任。一般保障人民身体健康、人身财产安全的标准是强制性标准。

推荐性标准是指国家鼓励自愿采用的具有指导作用而又不宜强制执行的标准，即标准所规定的技术内容和要求具有普遍的指导作用，允许使用单位结合自己的实际情况，灵活加以选用。推荐性标准在国家或行业标准代号后增加"/T"表示。例如"GB/T ××××"或"QB/T ××××"等。

（4）根据标准化的对象和作用分类

① 产品标准。为保证产品的适用性，对产品必须达到的某些或全部特性要求所制定的标准，包括品种、规格、技术要求、试验方法、检验规则、包装、标志、运输和贮存要求等。

② 方法标准。以试验、检查、分析、抽样、统计、计算、测定、作业等各种方法为对象而制定的标准。

③ 安全标准。以保护人和物的安全为目的制定的标准。

④ 卫生标准。保护人的健康，对食品、医药及其他方面的卫生要求而制定的标准。

⑤ 环境保护标准。为保护环境和有利于生态平衡对大气、水体、土壤、噪声、振动、电磁波等环境质量、污染管理、监测方法及其他事项而制定的标准。

3. 标准的制定程序

标准制定是指标准制定部门对需要制定标准的项目，进行编制计划、组织草拟、审批、编号、发布的活动。它是标准化工作任务之一，也是标准化活动的起点。

中国国家标准制定程序划分为九个阶段：预阶段、立项阶段、起草阶段、征求意见阶段、审查阶段、批准阶段、发布出版阶段、复审阶段、废止阶段。

对下列情况，制定国家标准可以采用快速程序。

① 对等同采用、等效采用国际标准或国外先进标准的标准制定、修订项目，可直接由立项阶段进入征求意见阶段，省略起草阶段。

② 对现有国家标准的修订项目或中国其他各级标准的转化项目，可直接由立项阶段进入审查阶段，省略起草阶段和征求意见阶段。

二、食品标准

1. 食品标准的作用

食品标准是食品行业的技术规范，在食品生产经营中具有极其重要的作用，具体体现在以下几个方面。

(1) 保证食品的卫生质量

食品是供人食用的特殊商品，食品质量特别是卫生质量关系到消费者的生命安全。食品标准在制定过程中充分考虑到在食品生产销售过程中可能存在的和潜在有害因素，并通过一系列标准的具体内容，对这些因素进行有效的控制，从而使符合食品标准的食品都可以防止食品污染有毒有害物质，保证食品的卫生质量。

(2) 国家管理食品行业的依据

国家为了保证食品质量、宏观调控食品行业的产业结构和发展方向、规范稳定食品市场，就要对食品企业进行有效管理，例如对生产设施、卫生状况、产品质量进行检查等，这些检查就是以相关的食品标准为依据。

(3) 食品企业科学管理的基础

食品企业只有通过试验方法、检验规则、操作程序、工作方法、工艺规程等各类标准，才能统一生产和工作的程序和要求，保证每项工作的质量，使有关生产、经营、管理工作走上低耗高效的轨道，使企业获得最大经济效益和社会效益。

(4) 促进交流合作，推动贸易

通过标准可以在企业间、地区间或国家间传播技术信息，促进科学技术的交流与合作，加速新技术、新成果的应用和推广，并推动国际贸易的健康发展。

2. 食品标准的分类和内容

中国食品标准按照标准的具体对象分为很多类型，主要有以下几类。

(1) 食品卫生标准

包括食品生产车间、设备、环境、人员等生产设施的卫生标准，食品原料、产品的卫生标准等。食品卫生标准内容包括环境感官指标、理化指标和微生物指标。

(2) 食品产品标准

内容较多，一般包括范围、引用标准、相关定义、技术要求、检验方法、检验规则、标志、包装、运输和贮存等。其中技术要求是标准的核心部分，主要包括原辅材料要求、感官要求、理化指标、微生物指标等。

（3）食品检验标准

包括适用范围、引用标准、术语、原理、设备和材料、操作步骤、结果计算等内容。

（4）食品包装材料和容器标准

其内容包括卫生要求和质量要求。

（5）其他食品标准

例如食品工业基础标准、质量管理、标志、包装、储运、食品机械设备等。

3. 我国食品标准建设现状与展望

我国已经建立起一个以国家标准、行业标准、地方标准和企业标准相互补充的较为完善的食品标准体系和以风险监测评估为基础的标准研制制度。以食品安全标准体系为例，构建了食品安全通用标准、食品产品标准、食品生产经营规范和检验方法四大类，覆盖从原料到餐桌全过程。四类标准相互衔接，从不同角度管控食品安全风险。

2019 年 5 月《中共中央、国务院关于深化改革加强食品安全工作的意见》要求，到2035 年要实现食品安全标准水平进入世界前列的目标，要求标准顶层设计和规划更加合理，标准科学性、适用性和与国际标准的协调性进一步提升。因此"十四五"期间，食品标准的各主管部门将致力于进一步构建"最严谨的标准"体系，以食品安全国家标准体系建设为核心，同时推进构建符合国情、与安全标准体系协调配套的食品质量标准体系。通过加强风险评估等基础性工作投入，使我国食品标准的科学水平真正走在世界前列，积极引领和参与国际标准制定。通过强化食品标准规范引导市场经济秩序作用，进一步激发团体标准和企业标准的竞争性活力，推动我国食品产业在保障安全的前提下进一步做大做强，发力营养健康产业，满足人民群众对美好生活的更好需求。

三、食品国际标准简介

食品及相关产品标准化的国际组织主要有：国际食品法典委员会（Codex Alimentarius Commission，CAC）、国际标准化组织（International Organization for Standardization，ISO）、国际谷物科技协会（International Association for Cereal Science and Technology，ICC）、国际乳品联合会（International Dairy Federation，IDF）、国际葡萄与葡萄酒组织（International Office of Vine and Wine，OIV）。其中 CAC 和 ISO 的标准被广泛认同和采用。

1. 食品法典标准

CAC 制定并向各成员国推荐的食品产品标准、农药残留限量、卫生与技术规范、准则和指南等，通称为食品法典。食品法典共由 13 卷构成，其主要内容有：卷 1A 通用要求法典标准；卷 1B 通用要求（食品卫生）法典标准；卷 2 食品中农药残留法典标准；卷 3 食品中兽药最大残留限量法典标准；卷 4 特殊饮食用途的食品法典标准；卷 5A 速冻水果和蔬菜的加工处理法典标准；卷 5B 热带新鲜水果和蔬菜法典标准；卷 6 水果汁和相关制品法典标准；卷 7 谷类、豆类、豆荚、相关产品、植物蛋白法典标准；卷 8 食用油、脂肪及相关产品法典标准；卷 9 鱼及水产品法典标准；卷 10 肉及肉制品法典标准；卷 11

糖、可可制品和巧克力及其他产品法典标准；卷12乳及乳制品法典标准；卷13分析方法与取样法典标准。

食品法典一般准则提倡成员国最大限度地采纳法典标准。法典的每一项标准本身对其成员国政府来讲并不具有自发的法律约束力，只有在成员国政府正式声明采纳之后才具有法律约束力。在食品贸易领域，一个国家只要采用了CAC的标准，就被认为是与世界贸易组织SPS（实施卫生与植物卫生措施）协定和TBT（技术性贸易壁垒）协定的要求一致。

2. ISO 食品标准

ISO下设许多专门领域的技术委员会（TC），其中TC 34为农产食品技术委员会。TC 34主要制定农产品食品各领域的产品分析方法标准。为避免重复，凡ISO制定的产品分析方法标准都被CAC直接采用。

ISO还发布了适用广泛的系列质量管理标准，其中已在食品行业普遍采用的是ISO 9000体系。2005年9月1日又颁布了ISO 22000标准，该标准通过对食品链中任何组织在生产（经营）过程中可能出现的危害进行分析，确定关键控制点，将危害降低到消费者可以接受的水平。该标准是对各国现行的食品安全管理标准和法规的整合，是一个可以通用的国际标准，中国正在将ISO 22000直接转化为国家标准。

第五节　食品安全检验检测体系

食品安全检验检测体系是依照国家法律法规和有关标准，对食品安全实施检验检测的重要技术体系，食品检测体系是食品质量安全管理的基础，只有通过食品检测检验，才能掌握食品质量信息，在各个环节对食品质量进行有效的监控和管理。在食品安全评价、行政执法、市场监管、食品贸易方面担负着重要的技术支撑职责，对农业结构调整、食品质量升级、食品消费安全、提升食品市场竞争力都具有重要的技术保障作用。一个国家的食品检验检测水平关系到广大人民群众的生命安全及社会稳定。

一、欧美国家的食品安全检验检测体系

美国联邦政府有10多个部门涉及和参与农产品质量安全管理工作，其中最主要的有美国农业部、人类健康服务部所属的食品与药品管理局、国家环境保护署和商务部国家海洋和大气署四个部门。其特点是以农业部门为主，并按照农产品种类进行职责分工，与一种农产品有关的生产、加工、销售、进口等各个环节，通常都由同一个部门监管，部门之间职责界定相对明确。美国最主要的食品安全检测部门包括：食物和药品管理局及其下属的食品安全检验署；农业部下属的动植物健康检测中心以及环境保护署。除此以外，还有一些政府机构分管某些专项工作，如商业部的国家海洋渔业服务中心负责海产品的检查和分级，美国海关总署与农业部和FDA联合负责对进口食品的安全监管。

欧盟及各成员国的检验检测与监管机构分布广泛，检测机构大部分是得到认可的官方机构，也包括得到认可的私人志愿机构，能够满足各地检测检验与监管要求。

瑞士建立了有明确分工的联邦和州两级检测机构。联邦卫生局设立的专门实验室负责对转基因食品和有毒有害物质的检测，州一级主要负责卫生监督。

二、我国食品安全检验检测体系

我国目前已经建立了一批具有资质的食品检验监测机构，基本形成了"以国家级检验机构为龙头，省级和部门食品检验机构为主体，市、县级食品检验机构为补充"的食品安全检验监测政府体系框架，此外企业自检体系和第三方检测机构也有了大力发展。

我国政府一直高度重视食品安全检测体系的建设，国家从 2008 年开始实施《全国农产品质量安全检验检测体系》建设，设立基层检验检测机构，使农产品质量安全检验检测基本覆盖种植业产品、畜禽产品、水产品、农业投入品、种子种苗以及产地环境。

【本章小结】>>>

为了保障消费者的健康和利益以及促进商贸活动和经济发展，联合国相关组织也成立了一些机构，给各国政府提出指导方针、战略性建议和参考标准以协助各国制定国家政策，建立全面有效的食品质量监督管理体制。其主要组织有：联合国粮食及农业组织、世界卫生组织、食品法典委员会、国际标准化组织等。

中国食品安全监管体制构架是由国务院食品安全委员会统领，一个职能部门（国家市场监督管理总局）为首、多个部门（卫生健康委员会、农业农村部、商务部等）协同合作的模式。

中国目前已基本形成了由国家基本法律、行政法规和部门规章构成的食品法律法规体系。

标准是通过标准化活动，按照规定的程序经协商一致制定，为各种活动或其结果提供规则、指南或特性，供共同使用和重复使用的文件。标准化是在既定范围内获得最佳秩序，促进共同效益，对现实问题或潜在问题确立共同使用和重复使用的条款以及编制、发布和应用文件的活动。

【复习思考题】>>>

一、填空题

1. 与食品有关的国际组织机构有＿＿＿＿＿＿＿＿＿＿＿＿＿＿＿＿＿＿＿＿＿＿。

2. 我国目前已基本形成了由国家基本法律、＿＿＿＿＿和＿＿＿＿＿构成的食品法律法规体系。

二、名词解释

标准、标准化、标准体系、标准实施、标准实施监督、基础标准、技术标准、管理标准、工作标准。

三、判断题

1. ISO 和 CAC 都是属于联合国 FAO/WHO 创建的国际组织。 （ ）
2. 我国实行的是以国家卫健委为行政主管部门的食品质量监管体制。 （ ）
3. 标准化就是使已制定的标准在实际生产中加以实施的活动。 （ ）

四、简答题

1. 食品标准的作用是什么？
2. 我国目前的检验检测机构有哪些？

第五章 >>>

食品认证

 【学习目标】 >>>

1. 掌握认证认可的基本知识。
2. 掌握农产品承诺达标合格证制度的意义和内容。
3. 掌握食品质量安全市场准入制度的内容和实施办法。
4. 了解我国食品质量认证认可制度的现状和法规。
5. 了解绿色食品、有机产品认证方法和生产要求。

对食品生产经营企业而言，可以通过对食品产品或实施食品安全管理体系有效性的自我声明和来自第二方、第三方的评定结果，向社会证实其可持续、稳定地提供符合食品质量安全要求或具有特殊性质的产品，以达到营销的目的。

食品安全问题不仅关系消费者健康，而且还直接或间接影响到食品生产、运输、经营及服务企业的信誉，甚至还影响到社会的稳定。因此，国家政府制定食品安全法规制度，敦促食品生产经营企业完善生产设施、建立和实施食品安全管理体系，并对食品企业生产条件进行审核评定，企业达到相关规定要求才能进行生产活动。

我国目前实施的食用农产品达标合格证制度属于自我声明；绿色食品、有机产品、富硒农产品等及食品安全管理体系认证属于第三方评定；地理标志农产品和食品企业准入制度属于行政评定。

第一节　认证认可制度

一、认证认可的概念

1. 认证

"认证"一词的英文原意是一种出具证明文件的行动。由国际标准化组织（ISO）及国际电工委员会（IEC）联合制定的 ISO/IEC《导则 2》中对"认证"的定义是："由可以充分信任的第三方证实某一经鉴定的产品或服务符合特定标准或规范性文件的活动。"《中华人民共和国认证认可条例》（2021 修订版）对"认证"的定义："认证是指由认证机构证明产品、服务、管理体系符合相关技术规范的强制性要求或者标准的合格评定活动。"合格评定指对产品、工艺或服务满足规定要求的程度所进行的系统检查和确认活动。认证机构可以是政府职能部门机构，也可以是民间机构、组织。

认证按认证的对象可分为产品认证、服务认证和管理体系认证三种类型。

(1) 产品认证

产品认证针对的是产品生产的保证能力及产品符合标准、法规情况的评价。

产品认证按认证的性质可分为强制性产品认证和自愿性产品认证。强制性产品认证是为了保护国家安全、防止欺诈行为、保护人体健康或者安全、保护动植物生命或者健康、保护环境等目的而设立的市场准入制度。实施强制性产品认证的产品必须经过国家认监委指定认证机构的认证，并标注认证标志以后，才能生产、销售、进口或者在其他经营活动中使用。自愿性产品认证是为满足市场经济活动有关方面的需求，委托人自愿委托第三方认证机构开展的合格评定活动，范围比较宽泛。

产品认证按认证的目的还可分为安全认证、品质认证、节能认证、节水认证等。

(2) 服务认证

服务是一种无形的特殊产品，服务认证是认证机构按照一定程序规则证明服务符合相关的服务质量标准要求的合格评定活动。

(3) 管理体系认证

管理体系认证就是针对管理体系建立实施保持情况的符合性评价，是以各种管理体系标准为依据开展的认证活动，例如：以 ISO 9001 标准为依据开展的质量管理体系认证、以 ISO 14001 标准为依据开展的环境管理体系认证、以 GB/T 28001 标准为依据开展的职业健康安全管理体系认证、食品安全管理体系认证（HACCP）等。

2. 认可

认可是指由认可机构对认证机构、检查机构、实验室以及从事评审、审核等认证活动人员的能力和执业资格，予以承认的合格评定活动。认可机构一般为国家行政职能部门。

认可通常分为对各类认证机构、实验室、检查机构等合格评定机构的认可和对从事评审、审核等认证活动人员的能力和执业资格认可。

二、认证认可制度的沿革

1. 认证认可制度的历史

认证是随着工业化生产和商品经济的发展而产生和发展的，其历史可以追溯到 100 多年前，经历了民间自发认证、国家法规认证、国际统一认证标准、国际互认 4 个阶段。

自 20 世纪下半叶开始，在工业化国家率先开展起来一种由不受产销双方经济利益所支配的第三方用公正、科学的方法对市场上流通的商品进行评价、监督，以正确指导公众购买，保证公众基本利益的活动。

1903 年，英国出现以英国工程标准委员会标准为依据对英国铁轨进行的认证活动，并授予风筝标志，开创了认证制度的先河。后来，一些工业化国家逐渐建立起以本国法规标准为依据，仅对在本国市场上流通的本国产品进行认证的制度。

第二次世界大战以后，认证得以迅速发展。为提高本国产品的国际竞争力，部分国家开始推行质量认证，或为保护消费安全推行安全认证；另一方面，各国认识到不同的认证制度对国际贸易将造成技术壁垒，国际组织特别是 WTO 积极推动各国建立一致的认证认可制度，由此开始了从本国认证制度的对外开放，到国与国之间认证制度的双边、多边认可，进而发展到以区域标准为依据的区域认证制度。20 世纪 80 年代初，国际电工委员会（IEC）开始在电子元器件、电工产品领域建立国际认证制度试点。

认证工作经历一个多世纪发展之后，一些国家的政府为规范本国认证机构和从业人员的行为，决定设立国家认可机构，通过国家认可机构对认证机构的能力和行为等进行监督管理，形成了本国的认可制度。随着国家认证认可工作的国际化，国际上也建立起了相应的国际组织和国际互认制度。

目前，认证认可已经广泛存在于商品和服务的形成与生产、流通、管理等各个环节，渗透到商品经济、社会生活、国家安全、环境保护等各个方面。在质量认证方面，形成了产品质量认证、质量体系认证和认可（注册）、实验室认可、认证人员及培训机构注册四大系列。

2. 认证认可制度的发展趋势

随着市场经济的成熟以及标准化水平的提高，现代认证已经发展成为市场经济体制的一个有机组成部分、一个复杂的技术经济体系，认证本身已经形成一个新的产业。在国际贸易日益发展的今天，认证已经成为商品进入工业化国家市场的一个主要的技术要求，日益受到各国政府和工商界的高度重视并获得迅猛的发展。

（1）认证认可工作正向规范化方向发展

国际上越来越重视通过法律、法规建设来保证认证认可工作的有序有效发展，欧美等国家已经建立了本国的认证认可法律法规体系。随着区域性认证制度的建立，区域性认证认可法规逐渐建立起来，特别是欧盟，从立法形式、合格评定模式、认证认可类型、组织形式以及监督管理等方面建立了一套完整的法律法规体系。国际认证制度和国际互认的要求，促进了国际规范的形成。例如：20 世纪 80 年代国际标准化组织（ISO）和国际电工委员会（IEC）制定的一系列指导性文件，都为各国建立本国的合格评定制度及国际互认奠定了基础。考虑到认证认可及其他技术壁垒对世界贸易的影响，WTO 制定了《技术性贸易壁垒协定》（TBT），为各国的合格评定等技术壁垒措施制定了六大原则：非歧视性原则、遵守国际准则的原则、一致性原则、透明的原则、国际化原则和有限干预原则。

（2）认证认可向国际化的方向发展

随着世界经济一体化进程加快，商品跨国界自由流动成为发展趋势，为适应投资便利化和贸易自由化的需求，合格评定"一站式"服务成为企业界的呼声，即一次合格评定活动，在世界范围内被普遍接受。为此，认证认可方面的国际组织、区域性合作组织做了大量努力，他们制定了国际通用的标准和指南，推动了国际互认的发展。目前区域性合作组织和国际认可合作组织主要有：国际认可论坛（IAF）、国际实验室认可合作组织（ILAC）、国际审核员培训与注册协会（IATCA）、太平洋认可合作组织（PAC）等。这些组织在促进国际互认和国际贸易方面正在发挥积极的作用。

第二节　我国食品安全认证认可制度

我国认证工作始于 20 世纪 70 年代末 80 年代初，是伴随着改革开放而发展起来的。首先从电工产品和电子元器件产品认证开始，逐渐扩大到其他的产品和领域。1988 年 12 月 29 日由全国人民代表大会颁布的《中华人民共和国标准化法》首次将质量认证认可工作纳入法治轨道，并就质量认证工作的管理、采用的标准及认证的形式等做了明确的规定。2001 年 8 月，国务院组建中华人民共和国国家认证认可监督管理委员会（简称国家认监委），授权其统一管理、监督和综合协调全国认证认可工作。2003 年发布《中华人民共和国认证认可条例》（简称《认证认可条例》），自 2003 年 11 月 1 日起正式实施，分别于 2016 年、2020 年进行了修订。《认证认可条例》的颁布实施，从法律上确定了认证认可制度的建立。二十多年来，伴随着改革开放，认证认可在促进国家经济建设和社会发展、构建和谐社会等方面发挥着越来越重要的作用，已经成为政府管理经济社会、企业提高管理服务水平的重要手段。

一、认证认可体制

1. 行政管理机构

实行统一的认可制度和认证认可监督管理。由国务院所属认证认可监督管理委员会（简称国家认监委）为政府职能机构，统一管理、监督和综合协调全国认证认可工作。

国家认监委的主要职能包括：研究起草并贯彻执行国家有关认证认可方面的法律、法规，拟定国家强制性产品认证目录并组织实施，负责卫生登记的评审和注册，对于认证市场及认可活动进行监督，管理与协调认证认可方面的国际事务及管理认证收费等。

国务院认证认可监督管理部门主管认证机构的资质审批及监督管理工作。县级以上地方认证监督管理部门负责所辖区域内认证机构从事认证活动的监督管理。

2. 认可机构

我国于 2006 年由国家认监委批准正式成立了中国合格评定国家认可委员会（简称国家认可委），是我国依法设立的唯一合格评定国家认可机构，统一负责认证机构、实验室和检查机构等相关机构的认可工作。

3. 认证机构的行政审批

根据《认证机构管理办法》的规定，认证机构的设立，应事先获得行政审批，未经批准，任何单位和个人不得从事认证活动。拟开展认证活动的申请人，应向认证监督管理部门提交符合条件的证明文件：①取得法人资格；②有固定的办公场所和必要的设施；③有符合认证认可要求的管理制度；④注册资本不得少于人民币 300 万元；⑤有 10 名以上相应领域的专职认证人员。

从事产品认证活动的认证机构，还应当具备与从事相关产品认证活动相适应的检测检查等技术能力。外商投资企业在中华人民共和国境内取得认证机构资质，除符合上述条件外，还应当符合《认证认可条例》规定的其他条件。符合要求的申请人，认证监督管理司向其出具《认证机构批准书》，有效期为 6 年。

4. 认证机构的认可

认证机构在获得行政审批后，可在 12 个月内，向中国合格评定国家认可委员会（CNAS）申请认可，以证明其具备实施相应认证活动的能力。获准认可的认证机构，可在其认可的认证业务范围内颁发带有 CNAS 认可标识的认可证书。在认可证书的有效期内，CNAS 对获准认可的认证机构实施监督评审，确定其是否持续符合国家认可委认可规范的要求。认证机构也可不向 CNAS 申请认可，而是自行向国家认监委提交能力证明文件。

5. 主要法规

①《中华人民共和国标准化法》（1988 年发布，2017 年修订）。
②《中华人民共和国产品质量法》（1993 年发布，2009 年、2018 年二次修订）。
③《中华人民共和国认证认可条例》（2003 年发布，2016 年、2020 年二次修订）。
④《认证证书和认证标志管理办法》（2004 年发布，分别于 2015 年、2022 年修订）。
⑤《认证及认证培训、咨询人员管理办法》（2004 年发布，2022 年修订）。
⑥《认证机构管理办法》（2015 年发布，2020 年修订）

二、我国食品认证类别

1. 产品认证

目前我国认监委批准的食品产品认证主要有特优农产品认证，包括绿色食品认证、有机产品认证、农产品地理标志认证和其他（例如富硒农产品等）特色农产品认证。

2. 质量管理体系认证

（1）食品企业许可制度

企业需经政府行政监管部门审核通过，取得许可证后才能进行生产和经营，可视为食品企业的行政认证。

（2）ISO 9000 质量体系认证

ISO 族标准是国际通行的质量管理标准，其质量认证原理被世界贸易组织普遍接受，1994 年中国宣布等同采用，由国家质量技术监督局依法统一管理中国质量体系认证工作。

（3）GMP 认证

GMP（良好作业规范）是一种特别注重制造过程中产品质量与卫生安全的自主性管理制度。当前各国主要制药行业强制实行 GMP 认证。食品行业除美国已立法强制实施食品 GMP 外，日本、加拿大、新加坡、德国、澳大利亚、中国等国家都采取劝导方式辅导业者自动自发实施。

（4）HACCP 认证

HACCP（危害分析关键控制点）是鉴别、评价和控制对食品安全至关重要的危害的一种管理体系，它可以与任何操作相结合，使正在进行的食品安全性项目保持经济有效。中国 HACCP 认证工作由国家认监委统一管理。

三、认证的内容和程序

中国目前实行最为广泛的是质量认证，下面以此为例介绍认证的方式和程序。

1. 产品质量认证与质量管理体系认证

质量认证分为产品质量认证与质量管理体系认证，企业可以根据自身具体情况选择一种，或者两种都进行。产品质量认证和质量体系认证的主要区别和相互关系可归纳如表 5-1 所示。

表 5-1　产品质量认证和质量体系认证的比较

项目	产品质量认证	质量体系认证
对象	特定产品	企业的质量管理体系
获准认证条件	产品质量符合指定标准要求；质量管理体系符合指定的质量保证标准（一般是 GB/T 19002）及特定产品的补充要求	质量体系符合申请的质量保证标准（GB/T 19001 或 19002 或 19003）和必要的补充要求
证明方式	产品认证证书，认证标志	管理体系认证证书，认证标记
证明的使用	证书不能用于产品，标志可用于获准认证的产品上	证书和标记都不能在产品上使用
性质	自愿；强制	自愿
两者关系	相互充分利用对方质量体系审核的结果	

从认证条件看，两种认证都要求质量体系符合指定的质量保证标准，因此产品质量认证中包含了质量管理体系认证。

2. 产品认证基本内容和方法

根据国际标准化组织和国际电工委员会的建议，目前各个国家都以"型式检验＋工厂抽样检验＋市场抽样检验＋企业质量管理体系检查＋发证后跟踪监督"的模式建立各国的国家认证制度。

(1) 型式检验

型式检验是查明产品是否能够满足技术规范全部要求所进行的检验。为了认证目的进行的型式检验，是对一个或多个具有生产代表性的产品样品利用检验手段进行合格评价。

型式检验的依据是产品标准。检验所需样品的数量由认证机构确定。检验样品从制造厂的最终产品中随机抽取，在经认可的独立检验机构进行，对个别特殊的检验项目，如果检验机构缺少所需的检验设备，可在独立检验机构或认证机构的监督下使用制造厂的检验设备。

(2) 质量管理体系检查评定

在产品认证中的质量体系检查评定通常使用 GB/T 19002 或 ISO 9002 质量体系标准，对申请产品认证的生产企业需检查 19 个质量体系要素：管理职责，质量体系，合同评审，文件和资料控制，采购，顾客提供产品的控制，产品标识和可追溯性，过程控制，检验和试验，检验、测量和试验设备的控制，检验和试验状态，不合格品的控制，纠正和预防措施，搬运、贮存、包装、防护和交付，质量记录的控制，内部质量审核，培训，服务，统计技术。认证时该标准的所有要素不能删减。

(3) 监督检验

监督检验就是从生产企业的最终产品中或者从市场抽取样品，由认可的独立检验机构进行检验，如果检验结果证明继续符合标准的要求，则允许继续使用认证标志；如果不符合，则需根据具体情况采取必要的措施，防止在不符合标准的产品上使用认证标志。监督检验的周期一般每年2～4次，目的是评价产品通过认证以后，是否能保持产品质量的稳定性，确保出厂的产品持续符合标准的要求。进行监督检验的项目，不必像首次型式检验那样按照标准规定的全部要求进行检验和试验。检验重点是那些与制造有关的项目，特别是顾客意见较多的质量问题。

（4）监督检查

监督检查是对认证产品的生产企业的质量保证能力进行定期检查，使企业坚持实施已经建立起来的质量体系，从而保证产品质量的稳定。监督检查的内容可以比首次的质量体系检查简单一些，重点是查看首次检查发现的不符合项是否已经有效改正，质量体系的修改是否能确保达到质量要求。并通过查阅有关的质量记录证实质量体系的运行情况。

3. 质量管理体系认证基本内容和方法

质量管理体系认证包括 4 个阶段。

（1）提出申请

申请者（如企业）按照规定的内容和格式向认证机构提出书面申请，并提交质量手册和其他必要的信息。质量手册内容应能证实其质量管理体系满足所申请的质量保证标准的要求。

（2）管理体系审核

体系认证机构指派审核组对申请人的质量体系进行文件审查和现场审核。文件审查主要是审查申请者提交的质量手册的规定是否满足所申请的质量保证标准的要求，只有当文件审查通过后方可进行现场审核。现场审核的主要目的是通过收集客观证据检查评定质量体系的运行与质量手册的规定是否一致，证实其符合质量保证标准要求的程度，作出审核结论，向体系认证机构提交审核报告。

（3）审批发证

体系认证机构审查审核组提交的审核报告，对符合规定要求的批准认证，向申请者颁发体系认证证书，证书有效期 3 年。

体系认证机构将公布证书持有者的注册名录，其内容包括注册的质量保证标准的编号及其年代号和所覆盖的产品范围。通过注册名录可向注册单位的潜在顾客和社会有关方面提供对注册单位质量保证能力的信任，使注册单位获得更多的订单。

（4）监督管理

体系认证机构对证书持有者的质量体系每年至少进行一次监督检查，以使其质量体系继续保持。

第三节　绿色食品认证

一、绿色食品的概念

绿色食品是指遵循可持续发展原则，按照特定生产方式生产，经专门机构认证，许可使用绿色食品标识的食品。我国农业部令 2012 年第 6 号《绿色食品标志管理办法》（2022 年修订）定义绿色食品："绿色食品是指产自优良生态环境、按照绿色食品标准生产、实行全程质量控制并获得绿色食品标志使用权的安全、优质食用农产品及相关产品。"

绿色食品工程是指将农学、生态学、环境科学、营养学、卫生学等多种学科的基本原理运用到食品的生产、加工、储藏、运输、销售环节以及相关的教学、科研领域，从而按工程学的要求形成一个完整的、无污染的安全优质食品产供销协调发展系统。

二、绿色食品标准

绿色食品标准以"从农田到餐桌"全程质量控制理念为核心，强调可追溯。

1. 绿色食品产地环境标准

绿色食品生产产地环境要符合中国绿色食品发展中心组织制定的 NY/T 391—2021《绿色食品 产地环境质量》标准，该标准规定了产地生态环境基本要求及具体的空气质量要求、农田灌溉水水质要求、渔业水水质要求、畜禽养殖用水水质要求、加工用水水质要求、食用盐原料水水质要求、食用菌栽培基质质量和土壤环境质量标准的各项指标以及浓度限值、监测和评价方法；还提出了绿色食品产地环境可持续发展要求及土壤肥力分级和土壤质量综合评价方法。

（1）产地生态环境基本要求

① 绿色食品生产应选择生态环境良好、无污染的地区，远离工矿区、公路铁路干线和生活区，避开污染源。

② 产地应距离公路、铁路、生活区 50m 以上，距离工矿企业 1km 以上。

③ 产地应远离污染源，配备切断有毒有害物质进入产地的措施。

④ 产地不应受外来污染威胁，产地上风向和灌溉水上游不应有排放有毒有害物质的工矿企业，灌溉水源应是深井水或水库等清洁水源，不应使用污水或塘水等被污染的地表水；园地土壤不应是施用过含有毒有害物质的工业废渣的土壤。

⑤ 应建立生物栖息地，保护基因多样性、物种多样性和生态系统多样性，以维持生态平衡。

⑥ 应保证产地具有可持续生产能力，不对环境或周边其他生物产生污染。

⑦ 利用上一年度产地区域空气质量数据，综合分析产区空气质量。

（2）隔离保护要求

① 应在绿色食品和常规生产区域之间设置有效的缓冲带或物理屏障，以防止绿色食品产地受到污染。

② 绿色食品产地应与常规生产区保持一定距离，或在两者之间设立物理屏障，或利用地表水、山岭分割等方法，两者交界处应有明显可识别的界标。

③ 绿色食品种植区与常规生产区农田间建立缓冲隔离带。可在绿色食品种植区边缘 5～10m 处种植树木作为双重篱墙，隔离带宽度 8m 左右，隔离带种植缓冲作物。

2. 绿色食品生产技术标准

绿色食品生产过程控制是绿色食品质量控制的关键环节。绿色食品生产技术标准是绿色食品标准体系的核心，它包括绿色食品生产资料使用准则和绿色食品生产技术操作规程两部分。

绿色食品生产资料使用准则是对生产绿色食品过程中物质投入的一个原则性规定，它包括生产绿色食品的农药、肥料、食品添加剂、饲料添加剂、兽药和水产养殖药的使用准则，对允许、限制和禁止使用的生产资料及其使用方法、使用剂量、使用次数和休药期等做出了明确规定。

绿色食品生产技术操作规程是以上述准则为依据，按作物种类、畜牧种类和不同农业区域的生产特性分别制定的，用于指导绿色食品生产活动，规范绿色食品生产技术的技术规定，包括农产品种植、畜禽饲养、水产养殖和食品加工等技术操作规程。

3. 绿色食品产品标准

绿色食品产品标准规定了食品的外观品质、营养品质和卫生品质等内容，但其卫生品质要求高于国家现行一般食品标准，主要表现在对农药残留和重金属的检测项目种类多、指标严。绿色食品安全卫生标准主要包括六六六、DDT、敌敌畏、乐果、对硫磷、马拉硫磷、杀螟硫磷、倍硫磷等有机农药和砷、汞、铅、镉、铬、铜、锡、锰等有害金属、添加剂以及细菌三项指标，有些还增设了黄曲霉毒素、硝酸盐、亚硝酸盐、溶剂残留、兽药残留等检测项目。绿色食品加工的主要原料必须是来自绿色食品产地的、按绿色食品生产技术操作规程生产出来的产品。绿色食品产品标准反映了绿色食品生产、管理和质量控制的先进水平，突出了绿色食品产品无污染、安全的卫生品质。

4. 绿色食品包装、储藏运输标准

包装标准规定了进行绿色食品产品包装时应遵循的原则，包装材料选用的范围、种类，包装上的标识内容等。要求产品包装从原料、产品制造、使用、回收和废弃的整个过程都应有利于食品安全和环境保护，包括包装材料的安全、牢固性，节省资源、能源，减少或避免废弃物产生，易回收循环利用，可降解等具体要求和内容。

标签标准，除要求符合国家《预包装食品标签通则》外，还要求符合《中国绿色食品商标标志设计使用规范手册》规定，该手册对绿色食品的标准图形、标准字形、图形和字体的规范组合、标准色、广告用语以及在产品包装标签上的规范应用均做了具体规定。

储藏运输标准对绿色食品储运的条件、方法、时间做出规定，以保证绿色食品在储运过程中不遭受污染、不改变品质，并有利于环保、节能。

常用的绿色食品标准见表 5-2。

表 5-2 常用的绿色食品通用标准

序号	标准号	标准名称
1	NY/T 391—2021	绿色食品 产地环境技术条件
2	NY/T 392—2013	绿色食品 食品添加剂使用准则
3	NY/T 393—2020	绿色食品 农药使用准则
4	NY/T 394—2021	绿色食品 肥料使用准则
5	NY/T 471—2018	绿色食品 饲料和饲料添加剂使用准则
6	NY/T 472—2022	绿色食品 兽药使用准则

序号	标准号	标准名称
7	NY/T 473—2016	绿色食品 畜禽卫生防疫准则
8	NY/T 658—2015	绿色食品 包装通用准则
9	NY/T 1055—2015	绿色食品 产品检验规则
10	NY/T 1054—2021	绿色食品 产地环境调查、监测与评价规范
11	NY/T 1891—2010	绿色食品 海洋捕捞水产品生产管理规范
12	NY/T 755—2022	绿色食品 渔药使用准则

三、绿色食品生产、加工要求

1. 绿色食品生产要求

（1）农作物生产要求

① 植保要求。农药的使用在种类、剂量、时间和残留量方面都必须符合《绿色食品 农药使用准则》。

② 作物栽培要求。肥料的使用必须符合《绿色食品 肥料使用准则》，有机肥的施用量必须达到保持或增加土壤有机质含量的程度，肥料的使用必须满足作物对营养素的需要。

③ 品种选育要求。要求农作物的品种适合当地的环境条件，种子和种苗必须来自绿色食品产地，并对病虫草害有较强的抵抗力。

④ 耕作管理要求。化学合成肥料和化学合成生长调节剂的使用，必须限制在不会对环境和作物的质量产生不良后果、不使作物产品有毒物质积累到影响人体健康的限度内。尽可能采用生态学原理，保持物种的多样性，减少化学物质的投入。

（2）畜牧业生产要求

① 选择饲养适应当地生长条件的抗逆性强的优良品种。

② 主要饲料原料应来源于无公害区域内的草场、农区、绿色食品种植基地和绿色食品加工产品的副产品，并符合 GB 13078《饲料卫生标准》规定，畜禽养殖用水应符合 NY/T 391 的规定。

③ 饲料添加剂的使用必须符合《绿色食品 饲料和饲料添加剂使用准则》，畜禽房舍消毒用药及畜禽疾病防治用药必须符合《绿色食品 兽药使用准则》。

④ 采用生态防病及其他无公害技术，不得使用各类化学合成激素、化学合成促生长剂及有机磷等抗寄生虫药物。

（3）水产养殖要求

① 养殖用水必须达到绿色食品要求的水质标准。

② 选择饲养适应当地生长条件的抗逆性强的优良品种。

③ 鲜活饵料和人工配合饲料的原料应来源于无公害生产区域。

④ 人工配合饲料的添加剂使用必须符合《绿色食品 饲料和饲料添加剂使用准则》。

⑤ 疾病防治用药必须符合《绿色食品 渔药使用准则》。

⑥ 采用生态防病及其他无公害技术。

2. 绿色食品加工要求

① 加工区环境卫生必须达到绿色食品生产要求。绿色食品加工企业必须具备良好的仓储保鲜保质设备，具备必要的原料和产品检测手段，具备自我检测的程序。

② 加工用水必须符合绿色食品加工用水标准。食品工厂的生产用水必须符合 GB 5749《生活饮用水卫生标准》。

③ 加工原料主要来源于绿色食品产地。对于进口原料，必须获得中国绿色食品发展中心委托的国外有机食品认证机构的认可，才能用于绿色食品的加工。其他非农业来源的原料，如食盐、矿物质和维生素等必须按规定使用。

④ 加工所用设备及产品包装材料的选用必须具备安全无污染条件。不得使用聚氯乙烯和膨化聚苯乙烯等包装材料。包装中严防二次污染，推广使用无菌包装、真空包装和充气包装。

⑤ 在食品加工过程中，食品添加剂的使用必须符合《绿色食品 食品添加剂使用准则》。

具体食品按照相应绿色食品加工技术规程进行。

四、绿色食品标志认证

1. 绿色食品管理机构

国务院农业农村部于 1992 年成立中国绿色食品发展中心（CGFDC），是负责绿色食品标志认证的专门机构，承担绿色食品质量跟踪检查，开展绿色食品生产基地创建、技术推广和宣传培训，承办农产品品牌培育、市场发展和展示推介，协调指导名优农产品品牌培育、认定和推广等工作。

2. 绿色食品认证过程

绿色食品认证实行产前、产中、产后全过程质量控制，同时包含了质量认证和质量体系认证内容。绿色食品质量认证及质量体系认证都以绿色食品标准为依据，因此，绿色食品标准是绿色食品认证工作的技术基础。绿色食品认证程序见图 5-1，认证程序如下。

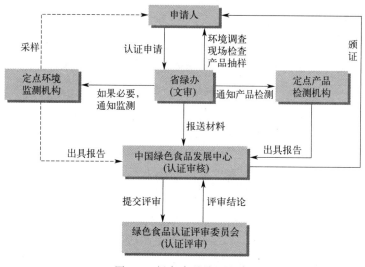

图 5-1　绿色食品认证程序

① 申请。填写表格和提供有关材料。

② 检查。检查员实地核查、确认其真实性。

③ 产地环境质量监测（水、土、气）。

④ 全面审查申报材料、检查员报告和环境监测评价报告。

⑤ 产品质量抽检。

⑥ 审批。

⑦ 颁证。

3. 绿色食品标志及其管理

图 5-2　绿色食品标志

绿色食品标志由特定的图形来表示，如图 5-2 所示。绿色食品标志图形由三部分构成：上方的太阳、下方的叶片和中心的蓓蕾。分别代表了生态环境、植物生长和生命的希望。标志为正圆形，意为保护、安全。

绿色食品标志管理因方法不同可分为法律管理、行政管理、消费者监督管理。绿色食品标志商标作为特定的产品质量证明商标，已由中国绿色食品发展中心在国家工商行政管理局注册，使绿色食品标志商标专用权受《中华人民共和国商标法》保护，这样既有利于约束和规范企业的经济行为，又有利于保护广大消费者的利益。

绿色食品标志使用权自批准之日起 3 年有效。

第四节　有机食品认证

一、有机食品概况

1. 有机的概念

"有机食品"这一词是从英文"Organic Food"直译过来的，其他语言中也称生态食品或生物食品等，主要指遵循自然规律和生态学原理生产、加工的食品。

我国国家标准 GB/T 19630—2019《有机产品生产、加工、标识与管理体系要求》对相关术语的定义如下。

有机（农业）生产：指遵照特定的生产原则，在生产中不采用基因工程获得的生物及其产物，不使用化学合成的农药、化肥、生长调节剂、饲料添加剂等物质，遵循自然规律和生态学原理，协调种植业和养殖业的平衡，保持生产体系持续稳定的一种农业生产方式。

有机加工：主要使用有机配料，加工过程中不采用基因工程获得的生物及其产物，尽可能减少使用化学合成的添加剂、加工助剂、染料等投入品，最大限度地保持产品的营养成分和或原有属性的一种加工方式。

有机产品：有机产品是有机生产、有机加工的供人类消费、动物食用的产品。

有机产品生产者：从事植物、动物和微生物产品的生产，其产品获得有机产品认证并获准使用有机产品认证标志的单位或个人。

有机产品加工者：从事食品、饲料和纺织品的加工，其产品获得有机产品认证并获准使用有机产品认证标志的单位或个人。

有机产品经营者：从事有机产品的运输、贮存、包装和贸易，其经营产品获得有机产品认证并获准使用有机产品认证标志的单位和个人。

2. 发展有机食品的意义及其发展现状

发展有机农产品和有机食品是实现农业可持续发展的重要手段之一，是实现农业绿色转型以及全面践行"绿水青山就是金山银山"理念的根本途径，我国多年来始终坚持有机发展理念，扎实开展有机农产品认证工作，以推动有机农业发展，助力乡村振兴。截至2021年底，认证有机农产品4584个，较2012年增长了66%；认证企业1267家，较2012年增长了85%；认证面积8197.29万亩，较2012年增长了390%。

目前可进行有机认证的产品目录包括：谷物；蔬菜；水果；食用菌和园艺作物；坚果（含油果）；香料（调香的植物）和饮料作物；豆类；油料和薯类；香辛料作物；棉、麻和糖；草；野生采集植物；中草药；牲畜；家禽；水产（含捕捞）等农产品及其加工食品，基本包括所有食品类别。

二、有机食品生产、加工要求

1. 有机农产品生产的环境要求

有机产品生产需要在适宜的环境条件下进行，生产基地应远离城区、工矿区、交通主干线、工业污染源、生活垃圾场等，并宜持续改进产地环境。产地的环境质量应符合以下要求。

① 在风险评估的基础上选择适宜的土壤，可耕性良好、无污染，并符合 GB 15618《土壤环境质量 农用地土壤污染风险管控标准》（试行）的要求。

② 农田灌溉用水水质符合 GB 5084《农田灌溉水质标准》的规定。

③ 环境空气质量符合 GB 3095《环境空气质量标准》的规定。

2. 有机农产品生产要求

（1）农作物生产要求

① 应选择适应当地的土壤和气候条件、抗病虫害的植物种类及品种，选择有机种子或植物繁殖材料。当从市场上无法获得有机种子或植物繁殖材料时，可选用未经禁止使用物质处理过的常规种子或植物繁殖材料，并制订和实施获得有机种子和植物繁殖材料的计划。不应使用经禁用物质和方法处理过的种子和植物繁殖材料。

② 生产单位需建立长期的土地培肥、植物保护、作物轮作计划，以维持土壤肥力。

③ 生产中可施用经堆肥腐熟或其他无害化处理的有机肥，以维持和提高土壤的肥力、营养平衡和土壤生物活性，同时应避免过度施用有机肥，造成环境污染。严禁使用人工合成的化学肥料、污水、污泥和未经堆制的腐败性废物，不应在叶菜类、块茎类和块根类植物上施用人粪尿作为肥料。

④ 必须采取有效措施防止农产品在收获、清洁、干燥、贮存和运输过程中被污染。

⑤ 利用灯光、色彩诱杀害虫，机械捕捉害虫，机械或人工除草等措施，防治病虫草害。

(2) 畜禽生产要求

① 场所要求。有机畜禽和常规畜禽的圈栏、运动场地和牧场完全分开，或者有机畜禽和常规畜禽是易于区分的品种；贮存饲料的仓库或区域应分开并设置明显的标记；有机畜禽不能接触常规饲料。

② 品种要求。选择适合当地条件、生长健壮的有机畜禽作为有机畜禽生产系统的品种。可按要求比例引入常规种种畜，按照有机生产方式饲养后进行繁殖生产。严禁使用基因工程技术育种。

③ 饲养。畜禽应以有机饲料饲养。饲料生产、收获及收获后处理、包装、贮藏和运输应符合有机农业生产要求。初乳期幼畜应由母畜带养，并能吃到足量的初乳。可用同种类的有机奶喂养哺乳期幼畜。不应早期断乳，或用代乳品喂养幼畜。在紧急情况下可使用代乳品补饲，但其中不应含有抗生素、化学合成的添加剂或动物屠宰产品。

④ 疾病防治。可使用疫苗预防接种，不应使用基因工程疫苗（国家强制免疫的疫苗除外），当采用多种预防措施仍无法控制畜禽疾病或伤痛时，可在兽医的指导下对患病畜禽使用常规兽药，但应经过该药物的休药期的 2 倍时间（若 2 倍休药期不足 48h，则应达到 48h）之后，这些畜禽及其产品才能作为有机产品出售。养殖期不足 12 个月的畜禽只可接受一个疗程的抗生素或化学合成的兽药治疗；养殖期超过 12 个月的，每 12 个月最多可接受三个疗程的抗生素或化学合成的兽药治疗。

⑤ 繁殖。宜采取自然繁殖方式。也可采用人工授精等不会对畜禽遗传多样性产生严重影响的各种繁殖方法。

⑥ 运输和屠宰。畜禽在装卸、运输、待宰和屠宰期间都应有清楚的标记，易于识别，并有专人负责管理，避免由于不适的环境因素造成畜禽的应激反应。应在具有资质的屠宰场进行屠宰，且应确保良好的卫生条件。有机畜禽和常规畜禽应分开屠宰，屠宰后的产品应分开贮藏并清楚标记。用于畜体标记的颜料应符合国家的食品卫生规定。

(3) 水产养殖

① 养殖场的选址。选址时，应考虑到维持养殖水域生态环境和周围水生、陆生生态系统平衡，并有助于保持所在水域的生物多样性。有机生产养殖场应不受污染源和常规水产养殖场的不利影响。有机生产的水域范围应明确，以便对水质、饵料、药物等要素进行检查。

② 水质。有机生产的水域水质应符合 GB 11607《渔业水质标准》的规定。

③ 养殖。应采取适合养殖对象生理习性和当地条件的养殖方法，防止其他养殖体系的生物进入有机生产体系及捕食有机生物。投喂的饵料应是有机的或野生的，不应在饵料中添加或以任何方式向水生生物投喂合成的促生长剂、合成诱食剂、合成的抗氧化剂和防腐剂、合成色素、非蛋白氮（尿素等）、与养殖对象同科的生物及其制品、经化学溶剂提取的饵料、化学提纯氨基酸、转基因生物或其产品。

④ 疾病防治。可使用生石灰、漂白粉、二氧化氯、茶籽饼、高锰酸钾和微生物制剂对养殖水体和池塘底泥消毒，以预防水生生物疾病的发生。可使用天然药物预防和治疗水生动物疾病。在预防措施和天然药物治疗无效的情况下，可对水生生物使用常规渔药，但在 12 个月内只可接受一个疗程常规渔药治疗。

⑤ 繁殖。宜采取自然繁殖方式，不宜采取人工授精和人工孵化等非自然繁殖方式。

⑥ 捕捞。尽可能采用温和的捕捞措施，以使对水生生物的应激和不利影响降至最低程度。

⑦ 运输。运输设备和材料不应对水生动物有潜在的毒性影响。运输用水的水质、水温、含氧量、pH，以及水生动物的装载密度应适应所运输物种的需求。

3. 有机食品加工基本要求

① 有机食品加工厂应符合 GB 14881《食品生产通用卫生规范》的要求，其他有机产品加工厂应符合国家及行业部门的有关规定。有机产品加工应考虑不对环境产生负面影响或将负面影响减少到最低。

② 主要使用有机配料，尽可能减少使用常规配料，有法律法规要求的情况除外。

③ 加工过程应最大限度地保持产品的营养成分和原有属性；有机产品加工及其后续过程在空间或时间上与常规产品加工及其后续过程分开。

④ 不应使用来自转基因的配料、添加剂和加工助剂。

⑤ 包装。宜使用由木、竹、植物茎叶和纸制成的食品级包装材料。原料和产品的包装应符合 GB 23350《限制商品过度包装要求 食品和化妆品》的要求，并应考虑包装材料的生物降解和回收利用。使用包装填充剂时，宜使用二氧化碳、氮等物质。不应使用含有合成杀菌剂、防腐剂和熏蒸剂的包装材料。不应使用接触过禁用物质的包装袋或容器盛装有机产品及其原料。

三、有机食品的认证

1. 有机食品认证及管理机构

管理机构：国家市场监督管理总局负责全国有机产品认证的统一管理、监督和综合协调工作。地方市场监督管理部门负责所辖区域内有机产品认证活动的监督管理工作。国家推行统一的有机产品认证制度，实行统一的认证目录、统一的标准和认证实施规则、统一的认证标志。

认证机构：有机产品认证机构（以下简称认证机构）应当依法取得法人资格，并经国家市场监督管理总局批准后，方可从事批准范围内的有机产品认证活动。从事有机产品认证检查活动的检查员，应当经国家认证人员注册机构注册后，方可从事有机产品认证检查活动。

2. 有机食品认证程序

（1）申请认证文件和资料

① 认证委托人的合法经营资质文件的复印件。

② 认证委托人及其有机生产、加工、经营的基本情况：

认证委托人名称、地址、联系方式；不是直接从事有机产品生产、加工的认证委托人，应同时提交与直接从事有机产品的生产、加工者签订的书面合同的复印件及具体从事有机产品生产、加工者的名称、地址、联系方式。

生产、加工、经营场所概况。

申请认证的产品名称、品种、生产规模（包括面积、产量、数量、加工量等）；同一生产单元内非申请认证产品和非有机方式生产的产品的基本信息。

过去三年间的生产历史情况说明材料，如植物生产的病虫草害防治、投入品使用及收获等农事活动描述；野生采集情况的描述；畜禽养殖、水产养殖的饲养方法、疾病防治、投入品使用、动物运输和屠宰等情况的描述。

申请和获得其他认证的情况。

③ 产地（基地）区域范围描述，包括地理位置坐标、地块分布、缓冲带及产地周围邻近地块的使用情况；加工场所周边环境描述、厂区平面图、工艺流程图等。

④ 有机产品生产组织按照 GB/T 19630—2019《有机产品生产、加工、标识与管理体系要求》要求实施有机产品质量管理体系的文件：管理手册和操作规程。

⑤ 本年度有机产品生产、加工、经营计划，上一年度有机产品销售量与销售额等。

⑥ 承诺守法诚信，接受认证机构、认证监管等行政执法部门的监督和检查，保证提供材料真实、执行有机产品标准和有机产品认证实施规则相关要求的声明。

⑦ 其他需要说明的材料。

(2) 申请材料的审查

认证机构应根据有机产品认证依据、程序等要求，在 10 个工作日内对提交的申请文件和资料进行审查并作出是否受理的决定，保存审查记录。申请材料齐全、符合要求的，予以受理认证申请。

(3) 现场检查

根据所申请产品对应的认证范围，认证机构应委派具有相应资质和能力的检查员组成检查组。检查组根据制定的检查计划实施现场检查。现场检查内容：包括生产、加工过程、产品和场所；对生产、加工、经营管理人员、内部检查员、操作者进行访谈；对 GB/T 19630—2019《有机产品生产、加工、标识与管理体系要求》所规定的管理体系文件与记录进行审核；对产品追溯体系、认证标识和销售证的使用管理进行验证；对产地和生产加工环境质量状况进行确认，评估对有机生产、加工的潜在污染风险；制定抽样检测计划对产品进行检测；对产地环境质量状况的检查；对投入品（原辅料等）进行检查。

(4) 认证决定

认证机构应在现场检查、产地环境质量和产品检测结果综合评估的基础上，同时考虑产品生产、加工、经营特点，认证委托人及其相关方管理体系的有效性，当地农兽药使用、环境保护、区域性社会或认证委托人质量诚信状况等情况作出认证决定。

对符合要求的认证委托人，认证机构应颁发认证证书。

(5) 认证后管理

认证机构应每年对获证组织至少安排一次获证后的现场检查。另外，在风险评估的基础上每年至少对 5% 的获证组织实施一次不通知检查，实施不通知检查时应在现场检查前 48h 内通知获证组织。

3. 有机产品认证证书与标志使用

(1) 有机证书、标志

有机食品证书为统一"有机产品认证证书"样式。有机产品标志如图 5-3。

经获得认证的有机农产品或有机配料含量等于或者高于95％并获得有机产品认证的产品，方可在产品名称前标识"有机"，在产品或者包装上加施中国有机产品认证标志。

图5-3　有机产品标志

（2）销售证和有机码

销售证是获证产品所有人提供给买方的交易证明，由获证组织销售获证产品前向认证机构申请办理销售证。以保证有机产品销售过程数量可控、可追溯。

有机码：证明为有机产品的认证码，由认证机构按照编号规则对有机码进行编号，并采取有效防伪、追溯技术，确保发放的每个有机码能够溯源到其对应的认证证书和获证产品及其生产、加工单位。每枚认证标志产生一个唯一的有机码，其编码由认证机构代码（3位数字）、认证标志发放年份代码（2位数字）和认证标志发放随机码（12位数字）组成。

第五节　农产品地理标志

农产品是指来源于农业的初级产品，即在农业活动中获得的植物、动物、微生物及其产品。"地理标志"是一种知识产权。1883年3月20日，法国、比利时等11个国家协商签订《巴黎公约》，将"货物标记或原产地名称"列为受保护的工业产权之一，这是"地理标志"最早出现的法规记载。我国在1994年发布的《集体商标、证明商标注册和管理办法》中，以证明商标的形式开启了地理标志在国内发展的历史。2007年农业部将地理标志用于对特有农产品的认证，称为"农产品地理标志"。依据《农产品地理标志管理办法》，地理标志是指标示农产品来源于特定地域，产品品质和相关特征主要取决于自然生态环境和历史人文因素，并以地域名称冠名的特有农产品标志。

具有地理标志的农产品在我国农业经济的发展中扮演重要角色。首先，标示农产品生产地域的不同，具有宣传地区产品、促进地区农村经济增长作用；其次，标示农产品地理标志，对于地区提高农产品质量具有极大的推动作用。

一、农产品地理标志管理

国家对农产品地理标志实行登记制度，经登记的农产品地理标志受法律保护。农业农村部负责全国农产品地理标志的登记工作，农业农村部农产品质量安全中心负责农产品地理标志登记的审查和专家评审工作。

省级人民政府农业行政主管部门负责本行政区域内农产品地理标志登记申请的受理和初审工作。农业农村部设立的农产品地理标志登记专家评审委员会，负责专家评审。农产品地理标志登记专家评审委员会由种植业、畜牧业、渔业和农产品质量安全等方面的专家组成。

县级以上地方人民政府农业行政主管部门应当将农产品地理标志保护和利用纳入本地区的农业和农村经济发展规划，并在政策、资金等方面予以支持。国家鼓励社会力量参与推动地理标志农产品发展。

二、农产品地理标志登记

(1) 申请登记的农产品条件

申请地理标志登记的农产品，应当符合下列条件：

① 称谓由地理区域名称和农产品通用名称构成；

② 产品有独特的品质特性或者特定的生产方式；

③ 产品品质和特色主要取决于独特的自然生态环境和人文历史因素；

④ 产品有限定的生产区域范围；

⑤ 产地环境、产品质量符合国家强制性技术规范要求。

(2) 登记申请人的条件

农产品地理标志登记申请人为县级以上地方人民政府根据下列条件择优确定的农民专业合作经济组织、行业协会等组织。

① 具有监督和管理农产品地理标志及其产品的能力；

② 具有为地理标志农产品生产、加工、营销提供指导服务的能力；

③ 具有独立承担民事责任的能力。

(3) 申请材料

申请人需准备如下材料：

① 登记申请书；

② 申请人资质证明；

③ 产品典型特征特性描述和相应产品品质鉴定报告；

④ 产地环境条件、生产技术规范和产品质量安全技术规范；

⑤ 地域范围确定性文件和生产地域分布图；

⑥ 产品实物样品或者样品图片；

⑦ 其他必要的说明性或者证明性材料。

(4) 初审

省级人民政府农业行政主管部门受理农产品地理标志登记申请，申请材料经初审和现场核查，符合条件的，将申请材料和初审意见报送农业农村部农产品质量安全中心。

(5) 专家评审

农业农村部农产品质量安全中心对申请材料进行审查，提出审查意见，并组织农产品地理标志登记评审委员会进行专家评审。

(6) 公示

经专家评审通过的，由农业农村部农产品质量安全中心代表农业农村部对社会公示。

(7) 登记

公示无异议的，由农业农村部做出登记决定并公告，颁发《中华人民共和国农产品地理标志登记证书》，公布登记产品相关技术规范和标准。

三、农产品地理标志的使用

农产品地理标志：实行公共标识与地域产品名称相结合的标注制度。农产品地理标志公共标识基本图案由中华人民共和国农业农村部中英文字样、农产品地理标志中英文字样、麦穗、地球、日月等元素构成。麦穗代表生命与农产品，橙色寓意成熟和丰收，绿色象征农业和环保。图案整体体现了农产品地理标志与地球、人类共存的内涵。

农产品地理标志的使用：

① 可以在产品及其包装上使用农产品地理标志；

② 可以使用登记的农产品地理标志进行宣传和参加展览、展示及展销。

第六节　食品生产许可制度

为了保障食品安全，我国实行食品企业生产行政许可制度，即食品企业需经政府行政监管部门审核评定为符合生产条件、取得生产许可证后才能进行生产和经营，可视为食品企业的行政认证。除食品生产企业需办理《食品生产许可证》外，目前还有食品经营企业、食品餐饮服务企业、出口食品生产企业、饲料及原料添加剂生产企业、辐照食品生产企业、食品清洁剂生产企业、食品消毒剂生产企业等均实施行政许可制度。

一、食品生产许可制度的沿革

我国于 1995 年颁布《食品卫生法》，其中规定食品生产、经营企业需要进行行政审批取得"卫生许可证"才能进行食品生产、经营。2003 年国家质量监督检验检疫总局发布《食品生产加工企业质量安全监督管理办法》，首次提出通过市场准入许可检查发证，在包装上印刷"QS"（quality safety 质量安全）标志，才能进入"市场"销售。2009 年《食品安全法》颁布，根据国家质量监督检验检疫总局发布的《关于使用企业食品生产许可证标志有关事项的公告》，"QS"意义变为"企业食品生产许可"的拼音"Qiyeshipin Shengchanxuke"，2015 年食品药品总局发布《食品生产许可管理办法》，废止"卫生许可证"和市场准入"QS"标志，合并为"食品生产许可证"，其编号以"SC"（生产）开头。2020 年 1 月 3 日，国家市场监督管理发布《食品生产许可管理办法》（国家市场监管总局令第 24 号），原办法同时废止。

二、食品生产许可管理办法

1. 适用范围和原则

适用范围：中华人民共和国境内，从事食品（包括食品添加剂等相关企业）生产活动企业，应当依法取得食品生产许可。

原则：食品生产许可实行一企一证原则，即同一个食品生产者从事食品生产活动，应当取得一个食品生产许可证。

2. 管理机构

国家市场监督管理总局负责制定食品生产许可审查通则和细则，负责监督指导全国食品生产许可管理工作。

省、自治区、直辖市市场监督管理部门可以根据食品类别和食品安全风险状况，确定市、县级市场监督管理部门的食品生产许可管理权限。县级以上地方市场监督管理部门负责本行政区域内的食品生产许可监督管理工作。

保健食品、特殊医学用途配方食品、婴幼儿配方食品、婴幼儿辅助食品、食盐等食品的生产许可，由省、自治区、直辖市市场监督管理部门负责。

3. 申请

(1) 申请人

申请食品生产许可，应当先行取得营业执照等合法主体资格，以营业执照载明的主体作为申请人。例如企业法人、合伙企业、个人独资企业、个体工商户、农民专业合作组织等。

(2) 申请条件

申请食品生产许可，应当符合下列条件：

① 具有与生产的食品品种、数量相适应的食品原料处理和食品加工、包装、贮存等场所，保持该场所环境整洁，并与有毒、有害场所以及其他污染源保持规定的距离。

② 具有与生产的食品品种、数量相适应的生产设备或者设施，有相应的消毒、更衣、盥洗、采光、照明、通风、防腐、防尘、防蝇、防鼠、防虫、洗涤以及处理废水、存放垃圾和废弃物的设备或者设施；保健食品生产工艺有原料提取、纯化等前处理工序的，需要具备与生产的品种、数量相适应的原料前处理设备或者设施。

③ 有专职或者兼职的食品安全专业技术人员、食品安全管理人员和保证食品安全的规章制度。

④ 具有合理的设备布局和工艺流程，防止待加工食品与直接入口食品、原料与成品交叉污染，避免食品接触有毒物、不洁物。

(3) 申请材料

① 食品生产许可申请书。

② 食品生产设备布局图和食品生产工艺流程图。

③ 食品生产主要设备、设施清单。

④ 专职或者兼职的食品安全专业技术人员、食品安全管理人员信息和食品安全管理制度。

申请保健食品、特殊医学用途配方食品、婴幼儿配方食品等特殊食品的生产许可，还应当提交与所生产食品相适应的生产质量管理体系文件以及相关注册和备案文件。

4. 审批

县级以上地方市场监督管理部门应当对申请人提交的申请材料进行审查。需要对申请材料的实质内容进行核实的，应当进行现场核查。对符合条件的，作出准予生产许可的决定，并自作出决定之日起 5 个工作日内向申请人颁发食品生产许可证；对不符合条件的，应当及时作出不予许可的书面决定并说明理由，同时告知申请人依法享有申请行政复议或者提起行政诉讼的权利。

食品生产许可证发证日期为许可决定作出的日期，有效期为 5 年。

5. 许可证管理

食品生产许可证上载明信息包括：生产者名称、社会信用代码、法定代表人（负责人）、住所、生产地址、食品类别、许可证编号、有效期、发证机关、发证日期和二维码。副本还应当载明食品明细。生产保健食品、特殊医学用途配方食品、婴幼儿配方食品的，还应当载明产品或者产品配方的注册号或者备案登记号；接受委托生产保健食品的，还应当载明委托企业名称及住所等相关信息。

食品生产许可证编号由 SC（"生产"的汉语拼音字母缩写）和 14 位阿拉伯数字组成。数字从左至右依次为：3 位食品类别编码、2 位省（自治区、直辖市）代码、2 位市（地）代码、2 位县（区）代码、4 位顺序码、1 位校验码。

食品生产者应当妥善保管食品生产许可证，不得伪造、涂改、倒卖、出租、出借、转让。食品生产者应当在生产场所的显著位置悬挂或者摆放食品生产许可证正本。

第七节　农产品承诺达标合格证制度

农产品是人们一日三餐的物质基础，又是食品工业的原料，农产品质量安全关系到千家万户，是各国政府部门监管的重要领域。为了维护消费者权益，提高农产品质量，保护农业生态环境，促进农业可持续发展，引导生产优质农产品，我国从 20 世纪 90 年代实施无公害食品行政审核评定，由政府行政部门组织评定。为推动种植、养殖生产者落实质量安全主体责任，牢固树立质量安全意识，农业农村部于 2019 年发布《全国试行食用农产品合格证制度实施方案》，在全国试行食用农产品达标合格证制度；2021 年发布《农业农村部办公厅关于加快推进承诺达标合格证制度试行工作的通知》，继续推进该制度的实施。食用农产品合格证制度利于督促种植、养殖生产者落实主体责任、提高农产品质量安全意识，探索构建以合格证管理为核心的农产品质量安全监管新模式，形成自律国律相结合的农产品质量安全管理新格局，全面提升农产品质量安全治理能力和水平，为推动农业高质量发展、促进乡村振兴提供有力支撑。

食用农产品达标合格证是指食用农产品生产者根据国家法律法规、农产品质量安全国家强制性标准，在严格执行现有的农产品质量安全控制要求的基础上，对所销售的食用农产品自行开具并出具的质量安全合格承诺证，是生产经营企业对食用农产品及（或）农产品安全管理体系有效性的自我声明文件。

一、实施主体

试行期间主要要求生产规模较大的生产组织实施，包括食用农产品生产企业、农民专业合作社、家庭农场等，鼓励小农户参与试行。

二、实施农产品品类

试行期间主要是常见的农产品品类，包括蔬菜、水果、畜禽、禽蛋、养殖水产品等，逐渐全覆盖所有品类。

三、实施办法

试行单位的食用农产品上市时要出具自行开具的"承诺达标合格证"，承诺产品符合国家质量安全标准。

① 使用统一样式的承诺达标合格证，包括品名、产地、生产者信息及承诺内容。

② 承诺内容。一是突出"达标"内涵：不使用禁用农药兽药、停用兽药和非法添加物，常规农药兽药残留不超标等方面；二是突出"承诺依据"：列出4项内容"委托检测、自我检测、内部质量控制、自我承诺"，按照实际情况勾选。

③ 开具办法。承诺达标合格证要坚持"谁生产、谁用药、谁承诺"的原则，由种植养殖者作出承诺，勾选选项、自主开具，乡镇农产品质量安全监管公共服务机构、村（社区）委员会、检测机构、农产品批发市场等不应代替种植养殖者开具。推广电子承诺达标合格证。

【本章小结】>>>

认证是由认证机构证明产品、服务、管理体系符合相关技术规范及其强制性要求或者标准的合格评定活动。认证按认证的对象可分为产品认证、服务认证和管理体系认证三种类型。

认可指的是由认可机构对认证机构、检查机构、实验室以及从事评审、审核等认证活动人员的能力和执业资格予以承认的合格评定活动。认可机构一般为国家行政职能部门。

中国已建立较为完善的认证认可制度，实行在国务院认证认可监督管理部门统一管理、监督和综合协调下，各有关方面共同实施的工作机制，国务院认证认可监督管理委员会是其职能部门。

中国目前实行最为广泛的是质量认证，分为行政认定、产品认证与质量体系认证，其认证的条件、目的、方法等均有不同。

中国实施食品生产许可制度，由国家市场监督管理总局和以下各级行政机构进行食品生产许可的行政审批和监督管理工作。

中国实施食用农产品达标合格证制度，让生产者作为食用农产品安全的第一责任人。

【复习思考题】>>>

一、填空题

1. 认证认可经历了民间_____、国家_____、国际_____、国际_____4个阶段。

2. 国务院授权_____委员会（简称_____）统一管理、监督和综合协调全国认证认可工作。

3. 中国目前推广的农产品认证有_____、_____和_____，其中_____的质量标准最高。

4. 对食品生产许可进行具体审批和管理的机构是_____。

二、名词解释

认证、质量认证、产品认证、管理体系认证、认可。

三、判断题

1. 自愿性和强制性结合，是中国认证工作的原则之一，有关食品企业准入认证为自愿性认证。 （ ）

2. 认可机构可以是政府职能部门机构，也可以是民间机构、组织。 （ ）

3. 产品认证就是由认证机构对产品质量是否符合其质量标准的评价活动。 （ ）

4. 取得食品生产许可证的企业可以长期进行食品生产。 （ ）

四、简答题

1. 中国认证制度的主要法规有哪些？

2. 中国认证认可制度的基本内容是什么？

3. 在进行产品认证时，为什么要对食品生产企业的质量管理体系进行审核评价？

4. 为什么中国要实施食用农产品达标合格证明制度？

5. 说明《食品生产许可证》编号的形式和三组数字的意义。

第六章 >>>

食品质量安全管理体系

 【学习目标】>>>

1. 掌握 GMP、SSOP 和 HACCP、ISO 9000、ISO 22000 以及几类食品安全管理体系的概念、特点和基本原理。

2. 了解本章食品质量安全管理体系标准的主要内容和在食品工业中的应用。

3. 了解经全球食品安全倡议（GFSI）认可的食品安全管理体系标准。

食品企业为了生产出满足规定和潜在要求的产品和提供满意的服务，实现企业的质量目标，必须通过建立、健全和实施食品生产质量管理体系（简称质量体系）来实现。当前在许多国家推广应用，在国际上取得广泛认可的食品质量安全管理体系有 SSOP（卫生标准操作程序）、GMP（良好操作规范体系）、HACCP（危害分析与关键控制点）、ISO 9000 系列及 ISO 22000 等质量管理体系。

第一节　卫生标准操作程序（SSOP）

一、SSOP 的概念

为了保障食品安全，食品在生产过程中必须满足相应的环境卫生条件，各个环节的操作必须满足相应的卫生要求，食品生产卫生标准操作程序（Sanitation Standard Operation Procedures，SSOP）就是食品企业为了满足食品卫生的要求，消除因卫生不良导致的危害而制定的一套与食品卫生处理和在企业生产环境清洁程度的目标及为达到这些目标所从事的活动的程序文件，食品企业应根据产品目标和生产的具体情况，对各个岗位提出足够详细的操作规范。

SSOP 首次在 1995 年颁布的《美国肉、禽类产品 HACCP 法规》中提出，后逐步完善为包括八个方面及验证等相关程序的完整体系，各国相继引用并作为食品生产中实施 GMP、HACCP 的前提条件。

二、 SSOP 的内容

一个企业应制定不少于以下八个方面的卫生控制操作程序。

① 保证与食品或食品表面接触的水的安全性或生产用冰的安全。包括与食品相接触的水或冰的来源选择及控制；水的输送、贮存和处理；冰的管理；水和冰的检测等。

② 保证食品接触表面的卫生安全。操作中与食品表面接触的物体有设备、器具、操作人员手套和外衣、食品包装材料等；操作程序包括设备、器具等的材质要求、表面设计要求，清洗消毒方法等。

③ 避免交叉污染。防止不卫生物品对食品、食品包装和其他与食品接触表面的污染及未加工产品和熟制品的交叉污染。从食品工厂选址、设计到食品生产的各个环节都应制定预防措施。

④ 洗手间、消毒设施和卫生设施的卫生保持情况。包括卫生间、洗手间的设置及卫生保持；手的清洗和消毒要求；操作人员出入卫生间的卫生要求等。

⑤ 防止食品、食品包装材料和食品接触表面掺杂润滑剂、燃料、杀虫剂、清洁剂、消毒剂、冷凝剂及其他化学、物理或生物污染物外来物的污染。包括厂房设施要求、清洁消毒操作规范、危险物品存放使用规范等。

⑥ 规范有毒化合物（清洗剂、消毒剂等）的标示标签、存储和使用办法，建立危险物品来源、保管、使用、记录程序。

⑦ 员工个人健康和卫生的控制。包括员工的健康保持、定期体检、操作规范、个人卫生习惯等。

⑧ 工厂内昆虫与鼠类的灭除及控制。包括厂房设施、日常检查、定期灭杀操作等。

三、 SSOP 文件及实施

1. SSOP 文件

SSOP 文件由以下三个方面组成：8 个方面内容的要求和程序；每一环节的作业指导书；执行、检查和纠正记录。

2. SSOP 的实施

SSOP 的制定应结合实际情况使之易于实施，每一条操作程序都要具体，包括时间、操作方法、操作流程等内容，并要记录操作过程中的问题以及负责人和操作者，另外还要制定检测方式，及时发现问题和及时纠正出现的偏差。

第二节 良好操作规范（GMP）

一、 GMP 概述

1. GMP 的概念

良好操作规范（Good Manufacturing Practice，GMP），是一种注重制造过程中产品质量和安全卫生的自主性管理制度，是通过对生产过程中的各个环节、各个方面提出一系列措施、方法、具体的技术要求和质量监控措施而形成的质量保证体系。世界卫生组织将 GMP 定义为：指导食物、药品、医疗产品生产和质量管理的规范，是保证这些产品能依照其质量标准稳定地生产并进行质量控制，降低在生产过程中通过成品检验不可能去除的质量安全风险。GMP 的特点是将保证产品质量的重点放在成品出厂前整个生产过程的各个环节上，而不仅仅是着眼于最终产品，从产品生产的全过程入手，从根本上保证食品质量。GMP 的中心指导思想是任何产品的质量是设计和生产出来的，而不是检验出来的。因此，必须以预防为主，实行全面质量管理。

2. GMP 的沿革

GMP 的产生来源于药品生产领域，它是由重大的药物灾难作为催生剂而诞生的。1937 年在美国由一位药剂师配制的磺胺药剂引起 300 多人急性肾功能衰竭，其中 107 人死亡，原因是药剂中的甜味剂二甘醇进入体内后的氧化产物草酸导致人体中毒。20 世纪 50 年代后期至 60 年代初期，由原联邦德国格仑南苏制药厂生产的一种治疗妊娠反应的镇静药沙利度胺（又称反应停）导致胎儿致畸，使在原联邦德国、澳大利亚、加拿大、日本以及拉丁美洲、非洲等共 28 个国家发生胎儿畸形 12000 余例，其中西欧就有 6000～8000 例，日本约有 1000 例。造成这场药物灾难的原因，一是反应停未经过严格的临床前药理实验，二是生产该药的格仑南苏制药厂虽已收到有关反应停毒性反应的 100 多例报告，但都被他们隐瞒下来。这次畸胎事件引起公愤，被称为“20 世纪最大的药物灾难”。这些事件使人们深刻认识到仅以最终成品抽样分析检验结果作为依据的质量控制体系存在一定的缺陷，事实证明不能保证生产的药品都做到安全并符合质量要求。因此，美国于 1962 年修改了《联邦食品、药品和化妆品条例》，将药品质量管理和质量保证的概念提升为法定的要求。美国食品药品监督管理局（FDA）根据这一条例的规定制定了世界上第一部药品的 GMP，并于 1963 年由美国国会第一次以法令的形式予以颁布，1964 年在美国实施。1967 年 WHO 在出版的《国际药典》附录中对其进行了收载。

1969 年美国食品药品监督管理局将 GMP 的观点引用到食品的生产法规中，以联邦法规的形式公布了食品的 GMP 基本法《食品制造、加工、包装、储运的现行良好操作规范》，简称 CGMP 或 FCMP。该规范包括 5 章，内容包括定义、人员、厂房及地面、卫生操作、卫生设施与控制、设备与用具、加工与控制、仓库与运销等。WHO 在 1969 年第 22 届世界卫生大会上，向各成员国首次推荐了 GMP。1975 年 WHO 向各成员国公布了实施 GMP 的指导方针。国际食品法典委员会（CAC）制定的许多国际标准中都包含着 GMP 的内容，1985 年 CAC 制定了《食品卫生通用 GMP》。一些发达国家，如加拿大、澳大利亚、日本、英国等都相继借鉴了 GMP 的原则和管理模式，制定了不同类别食品企业的 GMP，有的作为强制性的法律条文，有的作为指导性的卫生规范。

3. 实施食品 GMP 的意义

GMP 能有效地提高食品行业的整体素质和生产水平。GMP 要求食品企业必须具备良好的生产设备、科学合理的生产工艺、完善先进的检测手段、高水平的人员素质、严格的管理制度。食品企业在推广和实施 GMP 的过程中必然要对原有的落后的生产工艺、设备进行改造，对操作人员、管理人员和领导干部进行培训，因此对食品企业硬件设施和生产管理水平具有极大的推动作用。实施 GMP 能保障食品的安全质量基本要求，确保消费者的利益，也利于政府和行业对食品安全的监管，强制性和指导性 GMP 中确定的操作规程和要求可以作为评价、考核食品企业的科学标准。另外，由于推广和实施 GMP 在国际食品贸易中是必备条件，实施 GMP 能提高食品在全球贸易的竞争力。

二、 GMP 的原理和内容

GMP 实际上是一种包括 4M 管理要素的质量保证制度，即选用规定要求的原料（Material），以合乎标准的厂房设备（Machines），由胜任的人员（Man），按照既定的方法（Methods），制造出品质既稳定又安全卫生的产品的一种质量保证制度。因此，食品 GMP 也是从这四个方面提出具体要求，其内容包括硬件和软件两部分。硬件是食品企业的环境、厂房、设备、卫生设施等方面的要求，软件是指食品生产工艺、生产行为、人员要求以及管理制度等。具体内容如下。

① 先决条件。包括适合的加工环境（选址）、工厂建筑设施及厂房布局、建筑内部结构与材料、道路、地表水供水系统、废物处理等。

② 工作场所及相关设施。包括制作空间、储藏空间、冷藏空间的设置；排风、供水、排水、排污、照明等设施条件。

③ 加工过程操作。包括物料购买和储藏；机器、机器配件、配料、包装材料、添加剂、加工辅助品的使用及合理性；成品外观、包装、标签和成品保存；成品仓库、运输和分配；成品的再加工；成品抽样、检验和良好的实验室操作等。

④ 生产卫生管理。可按照 SSOP 要求制定细则。包括特殊工艺条件如热处理、冷藏、冷冻、脱水和化学保藏等的卫生措施；清洗计划、清洗操作、污水管理、虫害控制；个人卫生的保障；外来物的控制、残存金属检测、碎玻璃检测以及化学物质检测等。

⑤ 仓储与运输。包括仓储设施及卫生管理、运输操作、记录等。

⑥ 废物及废水处理。

⑦ 人员及培训。人员健康管理、卫生要求、相关培训。

总之，GMP 是一套质量保证体系，涵盖生产的各个方面，从起始材料、环境、厂房、设备到员工的培训和个人卫生。GMP 要求对于可能影响成品质量的每个生产环节都制定详细的书面操作细则，形成文件体系，保证在任何时间生产的制品，其每一步生产过程始终符合制定的操作细则。同时，还需制定相应的记录、检验、纠偏机制。

三、 GMP 在我国的应用

我国推行 GMP 是从制药企业的引用开始的，后推广到整个医疗行业和食品行业。在食品行业的应用主要分为两个方面：一是制定强制性执行的法律、规范、标准；二是推荐 GMP 食品安全管理体系，鼓励企业进行专项认证。

1. 强制性执行的法律、规范、标准

1994 年，卫生部按照《中华人民共和国食品卫生法》的规定，参照 CAC 推荐的《食品卫生通用规范》制定了《食品企业通用卫生规范》，2013 年修订发布了食品安全国家标准

GB 14881—2013《食品生产通用卫生规范》。2014 年国家发布了 GB 31621—2014《食品安全国家标准 食品经营过程卫生规范》作为我国食品链各组织强制执行的国家标准。1994 年起陆续颁布了食品链从种植、养殖、加工、制造、运输、贮存、分销等过程相应的 GMP 的要求（加工卫生规范）。2009 年《食品安全法》颁布以后，进行了进一步的完善，颁布、发布了《食品安全法实施细则》《农产品质量安全法》、各类食品加工规范、各类食品市场许可细则、各类出口食品企业注册卫生规范等。这些法律、规范、标准制定的指导思想与 GMP 的原则类似，将保证食品安全质量的重点放在产品出厂前后的整个食品链过程的各个环节上，提出相应技术要求、规范操作方法和具体的质量控制措施，以确保最终产品符合标准要求。

2. GMP 食品安全管理体系的推广

2002 年发布的《中华人民共和国药品管理法实施条例》要求药品企业必须向药品监督管理部门申请《药品生产质量管理规范》认证，即食品企业强制实施 GMP 管理体系认证。食品行业强制执行食品生产、经营许可制度，同时也积极推进食品 GMP 管理体系认证，2003 年，国家认证认可监督管理委员会首次提出从食品链源头建立良好农业规范（Good Agricultural Practice，GAP）体系，经专家审定 GB/T 20014《良好农业规范》系列国家标准（包括种植和水产养殖）于 2006 年正式实施，称为 China GAP。

3. GAP 认证

2004 年开始国家认监委、标准委开启了国家层面推动良好农业规范认证的进程。为促进农产品的出口，国家认监委从 2005 年起与全球良好农业规范组织进行协调，分别于 2005 年和 2006 年签署技术合作和基准性比较（互认）备忘录，就标准制定和互认方面开展实质性合作。经过两年多的努力，我国 GAP 与国际 GAP 已就相互一致性、有效性方面完成了法规、标准文件评估、现场见证、同行评审的评价过程，最后成功完成了互认工作。GAP 认证不仅为我国从源头控制食品安全，促进农业可持续发展，提高农业综合生产能力提供了新的保障方式，还有力地推动了我国农业生产的可持续发展，提升我国农产品的安全水平和国际竞争力。

国内 GAP 认证由国家认监委认可的认证机构进行；国际 GAP 认证由 GAP 协会认可的第三方认证机构进行。

第三节 危害分析及关键控制点（HACCP）

一、 HACCP 概述

1. HACCP 的概念

HACCP 是危害分析及关键控制点（Hazard Analysis and Critical Control Point）的英文缩写，是一个以预防食品危害为基础的食品质量安全控制体系。食品法典委员会（CAC）对 HACCP 的定义是："一个确定、评估和控制那些重要的食品安全危害的系统。"它由食品的危害分析（Hazard Analysis，HA）和关键控制点（Critical Control Points，CCP）两部分组成，首先运用食品工艺学、食品微生物学、质量管理和危险性评价等有关原理和方法，对食品原料、加工直至最终食用产品等过程实际存在和潜在性的危害进行分析判定，找出与最终产品质量有影响的关键控制环节，然后针对每一关键控制点采取相应预防、控制以及纠正措施，使食品的危险性减少到最低限度，达到最终产品有较高安全性的目的。

HACCP体系是一种建立在GMP和SSOP基础之上的控制危害的预防性体系，它比GMP前进了一步，包括从原材料到餐桌整个过程的危害控制。另外，与其他的质量管理体系相比，HACCP可以将主要精力放在影响食品安全的关键加工点上，而不是在每一个环节都放上很多精力，这样更易于实施也更加有效。目前，HACCP被国际权威机构认可为控制食源性疾病、确保食品安全最有效的方法，被世界上越来越多的国家所采用。

20世纪80年代，我国开始将HACCP体系引入国内的食品行业，在食品安全管理方面发挥了巨大作用，而且得到政府、企业和社会越来越多地关注与重视。国家发布了同等采用的国家标准《危害分析与关键控制点（HACCP）体系及应用指南》（GB/T 19538—2004）和《危害分析与关键控制点（HACCP）体系 食品生产企业通用要求》（GB/T 27341—2009）。

2. HACCP 的特点

HACCP是一个逻辑性控制和评价系统，与其他质量体系相比，具有简便易行、合理高效的特点。

① 具有全面性。HACCP是一种系统化方法，涉及食品安全的所有方面（从原材料要求到最终产品的使用），能够鉴别出目前能够预见到的危害。

② 以预防为重点。使用HACCP防止危害进入食品，变最终产品检验后再追溯为预防性质的质量保证方法。

③ 提高产品质量。HACCP体系能有效控制食品质量，并使产品更具稳定性。

④ 使企业产生良好的经济效益。通过预防措施减少损失，降低成本，减轻一线工人的劳动强度，提高劳动效率。

⑤ 提高政府监督管理工作效率。食品监管职能部门和机构可将精力集中到最容易发生危害的环节上，通过检查HACCP监控记录和纠偏记录可了解工厂的所有情况。

3. HACCP 的沿革

HACCP是由美国太空总署（NASA）、陆军Natick实验室和美国皮尔斯柏利（Pillsbury）公司共同发展而成。20世纪60年代，Pillsbury公司为给美国太空项目提供100%安全的太空食品，研发了一个预防性体系，这个体系可以尽可能早地对环境、原料、加工过程、贮存和流通等环节进行控制。实践证明，该体系的实施可有效防止生产过程中危害的发生，这就是HACCP的雏形。1971年，皮尔斯柏利公司在美国食品保护会议上首次提出HACCP，几年后美国食品药品监督管理局（FDA）采纳并作为酸性与低酸性罐头食品法规的制定基础。之后，美国加利福尼亚州的一个家禽综合加工企业Poster农场于1972年建立了自己的HACCP系统，对禽蛋的孵化、饲料的配置、饲养的安全管理、零售肉的温度测试、禽肉加工制品等都严格控制了各种危害因素。1974年以后，HACCP概念已大量出现在科技文献中。

HACCP在发达国家发展较快。美国是最早应用HACCP原理的国家，并在食品加工制造中强制性实施 HACCP 的监督与立法工作。加拿大、英国、新西兰等国家已在食品生产与加工业中全面应用 HACCP 体系。欧盟肉和水产品中实施 HACCP 认证制度。日本、澳大利亚、泰国等国家都相继发布其实施 HACCP 原理的法规和办法。

为规范世界各国对 HACCP 系统的应用，FAO/WHO 食品法典委员会（CAC）1993 年发布了《HACCP 体系应用准则》，1997 年 6 月做了修改，形成新版的法典指南，即《HACCP 体系及其应用准则》，使 HACCP 成为国际性的食品生产管理体系和标准，对促进 HACCP 系统的普遍应用和更好解决食品生产存在的安全问题起了重要作用。根据 WHO 的协议，FAO/WHO 食品法典委员会所制定的法典规范或准则，被视为衡量各国食品是否符合卫生与安全要求的尺度。现在，HACCP 已成为世界公认的有效保证食品安全卫生的质量保证系统，成为国际自由贸易的"绿色通行证"。

4. HACCP 在我国的应用

HACCP 于 20 世纪 80 年代传入中国。为了提高出口食品质量，适应国际贸易要求，有利于中国对外贸易的进行，从 1990 年起，国家进出口商品检验局科学技术委员会食品专业技术委员会开始对肉类、禽类、蜂产品、对虾、烤鳗、柑橘、芦笋罐头、花生、冷冻小食品 9 种食品的加工如何应用 HACCP 体系进行研究，制定了《在出口食品生产中建立"危害分析与关键控制点"质量管理体系的导则》，出台了 9 种食品 HACCP 系统管理的具体实施方案，同时在 40 多家出口企业中试行，取得突出的效果和经济效益。1994 年 11 月，国家商检局发布了经修订的《出口食品厂、库卫生要求》，明确规定出口食品厂、库应当建立保证食品卫生的质量体系，并制定质量手册，其中很多内容是按 HACCP 原理来制定的。2002 年，卫生部下发了《食品企业 HACCP 实施指南》，国家认监委发布了《食品生产企业危害分析与关键控制点（HAC-CP）管理体系认证管理规定》在所有食品企业推行 HACCP 体系。

2005 年颁布施行的《保健食品注册管理办法（试行）》中，首次将保健食品 GMP 认证制度纳入强制性规定，HACCP 认证纳入推荐性认证范围。2005 年"十五"国家重大科技专项"食品安全关键技术"课题之一的"食品企业和餐饮业 HACCP 体系的建立和实施"课题通过了科技部组织的专家组验收。该课题构建了从官方执法机构、国家认可机构、认证机构到食品企业、餐饮业自身所实施的 HACCP 评价体系，形成了一系列科学实用的食品企业和餐饮业 HACCP 体系建立和实施指南，提出了国家和政府部门对 HACCP 体系建立和实施的宏观政策框架建议等，标志着中国初步建立了规范统一的食品企业和餐饮业 HACCP 体系基础模式。

2009 年发布了 GB/T 27341—2009《危害分析与关键控制点（HACCP）体系 食品生产企业通用要求》，作为推荐标准在全国应用。2017 年，中国合格评定国家认可委员会发布 CNAS-SC17：2017《危害分析与关键控制点（HACCP）体系认证机构认可方案》，鼓励企业进行认证。2021 年修订为 CNAS-SC185-2021。2015 年全球食品安全倡议（GFSI）正式承认我国 HACCP 认证制度，并于 2019 年续签。

企业的 HACCP 认证由国家认监委认可的认证机构进行。

二、 HACCP 的基本原理

HACCP 体系是鉴别特定的危害并规定控制危害措施的体系，对质量的控制不是在最终检验，而是在生产过程各环节。从 HACCP 名称可以明确看出，它主要包括危害分析（HA）和关键控制点（CCP）。HACCP 体系经过实际应用与完善，已被 FAO/WHO 食品法典委员会（CAC）所确认，由以下七个基本原理组成。

1. 危害分析

危害是指引起食品不安全的各种因素。显著危害是指一旦发生即对消费者产生不可接受的健康风险的因素。危害分析是确定与食品生产各阶段（从原料生产到消费）有关的潜在危害性及其程度，并制定具体有效的控制措施。危害分析是建立 HACCP 的基础。

2. 确定关键控制点

关键控制点是指能对一个或多个危害因素实施控制措施的点、步骤或工序，它们可能是食品生产加工过程中的某一操作方法或流程，也可能是食品生产加工的某一场所或设备。例如：原料生产收获与选择、加工、产品配方、设备清洗、储运、雇员与环境卫生等都可能是CCP。通过危害分析确定的每一个危害，必然有一个或多个关键控制点来控制，使潜在的食品危害被预防、消除或减少到可以接受的水平。

3. 建立关键限值

(1) 关键限值

关键限值（Critical Limit，CL）是与一个 CCP 相联系的每个预防措施所必须满足的标准，是确保食品安全的界限。安全水平有数量的内涵，包括温度、时间、物理尺寸、湿度、水活度、pH、有效氯、细菌总数等。每个 CCP 必须有一个或多个 CL 用于显著危害，一旦操作中偏离了 CL，可能导致产品的不安全，因此必须采取相应的纠正措施使之达到极限要求。

(2) 操作限值

操作限值（Operational Limit，OL）是操作人员用以降低偏离的风险的标准，是比 CL更严格的限值。

4. 关键控制点的监控

监控是指实施一系列有计划的测量或观察措施，用以评估 CCP 是否处于控制之下，并为将来验证程序时的应用做好精确记录。监控计划包括监控对象、监控方法、监控频率、监控记录和负责人等内容。

5. 建立纠偏措施

当控制过程发现某一特定 CCP 正超出控制范围时应采取纠偏措施。在制定 HACCP 计划时，就要有预见性地制定纠偏措施，便于现场纠正偏离，以确保 CCP 处于控制之下。

6. 记录保持程序

建立有效的记录程序对 HACCP 体系加以记录。

7. 验证程序

验证是除监控方法外用来确定 HACCP 体系是否按计划运作或计划是否需要修改所使用的方法、程序或检测。验证程序的正确制定和执行是 HACCP 计划成功实施的基础，验证的目的是提高置信水平。

三、实施 HACCP 体系的前提条件

实施 HACCP 体系的目的是预防和控制所有与食品相关的危害，它不是一个独立的程序，而是全面质量管理体系的一部分，它要求食品企业应首先具备在卫生环境下对食品进行加工的生产条件以及为符合国家现有法律法规规定而建立的食品质量管理基础。GB/T 27341-2009《危害分析与关键控制点（HACCP）体系 食品生产企业通用要求》明确提出实施 HACCP 的前提是要实施包括人力资源保障计划、GMP、SSOP、原辅料、食品包装材料安全卫生保障制度、维护保养计划、标识和追溯计划、产品召回计划、应急预案等。

1. 必备程序

包括 GMP、GHP 或 SSOP 以及完善的设备维护保养计划、员工教育培训计划等，其中，GMP 和 SSOP 是 HACCP 的必备程序，是实施 HACCP 的基础，离开了 GMP 和 SSOP 的 HACCP 将起不到预防和控制食品安全的作用。

2. 人员的素质要求

人员是 HACCP 体系成功实施的重要条件。HACCP 对人员的要求主要体现在以下几点。

① HACCP 计划的制定需要各类人员的通力合作。负责制定 HACCP 计划以及实施和验证 HACCP 体系的 HACCP 小组，其人员构成应包括企业具体管理 HACCP 计划实施的领导、生产技术人员、工程技术人员、质量管理人员以及其他必要人员。

② 人员应具备所需的相关专业知识和经验，必须经过 HACCP 原理、食品生产原理与技术、GMP、SSOP 等相关知识的全面培训，以胜任各自的工作。

③ 所有人员应具有较强的责任心和认真的、实事求是的工作态度，在操作中严格执行 HACCP 计划中的操作程序，如实记录工作中的差错。

3. 产品的标志和可追溯性

产品必须有标志，不仅能使消费者知道有关产品的信息，还能减少错误或不正确发运和使用产品的可能性。

可追溯性是保障食品安全的关键要求之一。在可能发生某种危险时，风险管理人员应当能够认定有关食品，迅速准确地禁售禁用危险产品，通知消费者或负责监测食品的单位和个人，必要时沿整个食物链追溯问题的起源，并加以纠正。就此而言，通过可追溯性研究，风险管理人员可以明确认定有危险的产品，以此限制风险对消费者的影响范围，从而限制有关措施的经济影响。

产品的可追溯性包括以下两个基本要素：

① 能够确定生产过程的输入（原料、包装、设备等）以及这些输入的来源。

② 能够确定产品已发往的位置。

4. 建立产品召回程序

建立产品回收程序的目的是保证产品在任何时候都能在市场上进行回收，能有效、快速和完全地进入调查程序。因此，企业建立产品回收程序后，还要定期对回收程序的有效性进行验证。

四、 HACCP 计划的制定和实施

1. 组建 HACCP 工作小组

HACCP 工作小组应包括产品质量控制、生产管理、卫生管理、检验、产品研制、采购、仓储和设备维修等各方面的专业人员。

HACCP 工作小组的成员应具备该产品相关专业知识和技能，必须经过 GMP、SSOP、HACCP 原则、制定 HACCP 计划工作步骤、危害分析及预防措施、相关企业 HACCP 计划等内容的培训，并经考核合格。

HACCP 工作小组的主要职责有制定、修改、确认、监督实施及验证 HACCP 计划；对企业员工进行 HACCP 培训；编制 HACCP 管理体系的各种文件等。

2. 确定 HACCP 体系的目的与范围

HACCP 是控制食品安全质量的管理体系，在建立该体系之前应首先确定实施的目的和范围。例如：整个体系中要控制所有危害，还是某方面的危害；是针对企业的所有产品还是某一类产品；是针对生产过程还是包括流通、消费环节等。只有明确 HACCP 的重点部分，在编制计划时才能正确识别危害，确定关键控制点。

3. 产品描述

HACCP 计划编制工作的首要任务是对实施 HACCP 系统管理的产品进行描述。描述的内容包括：产品名称（说明生产过程类型）；原辅材料的商品名称、学名和特点；成分（如蛋白质、氨基酸等）；理化性质（包括水分活度、pH、硬度、流变性等）；加工方式（如产品加热及冷冻、干燥、盐渍、杀菌的程度等）；包装系统（密封、真空、气调等）；储运（冻藏、冷藏、常温储藏等）；销售条件（如干湿与温度要求等）、销售方式和销售区域；所要求的贮存期限（保质期、保存期、货架期等）；有关食品安全的流行病学资料；产品的预期用途、消费人群和食用方式等。

4. 绘制和验证产品工艺流程图

产品工艺流程图可对加工过程进行全面和简明的说明，对危害分析和关键控制点的确定有很大帮助。产品工艺流程图应在全面了解加工全过程的基础上绘制，应详细反映产品加工过程的每一步骤。流程图应包括的主要内容有：原料、辅料和包装材料的详细资料；加工、运输、贮存等环节所有影响食品安全的工序与食品安全有关的信息（如设备、温度、pH 等）；工厂人流、物流图；流通、消费者意见等。

流程图的准确性对危害分析的影响很大，如果某一生产步骤被疏忽，就可能使显著的安全问题不被记录。因此应将绘制的工艺流程图与实际操作过程进行认真比对（现场验证），以确保与实际加工过程一致。

5. 危害分析

危害分析是 HACCP 系统最重要的一环，HACCP 小组对照工艺流程图以自由讨论的方式对加工过程的每一步骤进行危害识别，对每一种危害的危险性（危害可能发生的概率或可能性）进行分析评价，确定危害的种类和严重性，找出危害的来源，并提出预防和控制危害

的措施。

食品对人体健康产生危害的因素有：生物（致病性或产毒的微生物、寄生虫、有毒动植物等），化学（杀虫剂、杀菌剂、清洁剂、抗生素、重金属、添加剂等），或物理（各类固体杂质）污染物。

危害的严重性指危害因素存在的多少或所致后果程度的大小。危害程度可分为高、中、低和忽略不计。例如一般引起疾病的危害可分为：威胁生命（严重食物中毒、恶性传染病等），后果严重或慢性病（一般食物中毒或慢性中毒），中等或轻微疾病（病程短、病症轻微）。

危害识别的方法有：对既往资料进行分析、现场实地观测、实验采样检测等。

6. 确定关键控制点（CCP）

(1) CCP 的特征

食品加工过程中有许多可能引起危害的环节，但并不是每一个都是 CCP，只有这些点作为显著的危害而且能够被控制时才认为是关键控制点。对危害的控制有以下几种情况。

① 危害能被预防。例如通过控制原料接收步骤（要求供应商提供产地证明、检验报告等）预防原料中的农药残留量超标。

② 危害能被消除。例如杀菌步骤能杀灭病原菌；金属探测装置能将所有金属碎片检出、分离。

③ 危害能被降低到可接受的水平。例如：通过对贝类暂养或净化使某些微生物危害降低到可接受水平。

原则上关键控制点所确定的危害是在后面的步骤不能被消除或控制的危害。

(2) CCP 的确定方法

确定 CCP 的方法很多，例如用"CCP 判断树表"来确定或用危害发生的可能性和严重性来确定。

CCP 判断树（见图 6-1）是能有效确定关键控制点的分析程序，其方法是依次回答针对每一个危害的一系列逻辑问题，最后就能决定某一步骤是否是 CCP。

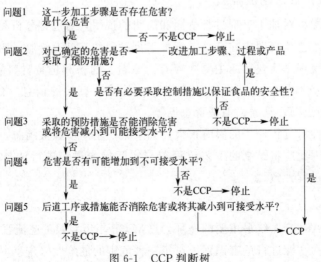

图 6-1　CCP 判断树

关键控制点应根据不同产品的特点、配方、加工工艺、设备、GMP 和 SSOP 等条件具体确定。一个危害可由一个或多个关键控制点控制到可接受水平；同样，一个关键控制点可以控制一个或多个危害。一个 HACCP 体系的关键控制点数量一般应控制在 6 个以内。

7. 建立关键限值（CL）

在掌握了每一个 CCP 潜在危害的详细知识，搞清楚与 CCP 相关的所有因素，充分了解各项预防措施的影响因素后，就可以确定每一个因素中安全与不安全的标准，即设定 CCP 的关键限值。通常用物理参数和可以快速测定的化学参数表示 CL，其指标包括：温度、时间、湿度、pH、水分活性、含盐量、含糖量、可滴定酸度、有效氯、添加剂含量，以及感官指标，如外观和气味等。

CL 的确定应以科学为依据，可来源于科学刊物、法规性指南、专家建议、试验研究等。CL 应能确实表明 CCP 是可控制的，并满足相应国家标准的要求。确定 CL 的依据和参考资料应作为 HACCP 方案支持文件的一部分，必须以文件的形式保存以便于确认。这些文件应包括相关的法律法规要求、国家或国际标准、实验数据、专家意见、参考文献等。

建立 CL 应做到合理、适宜、适用和可操作性强，如果过严，会造成即使没有发生影响到食品安全危害，也采取纠正措施。如果过松，又会产生不安全产品。

好的 CL 应是直观、易于监测的，能使只出现少量不合格产品就可通过纠正措施控制并且不是 GMP 或 SSOP 程序中的措施。

在实际生产中，为对 CCP 进行有效控制，可以在 CL 内设定 OL 和操作标准。OL 可作为辅助措施用于指示加工过程的偏差，这样在 CCP 超过 CL 以前就进行调节以维持控制。确定 OL 时，应考虑正常的误差，例如油炸锅温度最小偏差为 2℃，OL 确定比 CL 相差至少大于 2℃，否则无法操作。

8. 建立监控程序

对每一个关键控制点进行分析后建立监控程序，以确保达到 CL 的要求，是 HACCP 的重点之一，是保证质量安全的关键措施。监控程序包括以下内容。

① 监控内容（对象）。是针对 CCP 而确定的加工过程或可以测量的特性，如温度、时间、水分活度等。

② 监控方法。有在线检测和终端检测两种方法。要求使用快速检测方法，因为 CL 的偏差必须要快速判定，确保及时采取纠偏行动以降低损失。一般采用视觉观察、仪表测量等方法。例如：时间——观察法；温度——温度计法；水分活度——水分活度仪法；pH——pH 计法。

③ 监控设备。例如温湿度计、钟表、天平、pH 计、水分活度计、化学分析设备等。

④ 监控频率，如每批、每小时、连续等。如有可能，应采取连续监控。连续监控对许多物理或化学参数都是可行的。如果监测不是连续进行的，那么监测的数量或频率应确保关键控制点是在控制之下。

⑤ 监控人员。是授权的检查人员，如流水线上的人员、设备操作者、监督员、维修人员、质量保证人员等。负责监控 CCP 的人员必须接受有关 CCP 监控技术的培训，完全理解

CCP 监控的重要性，能及时进行监控活动，准确报告每次监控工作，随时报告违反 CL 的情况以便及时采取纠偏活动。

监控程序必须能及时发现关键控制点可能偏离关键限值的趋势，并及时提供信息，以防止事故恶化。提倡在发现有偏差趋势时就及时采取纠偏措施，以防止事故发生。监测数据应由专业人员评价以保证执行正确的纠偏措施。所有监测记录必须有监测人员和审核人员的签字。

9. 建立纠偏措施

食品生产过程中，HACCP 计划的每一个 CCP 都可能发生偏离其 CL 的情况，这时候就要立即采取纠正措施，迅速调整以维持控制。因此，对每一个关键控制点都应预先建立相应的纠偏措施，以便在出现偏离时实施。

纠偏措施包括两方面的内容：

① 制定使工艺重新处于控制之中的措施。

② 拟定 CCP 失控时期生产的食品的处理办法，包括将失控的产品进行隔离、扣留、评估其安全性、退回原料、原辅材料及半成品等移做他用、重新加工（杀菌）和销毁产品等。纠偏措施要经有关权威部门认可。

当出现偏差时，操作者应及时停止生产，保留所有不合格品并通知工厂质量控制人员。当 CCP 失去控制时，立即使用经批准的可替代原工艺的备用工艺。在执行纠偏措施时，对不合格产品要及时处理。纠偏措施实施后，CCP 一旦恢复控制，要对这一系统进行审核，防止再出现偏差。

整个纠偏行动过程应做详细的记录，内容包括：

① 产品描述、隔离或扣留产品数量；

② 偏离描述；

③ 所采取的纠偏行动（包括失控产品的处理）；

④ 纠偏行动的负责人姓名；

⑤ 必要时提供评估的结果。

10. 建立验证程序

验证的目的是通过一定的方法确认制定的 HACCP 计划是否有效，是否被正确执行。验证程序包括对 CCP 的验证和对 HACCP 体系的验证。

(1) CCP 的验证

必须对 CCP 制定相应的验证程序，以保证其控制措施的有效性和 HACCP 实施与计划的一致性。CCP 验证包括对 CCP 的校准、监控和纠正记录的监督复查，以及针对性的取样和检测。

对监控设备进行校准是保证监控测量准确度的基础。对监控设备的校准要有详细记录，并定期对校准记录进行复查，复查内容包括校准日期、校准方法和校准结果。

确定专人对每一个 CCP 的记录（包括监控记录和纠正记录）进行定期复查，以验证HACCP 计划是否被有效实施。

对原料、半成品和产品要进行针对性的抽样检测，例如，对原料的检测是对原料供应商提供的质量保证进行验证。

(2) HACCP 体系的验证

HACCP 体系的验证就是检查 HACCP 计划是否有效以及所规定的各种措施是否被有效实施。验证活动分为两类，一类是内部验证，由企业自己组织进行；另一类是外部验证，由被认可的认证机构进行，即认证。

验证的频率应足以确认 HACCP 体系在有效运行，每年至少进行一次，或在系统发生故障时、产品原材料或加工过程发生显著改变时或发现了新的危害时进行。

体系的验证活动内容：检查产品说明和生产流程图的准确性；检查 CCP 是否按 HAC-CP 的要求被监控；监控活动是否在 HACCP 计划中规定的场所执行；监控活动是否按照 HACCP 计划中规定的频率执行；当监控表明发生了偏离关键限制的情况时，是否执行了纠偏行动；设备是否按照 HACCP 计划中规定的频率进行了校准；工艺过程是否在既定的关键限值内操作；检查记录是否准确和是否按照要求的时间来完成等。

11. 建立 HACCP 文件和记录管理系统

必须建立有效的文件和记录管理系统，以证明 HACCP 体系有效运行、产品安全及符合现行法律法规的要求。制定 HACCP 计划和执行过程应有文件记录。需保存的记录包括以下内容。

① 危害分析小结。包括书面的危害分析工作单和用于进行危害分析和建立关键限值的任何信息的记录。支持文件包括：制定抑制细菌性病原体生长的方法时所使用的充足的资料，建立产品安全货架寿命所使用的资料，以及在确定杀死细菌性病原体加热强度时所使用的资料。除了数据以外，支持文件也可以包含向有关顾问和专家进行咨询的信件。

② HACCP 计划。包括 HACCP 工作小组名单及相关的责任、产品描述、经确认的生产工艺流程和 HACCP 小结。HACCP 小结应包括产品名称、CCP 所处的步骤和危害的名称、关键限值、监控措施、纠偏措施、验证程序和保持记录的程序。

③ HACCP 计划实施过程中发生的所有记录，包括关键控制点监控记录、纠偏措施记录、验证记录等。

④ 其他支持性文件如验证记录，包括 HACCP 计划的修订等。

HACCP 计划和实施记录必须含有特定的信息，要求记录完整，必须包括监控过程中获得的实际数据和记录结果。在现场观察到的加工和其他信息必须及时记录，写明记录时间，有操作者和审核者的签名。记录应由专人保管，保存到规定的时间，随时可供审核。

第四节　ISO 9000 质量管理体系

国际标准化组织（ISO）所制定的质量管理体系标准包括 ISO 9000、ISO 10000 及 ISO 14000 三个系列。ISO 9000 标准明确了质量管理和质量保证体系，适用于生产型及服务型企业。ISO 10000 标准为从事和审核质量管理和质量保证体系提供了指导方针。ISO 14000 标准明确了环境质量管理体系。

企业活动一般由三方面组成：经营、管理和开发。在管理上又可分为行政管理、财务管理、质量管理、环境管理、职业健康管理、生产安全管理等。ISO 9000 族标准主要针对质量管理，同时涵盖了部分行政管理和财务管理的范畴。ISO 9000 族标准本身并不规定产品的技术标准，而是针对企业的组织管理结构、人员和技术能力、各项规章制度和技术要求、内部监督机制等一系列体现企业保证产品及服务质量的管理措施的标准。因此，ISO 9000 族中规定的要求是通用的，适用于所有行业或经济领域，无论其提供何种产品。

一、 ISO 9000 系列标准的沿革

ISO 9000 是在总结各个国家质量管理与质量保证成功经验的基础上产生的，经历了由军用到民用，由行业标准到国家标准，进而到国际标准的发展过程。

1. ISO 9000 的产生

1959 年，美国国防部向国防部供应局下属的军工企业提出了品质保证要求，要求承包商"制定和保持与其经营管理、规程相一致的有效的和经济的品质保证体系"，目的是"在实现合同要求的所有领域和过程（例如：设计、研制、制造、加工、装配、检验、试验、维护、装箱、储存和安装）中充分保证品质"。国防部对品质保证体系还规定了两种统一的模式：军标 MIL-Q-9858A《品质大纲要求》和军标 MIL-I-45208《检验系统要求》。承包商要根据这两个模式编制"品质保证手册"，并有效实施。政府将对照文件逐步检查、评定实施情况。这种办法促使承包商进行全面的品质管理，并取得了极大的成功。

后来，美国军工企业的这个经验很快被其他工业发达国家军工部门所采用，并逐步推广到民用工业，随之在西方各国蓬勃发展起来。英国于 1979 年发布了 BS 5750《质量保证体系》标准。加拿大 1979 年制定了 CSA CAN3-Z299《质量大纲标准的选用指南》和《质量保证大纲》标准。

随着国际贸易的不断发展，不同国家、企业之间的技术合作、经验交流和贸易也日益频繁，但由于各国采用的评价标准和质量体系的要求不同，企业为了获得市场，不得不付出很大的代价去满足各个国家的质量标准要求。另外，由于竞争的加剧，有的国家利用严格的标准和质量体系来限制商品的进口。这样就妨碍了国际经济合作和贸易往来。因此，有必要建立一套国际化的标准，使各国对产品的质量问题有统一认识和共同的语言以及共同遵守的规范。在这样的背景下，ISO 在 1980 年成立了质量管理与质量保证标准化技术委员会（ISO/TC 176）。ISO/TC 176 组织了 15 个国家 100 余位专家学者，在现代管理理论的指导下，总结美国、英国、加拿大等国现有标准，并在综合考虑世界各国的需要和发展不平衡的基础上进行了国际标准的研究制定工作。第一个标准 ISO 8402：1986《品质-术语》，于 1986 年 6 月 15 日正式发布，1987 年 3 月正式发布了 ISO 9000 系列标准。该标准主要从自我保证的角度出发，关注的企业内部的质量管理和质量保证。系列标准包括 ISO 9000：1987《质量管理和质量保证标准 选择和使用指南》；ISO 9001：1987《质量体系 设计/开发、生产、安装和服务的质量保证模式》；ISO 9002：1987《质量体系 生产和安装的质量保证模式》；ISO 9003：1987《质量体系 最终检验和实验的质量保证模式》；ISO 9004：1987《质量管理和质量体系要素 指南》。

2. ISO 9000 的发展

ISO 9000 族标准发展至今，经历了几次修订：

（1）1994 版。1994 年对标准进行了"有限修改"，通过质量管理体系要素，把用户要求、法规要求及质量保证的要求纳入标准的范围中。1994 年，ISO/TC 176 发布了 16 项体系要素，到 1999 年底发展到 27 项。

（2）2000 版。为了不断改进管理方法，ISO/TC 176 早在 1990 年第九届年会上提出了《90 年代国际质量标准的实施策略》，确定了一个宏伟的目标："要让全世界都接受和使用 ISO 9000 族标准，为提高组织的运作能力提供有效的方法"，为增进国际贸易，促进全球的繁荣和发展"使任何机构和个人，可以有信心从世界各地得到任何期望的产品，以及将自己的产品顺利销往世界各地"。为此在充分考虑了 1987 版和 1994 版标准以及其他管理体系标准的使用经验后，对 1994 年版 ISO 9000 在管理概念、术语和标准结构上都做了较大幅度的修订，使之有更好的适用性和兼容性，同时更加简便。ISO 9000：2000 由 4 个核心标准、1 个支持标准、6 个技术报告、3 个小册子等组成，其核心标准包括 ISO 9000：2000《质量管理体系 基础和术语》、ISO 9001：2000《质量管理体系 要求》、ISO 9004：2000《质量管理体系 业绩改进指南》和 ISO 19011：2001《质量管理体系和环境管理体系审核指南》。

（3）2008 版。2004 年，国际标准化组织各成员国对 ISO 9000：2000 进行了系统评审，对 ISO 9000：2000 进行了有限修正，目的是改进原有标准，使之更易于理解和使用，进一步提高与 ISO 14001（环境管理体系）的兼容性。结构与 ISO 9000：2000 基本一致。

（4）2015 版。2015 年 9 月颁布了第四次修订的 ISO 9000 标准。此次修订影响较大，为质量管理体系标准的长期发展规划了蓝图，为未来的质量管理标准做好了准备。标准采用了以过程为基础的质量管理体系机构模式，把 1994 版以来标准的各个要素融入到新版标准中，使之更加适用于所有类型的组织，更加适合于组织建立整合管理体系，更加关注质量管理体系的有效性和效率。

二、 ISO 9000 系列标准的原理

ISO 9000 是应用全面质量管理理论对具体组织制定的一系列质量管理标准，全面质量管理"以顾客为中心、领导的作用、全员参与、过程的方法、系统管理方法、持续改进、基于事实决策和与供方的关系"的八项质量管理原则和基于风险思维、应用 PDCA 循环的过程等管理理念是其理论基础。ISO 9000 体系建立和实施的过程就是把组织的质量管理进行标准化的过程，组织通过实施标准化管理，使质量管理原则在组织运行的各个方面得到全面体现，使其产品和服务质量得到保证。

三、企业实施 ISO 9000 系列标准的意义

ISO 9000 系列标准是在总结世界经济发达国家的质量管理实践经验的基础上制定的通用性和指导性的国际标准，企业建立和实施 ISO 9000 系列标准，具有重要的作用和意义。

1. 有利于提高产品质量, 保护消费者利益

消费者在购买或使用产品时，一般都很难在技术上对产品加以鉴别。当产品技术规范本身不完善或组织质量管理体系不健全时，组织就无法保证持续提供满足要求的产品。如果组织按 ISO 9000 系列标准建立质量管理体系，通过体系的有效应用，促进组织持续改进产品

和过程，实现产品质量的稳定和提高，就是对消费者利益的一种最有效的保护。

2. 有利于增进国际贸易，消除技术壁垒

ISO 9000 系列标准为国际经济技术合作提供了国际通用的共同语言和准则，组织建立和实施 ISO 9000 体系，取得质量管理体系认证，才能参与国内和国际贸易、增强竞争力。另外，世界各国同时实施 ISO 9000 系列标准，对消除技术壁垒、排除贸易障碍、促进国际经济贸易活动也起到十分积极的作用。

3. 为提高组织的运作能力提供了有效的方法

ISO 9000 系列标准鼓励组织建立、实施和改进质量管理体系时采用过程方法，通过识别和管理众多相互关联的过程，以及对这些过程进行系统的管理和连续的监视与控制，以得到顾客能接受的产品。此外，质量管理体系提供了持续改进的框架，增加顾客和其他相关方满意的机会。因此，ISO 9000 系列标准为有效提高组织的运作能力和增强市场竞争能力提供了有效的方法。

4. 有利于组织的持续改进和持续满足顾客的需求和期望

顾客的需求、期望是不断变化的，这就促使组织要持续地改进产品和过程。ISO 9000 系列标准为组织持续改进其产品和过程提供了一条有效途径。标准将质量管理体系要求和产品要求区分开来，不是将质量管理体系要求取代产品要求，而是把质量管理体系要求作为对产品要求的补充，有利于组织的持续改进和持续满足顾客的需求和期望。

5. 有利于国际经济合作和技术交流

按照国际经济合作和技术交流的惯例，合作双方必须在产品（包括服务）品质方面有共同的语言、统一的认识和共同遵守的规范，方能进行合作与交流。ISO 9000 体系认证正好提供了这样的信任，有利于双方迅速达成协议。

四、 ISO 9000：2015 简介

1. ISO 9000：2015 的文件构成

ISO 9000：2015 由四个核心标准和四个支持性标准和文件组成。

表 6-1　ISO 9000：2015 的文件构成

类型	ISO 9000 标准	等同转化的国家标准
核心标准	ISO 9000：2015《质量管理体系 基础和术语》	GB/T 19000—2016《质量管理体系 基础和术语》
	ISO 9001：2015《质量管理体系 要求》	GB/T 19001—2016《质量管理体系 要求》
	ISO 9004：2009《可持续性管理 质量管理方法》	GB/T 19004—2020《质量管理 组织的质量 实现持续成功指南》
	ISO 19011：2018《管理体系审核指南》	GB/T 19011—2021《管理体系审核指南》
支持性标准和文件	ISO 10001《质量管理 顾客满意 组织行为规范指南》	GB/T 19010—2021《质量管理 顾客满意 组织行为规范指南》
	ISO 10002《质量管理 顾客满意 组织处理投诉指南》	GB/T 19012—2019《质量管理 顾客满意 组织投诉处理指南》
	ISO 10003《质量管理 顾客满意 组织外部争议解决指南》	GB/T 19013—2021《质量管理 顾客满意 组织外部争议解决指南》
	ISO 10004《质量管理体系文件指南》	GB/T 19023—2003《质量管理体系文件指南》

核心标准简介如下：

（1）ISO 9000：2015《**质量管理体系 基础和术语**》

本标准旨在帮助使用者理解质量管理的基本概念、原则和术语，以便能够有效和高效地实施质量管理体系，并实现其他质量管理体系标准的价值。主要包括以下方面内容：

① 质量管理的基本概念。基本概念包括质量、质量管理体系、组织环境、相关方、支持（包括人员、能力、意识和沟通）。

② 质量管理原则。ISO 9000：2015 将全面质量管理的八项原则融合为七项。

③ 质量管理体系。标准融合已制定的有关质量的基本概念、原则、过程和资源的框架，提出了明确的质量管理体系，以帮助组织实现其目标。

④ 标准的适用范围。标准适用于所有组织，无论其规模、复杂程度或经营模式。本标准旨在增强组织在满足其顾客和相关方的需求和期望以及在实现其产品和服务的满意方面的义务和承诺意识。

⑤ 术语及定义。表述了建立和运行质量管理体系应遵循的质量管理体系基础知识。规定了质量管理体系的术语共 13 个部分、138 个词条，用较通俗的语言阐明了质量管理体系所用术语的概念。

（2）ISO 9001：2015《**质量管理体系 要求**》

描述了标准的总则、过程方法以及与其他标准的关系等内容，规定了质量管理体系的要求，可用于组织证实其具有稳定地提供顾客要求和适用法律法规要求产品的能力，也可用于组织通过体系的有效应用，包括持续改进体系的过程及确保符合顾客与适用法规的要求，以更好地做到使顾客满意。该标准是国际上通用的进行质量管理体系认证和注册的依据。

标准由范围、规范性引用文件、术语和定义、组织环境、领导作用、策划、支持、运行、绩效评价、持续改进等部分构成。

（3）ISO 9004：2009《**可持续性管理 质量管理方法**》

该标准为补充 ISO 9001 标准和其他管理体系标准的应用提供指南，不能用于认证、法规或合同目的。它的目的是帮助 ISO 9001 标准的使用者，为组织可持续性管理提供指南，使将八项质量管理原则应用于整个组织长期可持续的成功，而不仅是某些部分的业绩改进。通过实施有更广泛基础和深度的质量管理体系获取可持续的利益。适用于所有组织。

标准正文由适用范围、引用标准、术语、可持续性管理、组织环境、战略方针政策与沟通、资源、过程管理、测量和分析、学习、改进和创新等部分构成。

（4）ISO 19011：2018《**管理体系审核指南**》

该标准是 ISO/TC 176 与 ISO/TC 207（环境管理技术委员会）联合制定的，以遵循"不同管理体系，可以共同管理和审核"的原则，为审核的基本原则、审核大纲的管理、环境和质量管理体系的实施以及对环境和质量管理体系评审员资格要求提供了指南。标准在术语和内容方面，兼容了质量管理体系和环境管理体系两方面特点，提供了一种统一的、协调的方法，能够同时对多个管理系统进行有效审核。适用于所有运行质量或环境管理体系的组织。该标准还有关于审核风险和机会的提示及将基于风险的思维应用于审核过程的信息。

2. ISO 9000：2015 的基本原则

ISO 9000：2015 将以前版本中的八项原则精简为七项原则。

(1) **以顾客为关注焦点**

顾客是经营组织的"上帝"。质量管理的主要关注点是满足顾客要求并且努力超越顾客期望。组织只有赢得和保持顾客和其他有关的相关方的信任才能获得持续成功。与顾客互动的每个方面都提供了为顾客创造更多价值的机会。理解顾客和其他相关方当前和未来的需求有助于组织的持续成功。

(2) **领导作用**

领导是组织的"灵魂"。各级领导需要建立统一的宗旨和方向，使组织将战略、方针、过程和资源保持一致，并且创造全员积极参与的环境，才能实现组织的质量目标。

(3) **全员参与**

组织项目的完成需要全体人员的努力，为了有效和高效地管理组织，需要尊重并使各级人员参与，在整个组织内各级人员的胜任、被授权和积极参与是提高组织创造和提供价值能力的必要条件。对全体人员的认可、授权和促使能力提升会促进人员积极参与实现组织的质量目标。

(4) **过程方法**

质量管理体系是由相互关联的过程组成，只有将活动作为相互关联，功能连贯的过程组成的体系来理解和管理时，才能更加有效和高效地得到一致的、可预知的结果。

通过协调一致的过程体系，得到一致的、可预知的结果，通过过程的有效管理、资源的高效利用及跨职能壁垒的减少，获得最佳绩效。

(5) **改进**

组织本身是不断发展、完善的，加之外部条件在不断变化，顾客的需求也在不断翻新，因此持续改进对于组织保持当前的绩效水平，对其内、外部条件的变化作出反应并创造新的机会都是极其重要的。

持续改进可对调查和确定根本原因及后续的预防和纠正措施增强关注；提高对内外部的风险和机遇的预测和反应的能力；增加对渐进性和突破性改进的考虑；增强创新的驱动力。

(6) **循证决策**

决策是一个复杂的过程，并且总是包含一些不确定性。它经常涉及多种类型和来源的输入及其解释，而这些解释可能是主观的。重要的是理解因果关系和可能的非预期后果。对事实、证据和数据的分析可使决策更加客观和可信。因此，基于分析、评价数据和信息的决定，更有可能产生期望的结果。

(7) **关系管理**

一个组织的活动与很多其他组织有关，或者协作，或者竞争，这些有关的相关方会影响组织的绩效。当组织与所有相关方的关系最为协调时，以及相关方对组织的绩效影响最佳时，才更有可能实现持续成功。因此对供方及合作伙伴的关系网的管理是尤为重要的，为了持续成功，组织需要管理其与有关的相关方（例如供方）的关系。

五、 ISO 9000 的实施

1. ISO 9000 质量管理体系的建立

组织建立 ISO 9000 质量管理体系的一般步骤

（1）领导决策

搞好质量管理关键在领导，组织领导层要作出建立实施 ISO 9000 的决定、确立质量管理的目标和方针。

（2）建立机构

组织需要成立一个 ISO 9000 专门机构从事人员培训、文件编写、组织实施等工作。

（3）对组织原有质量管理体系的识别、诊断

对组织质量管理现状进行分析，找出影响产品或服务质量的决策、过程、环节、部门、人员、资源等因素以及现有体系状况与将要建立的体系要求之间的差异，明确哪些活动需要新建立，哪些需要废除，哪些可以优化和整合等，为制定推行计划提供依据。

（4）制定推行计划

就是制定贯彻标准的工作计划，包括时间、内容、责任人等，要求具体详细。

（5）编写体系文件

对照 ISO 9001 或 ISO 9004 国际标准中的各个要素逐一地制定管理制度和管理程序。一般来说，凡是标准要求文件化的要素，都要文件化；标准没有要求的，可根据实际情况决定是否需要文件化。

ISO 9001 或 ISO 9004 国际标准要求必须编写如下文件。

① 质量方针和质量目标。

② 质量手册。质量手册是按组织规定的质量方针和适用的 ISO 9000 系列标准描述质量体系的文件，其内容包括组织的质量方针和目标；组织结构、职责和权限的说明；质量体系要素和涉及的形成文件的质量体系程序的描述；质量手册使用指南（如需要）等。

质量手册是最根本的文件，ISO 10013《质量手册编制指南》规定了质量手册的内容和格式。

③ 质量体系程序文件。质量体系程序是为了控制每个过程质量，对如何进行各项质量活动规定有效的措施和方法，是有关职能部门使用的纯技术性文件。一般包括文件控制程序、记录控制程序、内部审核程序、不合格品控制程序、纠正措施程序、预防措施程序等。

④ 组织认为必要的其他质量文件。包括作业指导书、报告、表格等，是工作者使用的更加详细的作业文件。

⑤ 运作过程中必要的记录（记录既是操作过程中所必需的，也是满足审核要求所必需的）。

2. ISO 9000 体系的运行

（1）发布文件

这是实施质量管理体系的第一步。一般要召开一个"质量手册发布大会"，把质量手册发到每一个员工的手中。

（2）全员培训

由 ISO 9000 小组成员负责对全体员工进行培训，培训的内容是 ISO 9000 系列标准和本组织的质量方针、质量目标和质量手册，以及与各个部门有关的程序文件，与各个岗位有关的作业指导书，包括要使用的记录，以便让全体员工都懂得 ISO 9000，增强质量意识，了解本组织的质量管理体系，理解质量方针和质量目标，尤其是让每个人都认识到自己所从事的工作的相关性和重要性，确保为实现质量目标作出贡献。

（3）执行文件

要求一切按照程序办事，一切按照文件执行，使质量管理体系符合有效性的要求。

3. 检查和改进

质量管理体系实施效果如何，必须通过检查才知道。组织主要通过顾客反馈和内部审核进行检查。

（1）顾客反馈

顾客反馈就是通过调查法、问卷法、投诉法了解顾客对组织的意见，从中发现不符合项。

（2）内部审核

内部审核可以正规、系统、公正、定期地检查出不符合项。体系试运行一段时间后，按照总推行计划的时间安排实施内部审核。审核应全过程、全部门、全场所和班次对质量管理体系进行审核，以验证体系的符合项和有效性。

内审员按照审核实施计划、内审检查表规定的检查内容，通过交谈、查阅文件、现场检查、调查验证等方法收集客观证据并逐项实事求是地记录，记录应清楚、易懂、全面，便于查阅和追溯；应准确、具体，如文件名称、合同号、记录的编号、设备的编号、报告的编号和工作岗位等。审核时，审核员应及时与被审核方沟通和反馈审核中的发现，并对事实证据进行确认。

若在日常检查中发现不符合，顾客反馈中发现不符合，内部审核中发现不符合，均必须立即采取纠正和预防措施。所谓纠正措施就是针对不符合的原因采取的措施，其目的就是为了防止此不符合的再发生。预防措施就是针对潜在的不符合的原因采取的措施，其目的是防止不符合的发生，两者都是经常性的改进。坚持对发现的不符合采取纠正和预防措施，可以达到不断改进质量管理体系的目的。

（3）管理评审

管理评审是重要的改进方式之一。管理评审通过由最高管理者定期召开专门的质量管理体系评审会议来实施。管理评审时，要针对所有已经发现的不符合项进行认真的自我评价，并针对已经评价出的有关质量管理体系的适宜性、充分性和有效性方面的问题分别对质量管理体系的文件进行修改，从而产生一个新的质量管理体系。

4. 保持和持续改进

继续运行新的质量管理体系，就是保持；然后在运行中经常检查新的质量管理体系的不符合项并改进最后通过这一个周期的管理评审，评价新的质量管理体系的适宜性、充分性和有效性，经过改进得到一个更新的质量管理体系，在实施新的质量管理体系过程中，继续进行检查和改进，得到更新的质量管理体系。如此循环运行，不断地进行改进。

第五节　其他食品安全管理体系简介

目前国际上由不同国家地区制定并实施认证的食品安全管理体系还有：ISO 22000 体系标准、食品安全体系认证（FSSC 22000）、食品安全与质量（SQF）认证体系、国际食品标准（IFS）和食品安全全球标准（BRCGS）等，这些标准已被全球食品安全倡议（GFSI）

认可，在全球食品行业或不同地区应用。

一、 ISO 22000 体系标准

在国际标准化组织倡导和推动下，各国和一些组织都根据自身情况制定了类似的食品质量或食品安全管理体系标准。在当今全球化趋势下，食品链不断扩展，全球食品贸易量逐日递增，为保证国际食品贸易的顺利进行，消除技术壁垒，满足各方面的要求，各国政府和食品企业对统一的、国际认可的食品安全管理体系标准的要求极为迫切，为此国际标准化组织在 2005 年以 HACCP 原理为基础，ISO 系列标准通用结构为结构主体，吸收并融合了其他管理体系标准中的有益内容形成了 ISO 22000：2005《食品安全管理体系 食品链中各类组织的要求》，并于 2018 年发布了经完善修订的 ISO 22000：2018。ISO 22000 标准的推广使用可使不同国家企业的不同要求都可以在这个体系中得到统一，促进国际贸易的发展。我国将 ISO 22000 体系转化为国标 GB/T 22000—2006《食品安全管理体系 食品链中各类组织的要求》，作为推荐标准在全国推广。

（一）ISO 22000 的特点

ISO 22000 食品安全管理体系标准的建立，是在 HACCP、GMP（良好操作规范）、GAP（良好农业规范）、GVP（良好兽医规范）、GPP（良好生产规范）、GHP（良好卫生规范）、GTP（良好贸易规范）、GDP（良好分销规范）和 SSOP（卫生标准操作程序）的基础上，同时整合了 ISO 9001 体系的部分要求而形成的，旨在保证整个食品链中不存在薄弱环节从而确保食品供应的安全。

① 适用范围广。适用范围延伸至整个食品链，可以指导食品链中的各类组织，从饲料生产、农产品生产、食品制造、运输和仓储、食品销售至餐饮服务等，还包括与食品关联的生产行业，如设备、包装材料、清洁剂、添加剂和辅料等的企业。所有组织按照最基本的管理要素要求建立以 HACCP 为原理的食品安全管理体系，能确保组织将其终产品交付到食品链的下一环节时，已通过控制将其中确定的危害消除或降低到可接受水平。

② 兼容性强。ISO 22000 采用了 ISO 9001 的通用体系结构（高级结构），内容包含风险分析方法、质量管理的 PDCA（策划、实施、检查、处置）循环原理、HACCP 的七项原理、前提条件为 SSOP 及 GMP，容易与其他管理体系整合。

③ 使用灵活。既可以作为企业内部实施，也可以作为第二方或第三方审核（认证）的标准。

（二）ISO 22000：2018 体系的结构和内容

ISO 22000：2018 体系（以下简称"体系"）采用了 ISO 通用的高级结构（HLS），包括引言和正文，正文部分共设 10 个章节：范围、规范性引用文件、术语和定义、组织环境、领导作用、策划、支持、运行、绩效评价和改进。

1. 引言

引言概括介绍了体系的产生背景、意义、原则、要求、过程方法、与其他体系的关系及应用要求等。

(1) 实施体系的意义

① 帮助企业提高食品安全质量，以满足法律法规和消费者的要求。

② 提高企业应对与目标相关风险的能力。

(2) 体系的原则

ISO 2200：2018 体系的原则即为 ISO 管理体系的通用原则：以顾客为关注焦点；领导作用；全员参与；过程方法；改进；循证决策；关系管理。

(3) 体系的关键要素

① 相互沟通。相互沟通是 ISO 22000 体系有效运行的根基。沟通包括企业外部沟通和内部沟通。外部沟通包括与食品链中的上游和下游的组织，与顾客、食品安全监管部门等相关组织进行沟通，了解可能的危害因素、顾客的需求、法律法规的要求等；内部沟通内容包括食品质量方针、职责和权限、操作规程、危害识别、人员培训等。

② 体系管理。将组织中与目标相关的过程、因素及相互作用作为系统，按照企业的目标要求形成一整套控制管理制度或规范，即"企业安全管理基本法"，通过按"法"执行使企业有效实现目标。ISO 22000 就是行之有效的食品安全管理体系，其重点是关注食品安全管理的各过程。

③ 前提方案。在整个食品链中为保持卫生环境所必需的基本条件和活动，以适合生产、处理、提供安全终产品和人类消费的安全食品。前提方案是食品生产的前提条件，是基础要求，通过前提方案的建立、实施、保持能够控制食品安全危害通过工作环境进入产品的风险；控制产品的生物、化学和物理污染，包括产品之间的交叉污染；控制产品和产品加工环境的食品安全危害水平。

④ HACCP 原理。HACCP 的 7 项原理是整个 ISO 22000 体系的核心。

2. 正文

(1) 范围

明确该标准适用于食品链中各种规模和复杂程度的所有组织，阐述了标准的要求和目的。

(2) 规范性引用文件

说明 ISO 22000 体系采用 ISO 高级结构，明确基础和术语与 ISO 9000 的兼容性。

(3) 术语与定义

列出该标准体系中涉及的 45 个术语，并给出了明确的解释和定义。

(4) 组织的环境

内容包括：①理解组织及其环境；②理解相关方的需求和需要；③确定食品安全管理体系的范围；④食品安全管理体系。

要求对建立食品安全管理体系组织的内、外环境因素和需求进行识别、评审和更新并提出具体方法，根据需要确定体系的范围，以此建立食品安全管理体系。

(5) 领导作用

内容包括：①领导作用和承诺；②食品安全方针；③组织的岗位、职责和权限。

对最高管理者职责提出要求，要求最高管理者对体系建立、实施和改进作出承诺；制定食品安全方针；设置相关岗位并落实职责和权限；对体系策划、沟通作出安排；提供应急准备和响应所需的资源和程序；定期对体系进行管理评审。

(6) 策划

内容包括：①应对风险和机遇的措施；②食品安全管理体系目标及其实现的策划；③变

更的策划。

要求体系能有效识别风险和机遇并结合管理目标提出应对策略，以及保障实施这些措施的有效性。

(7) 支持

内容包括：①资源；②能力；③意识；④沟通；⑤成文信息。

要求组织提供建立、实施和保持体系所需要的资源，包括具备能力和意识的人力资源；达到前提方案要求的基础设施，包括生产设施、环境、设备、布局、能源等条件；生产安全食品所需要的卫生环境、工艺环境、人文环境等工作环境。强调过程中互相沟通的重要性及沟通范围、内容和方法。规定了食品安全管理体系应制定的文件和要求。

(8) 运行

内容包括：①运行的策划和控制；②前提方案；③可追溯系统；④应急准备和响应；⑤危害控制；⑥规定前提方案和危害控制计划的更新；⑦监视和测量控制；⑧验证相关前提方案和危害控制计划；⑨产品和过程不合格的控制。

这一部分是建立和实施体系的核心内容，介绍组织如何策划、实施、控制、维护、更新各个过程管理，通过每个过程控制最终实现组织目标。

(9) 绩效评价

内容包括：①监视、测量、分析和评价；②内部审核；③管理评审。

体系要求在运行过程中对整个体系和各个管理过程进行检查，评价体系的有效性，寻求可改进的地方。

(10) 改进

内容包括：①不合格和纠正措施；②持续改进；③食品安全管理体系的更新。

此处的"改进"是针对整个系统提出的要求，改进包括纠错、完善和更新。任何一个管理系统都有必要进行持续改进，所谓"没有最好，只有更好"。

二、食品安全体系认证（FSSC 22000）体系

食品安全体系认证（Food Safety System Certification 22000，FSSC 22000）标准由荷兰的基金会为食品安全认证而制定，并获欧盟食品及饮料产业联盟的支持。该体系整合了 ISO 22000 食品安全标准及食品安全公共可用规范（PAS），以及额外要求（法律法规、组织内部人员等）的认证方案。FSSC 22000 已获全球食品安全倡议（GFSI）组织的认可并鼓励大力推广实施，在国际上受到广泛认可，故被用于对整个供应链的食品安全进行审核与认证。

与 ISO 22000 体系针对整个食品链比较，FSSC 22000 体系主要针对食品链的生产、制造环节，为食品生产制造企业提供全球认可的标准，证明这些企业已建立全面的管理体系，并能充分满足顾客及行业法规在食品安全方面的要求。

已通过 ISO 22000 标准认证的制造商，只需要通过 ISO 22000 认证的复核及 PAS 的一项补充审查，就可以获得 FSSC 22000 认证通过。

企业实施 FSSC 22000 的意义：①通过在必要时加入特定的附加要求，协调国内外整个食品行业标准的不统一；②由于被 GFSI 认证，对于食品原辅料生产企业的贸易带来极大便利；③有助于在全球范围内降低供应链的采购成本并提升一致性，同时提高最终用户对第三

方认证的信心，并提供更多的灵活性及选择性。

应用范围：适用 FSSC 22000 体系的企业覆盖食品链各个行业类别：①易腐动物型产品，如畜肉、禽肉、蛋类、奶制品及鱼类产品；②易腐植物型产品，如新鲜水果、鲜榨果汁、蜜饯、新鲜或腌制的蔬菜等；③在室温下有较长保质期的产品，如罐头、饼干、油、饮用水、饮料、酱料、面粉、糖、盐等；④食品加工的生物、化学产品，如维生素、食品添加剂等；⑤食品包装材料的生产。

三、食品安全与质量（SQF）认证体系

食品安全与质量（safety quality food，SQF）认证体系，主要针对食品供应链，是建立在 HACCP 以及 ISO 9001 基础之上的一种新型整合型质量与安全管理体系。它源自澳大利亚农业委员会为食品链相关企业制定的食品安全与质量保证体系标准，已获得美国食品零售业公会（FMI）机构和全球食品安全倡议（GFSI）的认可，其管理机构在美国，是美国、加拿大、中南美洲、澳洲及日本市场首选的零售商与品牌首选的食品安全认证标准。

SQF 适用范围：初级生产、食品制造、仓储配送、食品包装制造、零售等。

SQF 实施特点：①对于食品供应链的每一个环节，都提供了适用的系统规范与认证标准。②通过 SQF 标准认证后，认证机构可授予认证场所使用 SQF 质量盾标志，可用在该认证场所生产的商品或产品的渠道零售包装上，展现其对市场与消费者的食品安全质量的承诺，提高企业品牌的公信力和知名度。SQF 质量盾标志也可用于销售文件、广宣品、企业内部文件、培训资料等。③SQF 认证证书在全球尤其是美国、澳洲市场拥有较高的客户认可程度，企业取得 SQF 认证，可提高企业在当地市场知名度和占有率。

四、国际食品标准（IFS）

国际食品标准（International Food Standard，IFS）是由 HDE（德国零售商联盟）和 FCD（法国零售商和批发商联盟）共同制订的食品供应商质量体系审核标准。IFS 的目的是创建一个能对整个食品供应链的供应商进行审核的统一标准。这个标准有统一的方法、统一的审核程序和为多方所认可。

特点：针对食品零售行业的食品安全管理体系，其原理是将 GAP、GMP、GSP 与 HACCP 系统融合。

IFS 也是获得国际食品零售商联合会和全球食品安全倡议（GFSI）认可的质量体系标准之一。这套标准包含了对食品供应的品质与安全卫生保证能力的考核要求，得到了欧洲尤其是德国和法国食品零售商的广泛认可。

五、食品安全全球标准（BRCGS）

英国零售商协会（British Retail Consortium，BRC）应行业发展需要，在 1998 年制定并发布了 BRC 食品技术标准（BRC Food Technical Standard），用以对零售商自有品牌食品

的制造商进行评估。2016 年英国政府检测标准集团（Laboratory of the Government Chemist，LGC）收购 BRC 全球标准业务部，BRC 含义变更为 Brand Reputation through Compliance（品牌和声誉来自合规），2019 年 BRC 网站正式发布声明使用 BRCGS（BRC Global Standard）替换原来的 BRC 标志。食品安全全球标准已获得全球食品安全倡议（GFSI）认可。

BRCGS 认证对象及范围：BRCGS 认证标准适用于食品链中各种规模和复杂程度的所有组织，包括食品加工、饲料生产、食品添加剂、食品包装和包装材料的生产、零售、批发、运输和贮存及分销服务的组织。

标准内容包括 HACCP 系统、质量管理体系、工厂环境标准、产品控制、流程控制、人员等。

【本章小结】>>>

良好操作规范（GMP）是通过对生产过程中的各个环节、各个方面提出一系列措施、方法、具体的技术要求和质量监控措施而形成的质量保证体系。GMP 的特点是将保证产品质量的重点放在成品出厂前整个生产过程的各个环节上，而不仅仅是着眼于最终产品，其目的是从全过程入手，从根本上保证食品质量。

食品 GMP 要求食品生产企业应具有良好的生产设备、合理的生产过程、完善的卫生与质量管理制度和严格的检测系统，以确保食品的安全性和质量符合标准。它从硬件和软件两部分对食品企业提出要求，硬件是食品企业的环境、厂房、设备、卫生设施等方面的要求，软件是指食品生产工艺、生产行为、人员要求以及管理制度等。

食品 GMP 基本上涉及的是与食品卫生质量有关的硬件设施的维护和人员卫生管理，是控制食品安全的第一步，着重强调食品在生产和储运过程中对微生物、化学性和物理性污染的控制。

GMP 的重点是：确认食品生产过程安全性；防止物理、化学、生物性危害污染食品；实施双重检验制度；针对标签的管理、生产记录、报告的存档建立和实施完整的管理制度。

卫生标准操作程序（SSOP）是食品企业为了满足食品安全的要求，消除与卫生有关的危害而制定的关于环境卫生和加工过程中如何实施清洗、消毒和卫生保持的操作规范。它是 GMP 中最关键的卫生条件，同时也是实施危害分析与关键控制点体系的基础。食品企业的 SSOP 一般包括八个方面的卫生控制操作程序。

危险分析与关键控制点（HACCP）是一个以预防食品安全为基础的食品安全生产、质量控制的保证体系。由食品的危害分析和关键控制点两部分组成。HACCP 是一个具有逻辑性的控制和评价系统，与其他质量体系相比，具有简便易行、合理高效的特点。

HACCP 由危害分析、确定关键控制点、建立关键限值、关键控制点的监控、建立纠偏措施、记录保持程序、验证程序七个基本原理组成。实施 HACCP 的企业必须具备一定的条件，需成立 HACCP 工作小组，按照一定的程序和方法制定 HACCP 计划，并组织实施。

ISO 9000 系列标准是 ISO 所制定的关于质量管理和质量保证的一系列国际标准。ISO 9000 族标准主要针对质量管理，同时涵盖了部分行政管理和财务管理的范畴，是针对企业的组织管理结构、人员和技术能力、各项规章制度和技术文件、内部监督机制等一系列体现企业保证产品及服务质量的管理措施的标准。ISO 9000 系列中规定的要求是通用的，适用于所有行业或经济领域，无论其提供何种产品。

ISO 9000 系列标准主要从机构、程序、过程和总结四个方面对质量进行规范管理。

ISO 9000 体系的建立和运行都要经过一定的程序和步骤，需要全体员工的共同努力才能有效实施。

ISO 22000 体系标准和被全球食品安全倡议（GFSI）认可的食品安全体系认证（FSSC 22000）、食品安全与质量（SQF）认证体系、国际食品标准（IFS）和食品安全全球标准（BRCGS）等都是以 ISO 9000 为主体构架，整合 HACCP 原理，加上卫生操作规范等前提条件制定的，适用于不同食品链的环节、不同地区。

 【复习思考题】>>>

一、填空题

1. ISO 9000 系列标准分为以下几类：_____、_____、_____、_____、_____。

2. GMP 内容的基本要素包含_____、_____、_____、_____、_____五个方面。

3. 食品生产过程的良好操作规范，其中食品加工过程中常见的污染来源有_____、_____、_____、_____。

4. SSOP 内容中造成食品交叉污染的来源有：_____、_____、_____、_____、_____。

5. HACCP 体系的建立始于_____年。

6. HACCP 的七个基本原理是_____、_____、_____、_____、_____、_____、_____。

二、名词解释

良好操作规范（GMP）、卫生标准操作程序（SSOP）、危害分析与关键控制点（HACCP）、交叉污染、关键控制点。

三、简答题

1. HACCP 的实施程序包括哪些？

2. 简述 ISO 9000 系列标准的构成。

3. 简述实施食品 GMP 的意义。

4. 企业编制自己的 SSOP 文本应包括哪些内容？

5. 在我国实施 HACCP 有何意义？

6. 简述 GMP、SSOP、HACCP 之间的关系。

7. 被全球食品安全倡议（GFSI）认可的食品安全管理体系主要有哪些？

第七章

加工食品的质量安全控制

【学习目标】 >>>

1. 掌握影响各类加工食品安全质量的因素。
2. 掌握在各类加工食品生产过程中卫生质量管理的具体途径和方法。
3. 了解各类食品加工工艺过程和卫生质量要求。

食品质量安全受多种因素影响，工厂的选址、厂房的布局、车间的结构设施、机器设备的位置、工艺流程的制定、原料的采购、各加工环节的操作等，最终都会影响到产品的质量。在实际生产中，由于各类食品原料的来源及性质不同，食品加工工艺不同，因此影响食品质量的因素及控制措施也不尽相同。

第一节 肉及肉制品的质量安全控制

肉是指各种家禽、家畜在屠宰后，去除毛或皮、头、蹄、尾及内脏所得的胴体，或者是分割肉，统称为原料肉，将原料肉进行进一步加工而成的食品即为肉制品。

一、影响肉及肉制品质量安全的主要因素

影响肉及肉制品质量的因素包括有害物质的污染及操作不当引起的质量问题。有害物质主要分为生物性（主要是微生物和寄生虫）、化学性（主要是农药、兽药、重金属等）、物理性（固体杂质等）三类。

1. 肉及肉制品中有害物质的来源

(1) 微生物

畜禽肉中微生物的来源包括宰前和宰后。

① 屠宰前的微生物来源。健康的畜禽具有健全而完整的免疫系统，能有效地防御和阻止微生物的侵入和在肌肉组织内的生长和扩散，正常机体组织和器官内部（包括肌肉、脂

肪、心、肝、肾等）一般是无菌的。但是一些患病畜禽的组织和器官内往往有微生物存在，这些微生物有的是人畜共患病（如炭疽、SARS、疯牛病、禽流感等）的病原微生物，如果控制不当会给人类带来很大危险；有的不能感染人类，但可影响肉的品质。带病胴体更易使污染的微生物生长而导致鲜肉腐败。

② 屠宰后微生物的污染。畜禽皮肤、被毛、消化道、上呼吸道等器官在正常情况下都有微生物存在，当被毛和皮肤污染了粪便，微生物的数量会更多。因此，如果屠宰过程操作不当，会造成微生物的广泛污染。例如，使用不洁的刀具放血，可将微生物引入血液，并随着血液短暂的微循环扩散至胴体的各部位。在屠宰、分割、加工、贮存和肉的配销过程中的各个环节，微生物的污染都可能发生。被微生物二次污染的肉如果处理不当，就会发生肉的腐败变质。

(2) 寄生虫

畜禽在饲养过程中可能感染寄生虫，如囊尾蚴、绦虫、旋毛虫等，有的寄生虫或其幼虫能够感染人体。

(3) 重金属、农药、兽药残留

畜禽处在食物链的上端，环境中的有毒有害物质通过空气、饮用水、饲料等进入畜禽体内，并能在体内蓄积。另外，在饲养时滥用兽药，也会造成药物在畜禽体内蓄积。例如，有机磷、有机砷、抗生素、"瘦肉精"等近年来成为影响肉品质量的重要因素。

2. 生产加工操作不当引起的质量问题

动物在恶劣环境下饲养或喂养不当，或长途运输后未充分休息，或屠宰时受到过度的刺激，体内会发生异常代谢，导致宰后出现品质不良的肉品。例如，猪肉的颜色苍白、质地松软且有汁水溢出，称为 PSE 肉。

在肉制品加工过程中由于食品添加剂使用不当，造成肉制品中添加剂含量超标。

二、动物屠宰加工中的卫生质量控制

1. 对屠宰场厂房及设施的要求及卫生管理

(1) 厂房及设施的要求

① 场址选择条件。屠宰场应距离交通要道、公共场所、居民区、学校、医院、水源500m 以上，位于居民区主要季风的下风处和水源的下游，地势较平坦，且具有一定的坡度。地下水位应低于地面 0.5m 以下。

② 建筑布局和卫生设施。总体设计必须遵循病、健隔离，原料、产品、副产品、废物的转运互不交叉的原则。整个建筑群需划分为连贯又分离的三个区：宰前管理区、屠宰加工区、病畜禽隔离管理区。各区之间应有明确的分区标志，并用围墙隔开，设专门通道相连。

屠宰场应具备如下一些卫生设施：废物临时存放设施、废水废气（汽）处理系统、更衣室、淋浴室、厕所、非手动洗手设施、器具设备的清洗消毒设施。活畜禽进口处及病畜隔离间、急宰间、化制间的门口必须设有消毒池。

③ 宰前管理区。宰前管理区应设动物饲养圈，待宰圈和兽医工作室。地面必须坚硬、不透水，并具备适当的排水、排污系统。饲养圈配备饮水喂料和消毒设备，待宰圈备有宰前

淋浴设备。

④ 屠宰加工区。屠宰间厂房建设卫生要求：厂房与设施必须结构合理、便于清洗与消毒，设有防烟雾、灰尘，防蚊蝇、鼠及其他害虫的设施；厂房地面、墙壁应防水、防滑、不吸潮、可冲洗、耐腐蚀，坡度为 0.01～0.02，有排水系统，排水口需设网罩；墙面贴瓷砖并使顶角、墙角、地角呈弧形，便于清洗；天花板应表面光滑，不易脱落，防止污物积聚；厂房门窗应装配严密，安装纱门、纱窗，或压缩空气幕，内窗下斜 45°或采取无窗台结构；有完善的下水道系统，排出的污水必须经过净化和无害化处理，达到国家规定标准。

屠宰车间必须有兽医卫生检验设施，包括同步检验、对号检验、旋毛虫检验、内脏检验、化验室等。

通风要求：水蒸气或大量散热的部位，应装设排风罩或通风孔。空气交换每小时 1～3 次，交换的次数根据悬挂的新鲜肉数量和内部温度而定。

照明：车间内应有充足的自然光线和人工照明。照明灯具的光泽不应改变加工物体的本色，亮度应能满足兽医检验人员和生产操作人员的工作需要。吊挂在肉品上方的灯具，必须装有安全防护罩。

生产供水系统：应有充足的冷热水，水质应符合现行《生活饮用水卫生标准》的规定，每个加工点应设有冷热水龙头和蓄水池，蓄水池应定期清洗、消毒。制气、制冷、消防用水应使用独立管道系统，不得与生产用水交叉连接。

生产设备和用具，包括运输工具、工作台、挂钩、容器器具等，应采用无毒、无味、不吸水、耐腐蚀，能反复清洗、消毒的材料制成；其表面应平滑、无凹坑和裂缝；设备及其组成部件应易于拆洗。

⑤ 病畜隔离管理区要设置病畜舍、急宰间、化制间等特殊设施，其卫生要求与屠宰加工区相同。污水、废物要首先进行无害化处理。

(2) 车间卫生管理

① 建立健全卫生管理规章制度。例如：生产车间、工具、设备及附属设施的定期清洁、消毒制度；废物定期处理、消毒制度；定期除虫、灭鼠制度；危险物品保存和管理制度等。

② 个人卫生要求。执行定期体检制度，只有取得健康合格证方可上岗工作。养成良好个人卫生习惯，勤洗澡、勤换衣、勤理发，不留长指甲。

2. 屠宰过程操作卫生要求

屠宰工艺流程如图 7-1。

候宰 → 送宰 → 电麻 → 放血 → 剥皮或浸烫褪毛 → 去头 → 开膛 → 去内脏 → 劈半 → 胴体修整 → 待检入库

图 7-1　屠宰工艺流程

(1) 宰前卫生要求

① 宰前检验及候宰。经宰前检疫后，停食静养 12～24h，充分饮水，至送宰前 3h 停止饮水。

② 对待宰家畜进行喷淋洗涤，使其体表不得有灰尘、粪便等。

③ 送宰家畜至屠宰间时，应将家畜依次赶送，不得过分刺激。

(2) 屠宰操作要求

① 电麻。正确设定电流强度，使家畜进入昏迷状态即可，不能致死或昏迷程度不够，

禁止锤击。

② 刺杀放血。畜、禽击晕后应快速放血，放尽血液是保证肉及肉制品质量的关键。采用切颈（切断三管）倒挂放血，放血时间不得少于 5min。放血刀消毒后轮换使用。

③ 剥皮或浸烫褪毛。剥皮方法通常有倒悬剥皮和横卧剥皮两种。无论采用哪一种剥皮方法，必须首先注意不允许划破皮层及胴体表面，更不允许皮上带有肌肉、脂肪的碎块。不要使皮毛上所带的污物污染胴体。

浸烫时注意控制水温和浸烫时间，定期更换汤池水，胴体降温或洗涤应使用清洁冷水喷淋的方法。

④ 开膛净膛。褪毛或剥皮后立即进行开膛，摘取内脏。操作时注意不得划破胃肠、膀胱、胆囊等脏器，摘取的内脏不得掉落地上，并与胴体同步编号后进行卫生检疫。

⑤ 胴体的修整。修整的目的是从胴体上除去能够使微生物繁殖的任何伤口和瘀血及污秽等，同时使外观整洁，提高商品的价值。修整后应立即用冷水或温水（25～38℃）冲洗。不可用拭布擦拭，以免增加微生物的污染，加速肉的变质。

3. 屠宰检疫要求

(1) 宰前检验

动物在屠宰前要对其进行宰前检验，以判定动物是否健康和适合人类食用。宰前检验通常包括养殖场检验、入场检验和送宰检验。

① 养殖场检查。按照可追溯性原则，畜禽应实行持证养殖和产地检疫检测，在养殖过程中兽医要对畜禽健康状况、发生疫病及控制情况等进行检查记录，另外还要定期对"瘦肉精"、生长激素、抗生素等进行残留检验。经检验合格并出具检疫合格证的畜禽才能上市。

② 入场检验。畜禽运至屠宰厂后，由兽医检验人员进行操作。包括索阅检疫证件，核对牲畜数量，了解途中病亡情况。经预检后的牲畜在饲养场休息 24h 后，进行送宰检验。

③ 送宰检验。由兽医对畜禽进行健康状况检查。经检查如发现一些恶性传染病时，要采取紧急防疫措施，立即向当地农牧主管部门报告疫情，按相关法令进行无害化处理。工厂经农牧主管部门检查合格后，方可恢复生产。如患有非传染性疾病的家畜，除患病畜送急宰间急宰外，其他同群畜正常送宰。

宰前检查结果及处理过程均需做详细记录并归案。

(2) 宰后检验

在畜禽屠宰以后，要对其头、胴体、内脏和动物其他部分进行检验，以判定动物是否健康和适合人类食用。宰后检验主要以感官检验为主，常用的方法有视检、剖检、触检和嗅检。必要时进行细菌学、血清学、病理学等检验。检验合格后需盖上兽医检验合格章。

① 头部检验。除检验口腔及咽喉黏膜外，牛应检查唇、齿龈和舌面，猪需在放血后入池前检验颌下淋巴结。

② 皮肤检验。主要检验是否有猪瘟和猪丹毒等病。

③ 内脏检验。检验心脏是否有传染性的出血现象，心肌是否有囊尾蚴；肝脏是否硬化及有寄生的肝蛭；脾脏是否肿胀，弹性如何；观察肾脏的色泽、大小并触摸弹性是否正常；观察胃肠浆膜；触检并切开检查乳房，观察乳房淋巴结有无病变；必要时检查子宫、睾丸、膀胱等。

④ 肉尸检验。首先判定其放血程度，然后仔细检查皮肤、皮下组织、肌肉、脂肪、胸腹膜、骨骼，注意可能的各种变化（出血、皮下和肌肉水肿、肿瘤、外伤、肌肉色泽异常、四肢病变等）。剖开咬肌，检查有无囊尾蚴。猪要剖检腹股沟浅淋巴结，必要时剖检腘淋巴结及深颈淋巴结。牛、羊要剖检股前淋巴结、肩前淋巴结，必要时剖检腰下淋巴结。

⑤ 寄生虫检验。检验内脏时，割取左右横膈膜肌脚两块，每块约 10g，按胴体编号，进行旋毛虫检验。囊尾蚴主要检查猪咬肌、深腰肌、膈肌和心肌、肩胛外侧肌和股部内侧肌；牛为咬肌、舌肌、深腰肌和膈肌；羊为膈肌、心肌。住肉孢子虫，猪镜检横膈膜肌脚；黄牛仔细检验腰肌、腹斜肌及其他肌肉；水牛检验食道、腹斜肌及其他肌肉。

(3) 鲜肉的卫生指标

① 感官指标。鲜肉被微生物污染发生腐败变质时，会产生腐臭、异色、黏液、组织结构崩解等现象，正常鲜肉感官要求（GB 2707—2016《食品安全国家标准 解（冻）畜、禽产品》）见表 7-1；鲜、冻片猪肉的感官要求（GB/T 9959.1—2019）见表 7-2。

表 7-1 鲜肉感官要求

项目	要求	检验方法
色泽	具有产品应有的色泽	取适量试样置于洁净的白色盘(瓷盘或同类容器)中，在自然光下观察色泽和状态，闻其气味
气味	具有产品应有的气味，无异味	
状态	具有产品应有的状态，无正常视力可见外来异物	

表 7-2 鲜、冻片猪肉感官指标

指标等级	鲜片猪肉	冻片猪肉（解冻后）
色泽	肌肉色泽鲜红或深红、有光泽；脂肪呈乳白色或粉白色	肌肉有光泽，色鲜红；脂肪呈乳白色，无霉点
弹性(组织状态)	指压后凹陷立即恢复	肉质紧密，有坚实感
黏度	外表微干或微湿润，不粘手	外表及切面湿润，不粘手
气味	具有鲜猪肉正常气味；煮沸后肉汤透明澄清、脂肪团聚于液面，具有香味	具有冻猪肉正常气味；煮沸后肉汤透明澄清、脂肪团聚于液面，无异味

② 理化指标。鲜肉发生腐败变质时，蛋白质会逐渐分解，随腐败程度的不同其分解产物的种类和含量也不同。因此，对蛋白质分解产物进行测定即可判断肉的新鲜度。作为鲜肉卫生指标的有总挥发性盐基氮（挥发性的氨和胺类物质），合格鲜肉挥发性盐基氮（mg/100g）≤15。

③ 内脏等污染物限量、农药残留限量、兽药残留限量要符合食品相关国家标准。

(4) 鲜肉的卫生标记

经检疫检验后的鲜肉（片猪肉）须加盖检验合格印章和检疫验讫印章，其字迹应该清晰整齐。

三、熟肉制品加工的卫生质量控制

熟肉制品指以猪、牛、羊、鸡、兔、狗等畜、禽肉为主要原料，经酱、卤、熏、烤、腌、蒸、煮等任何一种或多种加工方法而制成的直接可食的肉类加工制品。

熟肉制品的品种较多，从工艺上可分为高温加热处理和低温加热处理两大类。其中低温加热处理的产品工艺要求高，质量不易控制。下面以低温三文治火腿加工工艺为例，介绍熟肉制品加工卫生要求和质量控制。

（1）**工艺操作要求**

原料肉验收：对每批原料肉依照原料验收标准验收合格后方可接收。

原料肉的贮存：经过冷冻后的肉品放置在温度－18℃以下、具轻微空气流动的冷藏间内。应保持库温的稳定，库温波动不超过1℃。

冷冻肉的解冻：采取自然解冻，解冻室温度为12～20℃，相对湿度为50％～60％。加速解冻时温度控制在20～25℃，解冻时间为10～15h。

原料肉的修整：控制修整时间，修整后如果不立即使用应及时转入0～4℃的暂存间。

腌制、绞制：腌制温度0～4℃，肉温应不超过7℃，腌制18～24h。控制绞制前肉温，绞制后肉馅温度不宜超过10℃。

混合各种原料成分：按工艺要求，混合均匀。

灌装、成型：控制灌装车间温度为18～20℃。三文治火腿灌装后立即装入定型的模具中，模具应符合食品用容器卫生要求。烤肠灌装后立即结扎。

热加工处理：按规定数量将三文治火腿装入热加工炉进行蒸煮，控制产品蒸煮的温度、时间及控制产品的中心温度。

冷却：控制冷却水温度、冷却时间、产品中心温度。

贴标、装箱储藏：控制包装车间温度≤20℃。贴标前除去肠体上的污物。

运输：装货物前对车厢清洗、消毒，车厢内无不相关物品存在，在0～8℃条件下冷藏运输和销售。

（2）**质量控制**

① 原料、辅料的卫生要求。用于加工肉制品的原料肉，须经兽医检验合格，符合国家有关标准的规定；原料、辅料在接收或正式入库前必须经过卫生、质量的检验，对产品生产日期、来源、卫生和品质、卫生检验结果等项目进行登记验收后，方可入库。未经卫生行政部门许可不得使用条件可食肉进行熟肉制品加工；食品添加剂应按照国家标准规定的品种和限量范围内使用，禁止超范围、超标准使用食品添加剂；加工用水的水源要求安全卫生。使用城市公共用水，水质应符合国家饮用水标准。使用自备水源，在投产前应对水源和水质进行评估，确保不存在对水源造成污染的因素，保证所采取的清洗消毒措施使水质符合饮用水标准。

② 原料贮存要求。原料的入库和使用应本着先进先出的原则，储藏过程中随时检查，防止风干、氧化、变质。肉品在贮存过程中，应采取保质措施，并切实做好质量检查与质量预报工作，及时处理有变质征兆的产品。用于原料贮存的冷库、常温库应经常保持清洁、卫生。肉品贮存应按入库的先后批次、生产日期分别存放，并做到包装物品与非包装物品分开，原料肉与杂物分开。清库时应做好清洁和消毒工作，但不得使用农药或其他有毒物质杀虫、消毒。冻肉、禽类原料应储藏在－18℃以下的冷冻间内，同一库内不得储藏相互影响风味的原料。冻肉、禽类原料在冷库贮存时在垫板上分类堆放并与墙壁、顶棚、排管有一定间距。鲜肉应吊挂在通风良好、无污染源、室温0～4℃的专用库内。

③ 加工要求和质量控制。工厂应根据产品特点制定配方、工艺规程、岗位和设备操作责任制以及卫生消毒制度。严格控制可能造成污染的环节和因素。应确定加工过程中各环节的温度和加工时间，缩短不必要的肉品滞留时间。加工过程中应严格按各岗位工艺规程进行

操作，各工序加工好的半成品要及时转移，防止不合格品的堆叠和污染。各工序所使用的工具、容器不应给所加工的食品带来污染。各工序的设计应遵循防止微生物大量生长繁殖的原则，保证冷藏食品的中心温度在 0～7℃、冷冻食品在 -18℃ 以下、杀菌温度达到中心温度 70℃ 以上、保温贮存肉品中心温度保持 60℃ 以上、肉品腌制间的室温控制在 2～4℃。加工人员应具备卫生操作的习惯，规范、有序地进行加工、操作，随时清理自身岗位及其周围的污染物和废物。在加工过程中，不得使原料、半成品、成品直接接触地面和相互混杂，也不得有其他对产品造成污染或对产品产生不良影响的行为。食品添加剂的使用应保证分布均匀，并制定保证腌制、搅拌效果的控制措施。加工好的肉制品应摊开凉透，不得堆积，并尽量缩短存放时间。各种熟肉产品的加工均不得在露天进行。

④ 包装要求。包装熟肉制品前应对操作间进行清洁、消毒处理，对人员卫生、设备运转情况进行检查。各种包装材料应符合国家卫生标准和卫生管理办法的规定。

⑤ 储藏要求。无外包装的熟肉制品限时存放在专用成品库中。如需冷藏贮存则应包装严密，不得与生肉、半成品混放。

⑥ 运输要求。运送熟肉制品应采用加盖的专用容器，并使用专用防尘冷藏或保温车运输。所有运输车辆和容器在使用后都应进行清洗、消毒处理。

四、肉类罐头加工的卫生质量控制

(1) 工艺流程

根据原料的不同，肉类罐头可分为纯肉罐头、肉制品罐头、内脏罐头、肉菜罐头、禽肉罐头等，主要工艺流程如下。

① 原料的预处理。原料肉有鲜肉和冻肉两种，分别需要经过成熟处理和解冻方能加工使用。经过成熟和解冻的原料肉需进行洗涤、修割、剔骨、去皮、去肥膘及整理等预处理。

② 预煮和油炸。预煮时间一般为 30～60min，加水量以淹没肉块为准，一般为肉重的1.5 倍。预煮后，即可油炸，油炸温度 160～180℃，时间 1～5min。

③ 装罐。趁热装罐，装罐时需留一定的顶隙。

④ 排气和密封。密封前要尽可能将罐头顶隙由装罐时带入的空气和原料组织细胞内的空气排除。密封要求严密。

⑤ 杀菌。杀死食品中的致病菌、产毒菌、腐败菌，并破坏食品中的酶。

⑥ 冷却。冷却水应达到饮用水标准，冷却必须充分。

⑦ 检验。按照标准对罐头产品进行随机抽样，分别进行内容物检验、空罐检验和商业无菌检验，经检验合格后才能出厂销售。

(2) 质量控制

① 原料要求。用于加工罐头的原料肉应新鲜清洁，在加工时应清洗、修割干净，严禁使用次鲜或变质肉。加工罐头所使用的食品添加剂应符合现行《食品安全国家标准　食品添加剂使用标准》，加工用水必须符合现行《生活饮用水卫生标准》。

② 控制微生物污染。杀菌、排气和密封操作环节是控制微生物的关键控制点，必须严格按照操作规程进行。另外，在前道的预处理等环节，也要注意控制微生物的污染。

③ 防止重金属污染。罐头食品加工过程中，接触各种金属加工机械、管道，罐头包装

容器多使用马口铁（镀锡铁）罐，较易造成成品中锡、铜、铅等金属的污染。

要求罐头容器所使用的材料必须是化学性质比较稳定、不与食品起任何化学反应、不使食品感官性质发生改变，并不得含有对人体有害的物质。如果用马口铁罐包装，马口铁中的镀锡应为"九九锡"，以控制铅的污染。镀锡应均匀完整，焊接处的焊锡不能与食物直接接触。

④ 防止爆节和物理性胀罐

a. 防止罐头爆节。畜禽肉带骨装罐时，骨内（特别是关节部分）含有大量空气。当排气不够充分、冷却操作不当，罐身接缝处常会爆裂，这种现象称为爆节。因此畜禽切块时，最好折断关节部分，以使空气逸出。带骨的畜禽罐头封口时采用排气封口的方法，在充分排气以后及时密封。冷却降温时外压要逐步降低，避免外压降低过快造成爆节。合理选用生产空罐的马口铁厚度。生产空罐时在接缝处采用压筋以增强接缝强度。

b. 防止物理性胀罐。罐头食品装得过多，顶隙小或几乎没有，罐头本身排气不良，真空度较低等因素，都有可能造成罐头在杀菌、运输和销售过程中内容物膨胀而胀罐，这种现象称之为物理性胀罐，也称"假胖听"。装罐时应注意罐头顶隙度的大小是否合适，空罐容积是否符合规定。对带骨和生装的产品应注意测定罐内压力，以确定杀菌后冷却时反压的大小。预煮加热时间要控制得当，块形大小要尽可能一致。提高排气时罐内的中心温度，排气后应立即密封。在使用真空封罐机时，可以适当提高真空室的真空度。罐盖打字可采取反字办法，以免造成感觉上的物理性胀罐。根据不同产品的要求，选用合适厚度和调制度的镀锡薄钢板。

五、腌腊肉制品的质量控制

腌腊肉制品是人们喜爱的肉制品。腌腊肉制品分为咸肉类，如咸猪肉、咸水鸭等；腊肉类，如腊肉、腊猪头等；酱肉类，如酱鸭等；风干肉类，如风干猪肉、风干牛肉；中式火腿，如金华火腿等。下面以腊肉为例进行简单介绍。

(1) 工艺特点

腊肉制品是以鲜、冻肉为主要原料，经过选料修整，配以各种调味料，经过腌制、晾晒或烘焙等方法加工而成的产品，食用前一般需加热熟化。腊肉有带骨腊肉和去骨腊肉两种，它的特点是皮色金黄、肥肉似腊、瘦肉橙红、咸淡适宜、风味独特。腊肉的加工工艺流程如下。

① 修肉条。生产带骨腊肉时，将卫生合格、表皮干净的猪肉按质量 $0.8\sim1kg$、厚度为 $4\sim5cm$ 标准分切成带皮、带肋骨的条形肉。生产去骨腊肉时应剔除脊椎骨和肋骨，切成的肉条为长 $33\sim35cm$、厚度为 $3\sim3.5cm$、宽 $5\sim6cm$、重约 $0.5kg$ 的带皮无骨条形肉。

② 腌制。腌制所用的调料主要有食盐、硝石、花椒、白糖、白酒、酱油等。气温高时，调料用量多些，气温低时，调料用量少些。腌制有干腌、湿腌及混合腌制三种方法。干腌是将干腌调料往肉条上充分擦抹，然后放入缸或池中腌制，3d 后进行转缸，再腌制 $3\sim4d$ 即完成。湿腌主要是用于去骨腊肉，将肉条浸入腌制液中，腌制 $15\sim18h$，并翻缸 2 次。混合腌制是将肉条先干腌再湿腌的方法，混合腌制时，应控制食盐含量不超过 6%，其他食品添加剂的使用符合国家相关标准，严格控制腌制温度、时间等工艺条件。

③ 洗肉坯。对于带骨腊肉，由于其腌制时间较短，肉表面及内部腌制料分布不均，因

此在进入下一道工序前，应对肉坯进行漂洗。

④ 晾水。晾水就是将肉坯表面的水晾干，一般带骨肉晾半天，去骨肉晾一天，晾干过程中应注意卫生、风速及气温。

⑤ 熏制。熏制就是将腌制好的肉条挂在特制的熏房，燃烧熏烟材料，利用烟气进行熏烤。常用的熏烟材料为松木、梨木、瓜子壳、玉米芯等。开始烟熏时，烟熏室的温度为70℃，3～4h后，温度下降到50～55℃，在此温度下再熏制30h左右，烟熏结束。熏制过程中应保持肉坯之间有一定的间距，保证烟熏均匀，上下一致，控制温度。

⑥ 冷却。及时冷却。

⑦ 包装。包装材料应符合相应国家标准。

(2) 质量控制

加工企业应具备基本的生产条件，环境、厂房、设施、设备、人员、生产用水等要符合国家通用食品卫生规范要求，在工艺操作过程中保持环境卫生、控制好原辅料质量和工艺条件。

① 过氧化值控制。过氧化值是评定腌腊肉制品脂肪是否发生氧化酸败的卫生指标，GB 2730—2015《食品安全国家标准 腌腊肉制品》中规定火腿、腊肉、咸肉、香（腊）肠的过氧化值（以脂肪计）（g/100g）≤0.5。及时将腌腊肉制品冷藏可以有效地抑制过氧化值的升高。

② 亚硝酸盐的控制。腌腊肉制品在加工过程中常加入硝盐，即硝酸盐和亚硝酸盐。硝盐的加入可起到发色、抑菌作用，并有助于形成腌腊肉制品固有的腊香味。但硝盐加入肉制品后也可能产生一些危害，这些危害包括亚硝酸盐的急性中毒、可能形成致癌物——亚硝胺和形成多种不明物。为控制硝盐的使用对人体的危害，国家对其使用量和残留量都做了明确的规定：GB 2760—2014《食品安全国家标准 食品添加剂使用标准》规定，生产加工时应在添加标准内使用，控制残留量。

③ 防止霉变。腌腊肉制品保管不善，如仓库潮湿、不通风或制品堆积，常会引起霉变。霉变多发生于散装产品，真空包装产品如封口不严或包装袋破裂也易霉变。防止霉变的措施：散装产品应晾挂在通风良好、干燥的室内，晴天打开窗户通风透气，雨天则关闭窗户。真空包装应保持包装完整，贮存时要控制仓库的温度和湿度。

合格的腌腊肉制品其肉色色泽鲜艳，肌肉呈鲜红色或暗红色，脂肪透明或呈乳白色，肉身干爽结实，富有弹性，指压后无明显凹痕，具有其固有的香味；变质的腌腊肉制品色泽灰暗无光泽，脂肪呈黄色，表面有霉斑。

第二节　乳及乳制品的质量安全控制

一、影响乳品安全的因素

影响乳品安全的主要因素是有害物质的污染，有害物质包括微生物、化学物质（主要是农药、兽药、重金属等）。有害物质可能来源于乳牛的饲养过程、生乳生产过程和乳制品生产过程。

1. 微生物污染

乳是哺乳动物分娩后由乳腺分泌的乳白色液体，其营养物质全面，易于消化吸收，是哺乳动物出生后的全价食品，也是微生物生长的优良培养基。乳被微生物污染后，在一般条件下极易腐败变质。乳还容易被致病性微生物污染，使消费者食物中毒或者致病。因此，乳类食品的主要安全问题是微生物污染问题。

生乳中的微生物主要来源于乳牛的乳腺腔、乳窦、乳头管、乳牛身体、工人的手、生产设备、用具和生产环境等。乳牛在各个乳腺腔、乳窦及乳头管中都经常存在少量的微生物，特别是在乳头管中存在的微生物更多，主要有球菌、分枝杆菌、酵母菌和霉菌等。通过空气、乳畜体表、挤乳人的手、挤乳工具和盛乳容器等对乳造成污染的微生物中，较常见的有枯草杆菌、链球菌、大肠杆菌和产气杆菌等。

对乳品造成污染的致病菌主要是人畜共患传染病的病原体。例如，患结核、布氏杆菌病、口蹄疫、牛乳房炎、炭疽等病的奶牛，其生乳均被致病菌和抗生素所污染。这种乳的处理应根据不同情况分别做销毁或严格消毒后食用。此外，在挤乳到食用前的各个环节也可能被伤寒杆菌、副伤寒杆菌、痢疾杆菌、白喉杆菌和溶血性链球菌等污染。

刚挤出的生乳中含有具抑菌作用的物质——溶菌酶，因此，刚挤出的乳中微生物数量不是逐渐增多，而是逐渐减少。生乳中溶菌酶的抑菌作用保持时间的长短与生乳中存在的细菌多少和乳的贮存温度有关，当乳中细菌数越少，贮存温度越低，溶菌酶抑菌作用时间就越长，反之就越短。溶菌酶抑菌作用维持时间越长，乳的新鲜状态就保持得越久。因此，挤出的乳应该及时冷却，保证溶菌酶的最佳抑菌作用。

2. 化学物质污染

牛乳中农药残留主要来自牧草和饲料。目前世界各地的农药污染极其严重，饲料中常见有六六六、DDT 等有机氯农药，甲胺磷等有机磷农药以及对动物有害的除草剂。在饲养奶牛的过程中，有的农户为提高产奶量，在饲料中使用重金属添加剂，导致奶源中铅、汞等重金属超标。

抗生素的滥用，造成抗生素残留在牛奶、肌肉或组织器官中。例如，为了预防疾病的发生，目前广泛使用在饲料中添加抗生素的方法。另外，在饲料加工、生产过程中，将盛过抗生素药物的容器用于储藏饲料，或使用没有充分洗净的盛过药物的储藏容器，也可造成饲料加工过程中的兽药污染。在奶牛业中，抗生素使用频率很高，特别是治疗乳房炎，常常大剂量反复使用。

二、原料乳的卫生要求

原料乳的质量好坏是影响乳制品质量的关键，只有优质原料乳才能保证优质的产品。因此首先应控制原料乳的质量。

(1) 乳牛饲养过程的卫生质量管理

① 饲养环境的卫生控制。环境清洁对减少牛乳细菌污染非常重要，这些污染因素包括牛舍空气、垫草、尘埃以及牛本身排泄物等。牛舍应通风良好，污物粪便应及时清除，严防蚊蝇等昆虫滋生。

② 乳牛饮用水的卫生要求。日产 50kg 牛乳的奶牛，每天需饮水 100～150kg，普通奶牛每天也需饮水 50～70kg，饮水不足，将直接影响奶牛健康和产乳量。奶牛对水的摄入有三个途径，饮水、饲料含水及代谢水（营养物质在机体内氧化所产生的水）。其中，饮水是奶牛获得水分的主要途径。饮用水不符合畜禽饮用水水质标准，会对乳牛的健康带来影响，并直接通过牛乳危害人体健康。要求畜禽饮用水水质一定要符合国家标准。

③ 饲料。通过饲料污染生乳的有害物质主要是霉菌毒素和化学有害物质。霉菌毒素的种类很多，毒性最大的是黄曲霉毒素，这类毒素在饲料中的存在，主要是由于饲料或饲料原料贮存不当使霉菌生长繁殖而产生。霉菌毒素可以经消化道进入乳汁。在乳牛饲养过程中，要严格控制饲料的质量，避免使用发霉饲料和含有害化学物质的饲料饲养乳牛。

(2) 挤乳员的卫生

挤乳员应持有健康证，并定期进行身体健康检查，经常保持良好的个人卫生，挤乳时应穿戴好工作服、帽及口罩，挤乳前应洗手消毒。

(3) 乳牛的卫生

患病的乳牛，部分病原菌可能直接由血液进入乳中，如患结核病、布鲁菌病、波状热时，有可能从乳中排出细菌，尤其是患乳房炎的乳牛所产乳中，微生物的含量很高。所以应定期对乳牛进行检疫，一旦发现发病牛应及时隔离治疗。

乳牛的皮肤、毛，特别是腹部、乳房、尾部是微生物附着严重的部位，挤奶前做好乳牛的清洁消毒工作能有效防止微生物对生乳的污染。

(4) 挤乳的卫生要求

挤乳应在专用的挤乳间进行。如在牛舍挤乳应先将牛舍通风，清除褥草和冲洗地面。挤乳时要注意最初的 1～2 把牛乳应废弃。在挤奶过程中应采取防尘措施，同时要防止牛的粪便飞溅。在使用机器挤奶时要防止因机器使用不当而引发乳房炎。挤奶机器、附件及管道系统在使用后及时清洗，使用前消毒，保持良好的卫生要求。

(5) 乳的过滤与冷却

挤好的奶需经过滤以除去杂质。除用纱布过滤外，也可以用过滤器进行过滤，过滤器具、介质必须清洁卫生，及时清洗杀菌。

净化后的乳最好直接加工，如果短期储藏时，必须及时进行冷却，以保持乳的新鲜度。新挤出的乳，经净化后须冷却到 4℃ 左右。

(6) 原料乳贮存

为了满足工厂连续生产的需要，工厂必须有一定的原料乳贮存量。总的贮存量一般应不少于 1d 的处理量。贮存原料乳的设备，要有良好的绝热保温措施，并配有适当的搅拌结构，定时搅拌乳液以防止乳脂肪上浮而造成分布不均匀。

(7) 原料乳运输

乳的运输是乳品生产上重要的环节，运输不妥，往往造成很大的损失。在乳源分散的地方，多采用乳桶运输；乳源集中的地方，采用乳槽车运输。无论采用哪种运输方式，都应注意以下几点。

① 防止乳在途中升温，夏季运输最好在夜间或早晨，使用隔热材料作为容器，盖好桶盖。

② 容器须保持清洁卫生，并加以严格杀菌。

③ 夏季必须装满盖严，以防震荡；冬季不得装得太满，避免因冻结而使容器破裂。

④ 长距离运送乳时，最好采用乳槽车。利用乳槽车运乳的优点是单位体积表面小，乳的升温慢，特别是在乳槽车外加绝缘层后可以基本保持在运输中不升温。

(8) 生乳的卫生检验

① 感官指标。正常生乳应是呈乳白色或微黄色的均匀一致液体，无凝块、无沉淀、无正常视力可见异物，具有乳固有的香味，无异味。

② 理化指标。主要有相对密度、脂肪、非脂乳固体、酸度等指标。

③ 微生物指标。主要有菌落总数等。

三、乳制品的卫生要求

常见的乳制品有液态奶、奶粉、酸奶、炼乳、奶油、奶酪等。目前市场上消费量最多的乳制品是液态奶和酸奶。

巴氏杀菌乳和灭菌乳都是以生鲜牛（羊）乳为原料或以乳粉、乳脂为原料的复原乳制成的供直接饮用的产品，但二者的生产工艺和包装贮存条件不同。巴氏杀菌乳是牛乳经过低温（60～82℃）巴氏杀菌工艺制成的液体产品，杀死的只是微生物的营养体，能充分保持牛乳的营养与鲜度，保质期短，且需低温贮存（2～6℃），目前有塑料袋、玻璃瓶等包装。灭菌乳是牛乳经超高温瞬时灭菌（135℃以上数秒，也称 UHT 法）无菌罐装工艺制成的产品，可达到商业无菌要求，在常温下可长期（3～6 个月）保存的产品，目前有用多层复合材料制成的利乐砖、利乐枕等包装。

1. 基础设施要求

厂区、车间、卫生设施、设备、仓库、检测条件等基础设施严格按照食品工厂卫生规范要求进行设计、施工和设备配置。车间应根据生产工艺流程、生产操作需要和生产操作区域清洁度的要求进行隔离，以防止相互污染。乳品企业各作业场所的清洁度区分见表 7-3。

表 7-3　乳品企业各作业场所的清洁度区分

厂 房 设 置	清洁度区分	空气菌落数要求 /(cfu/皿)
收乳间生乳贮存场(密闭式)、标准化处理场所、原材料仓库、材料仓库、内包装容器清洗场所、外包装室、成品仓库、经罐装的最终半成品贮存室、杀菌处理场所(密闭设备及管道输送)、其他相应的辅助区域	一般作业区	≤500
调配室、杀菌处理场所(开放式设备)、最终半成品贮存室、内包装材料的准备室、缓冲室、其他相应的辅助区域	准清洁作业区	≤75
内包装室、其他相应的辅助区域	清洁作业区	≤50

2. 原材料质量控制

乳制品加工企业应有固定的奶源，并同原料乳供应单位签订生鲜乳收购合同或协议。企业应对奶源基地的奶畜登记造册，掌握畜群的数量、健康、饲养、繁殖、流动等情况。

生产的原料乳及相关的原材料应符合原材料质量标准的规定要求。原材料进货时应要求供应商提供检验检疫合格证或化验单，对进厂的生鲜乳须经检验合格后方可使用。生鲜乳进厂后如不及时加工，应冷却至适当温度。对贮存时间较长，质量有可能发生变化的原辅料，在使用前应抽样检验，不符合标准要求的不得投入生产。

原材料进厂应根据生产日期、供应商的编号等编制批号，按照"先进先出"的原则使用。原料批号应一直沿用至产品被消费，并做好相关记录便于事后追溯。

3. 加工过程质量控制

(1) 工艺过程控制

严格执行生产操作规程，其配方及工艺条件不经批准不得随意更改。生产中如发现质量问题，应迅速追查并纠正。

采取有效措施防止前后工序交叉污染，特别注意前工序的物料直接或间接污染经巴氏消毒的产品。

各工序必须连续生产，防止原料和半成品积压而导致致病菌、腐败菌的繁殖。因设备或其他原因中断生产时，必须严格检查该批产品，如不符合标准，不得用于食用或做间接食用处理。从设备中回收或非正常连续加工的产品，不得掺入正常产品中。

巴氏杀菌的全过程应有自动温度记录图，并注明产品的生产日期和批次。记录资料应保存至超过该批产品的保存期限。

包装材料必须符合质量标准，经检验合格后方能进厂。贮存包装材料的仓库必须清洁，并有防尘、防污染措施。包装操作必须在无污染的条件下进行。包装时应防止产品外溢或飞扬。包装容器的表面必须保持清洁。无菌包装的容器应按要求进行清洗。

所有包装容器上必须压印或粘贴符合现行《食品安全国家标准 预包装食品标签通则》规定的标签。成品的储藏和运输条件应符合相应的规定。

检验室应按照国家规定的检验方法（标准）抽样，进行物理、化学、微生物等方面的检验。凡不符合标准的产品一律不得出厂。各项检验记录保存三年，备查。

(2) 乳品加工设备的清洗和消毒

乳品是高蛋白食品，在加工过程中极易形成乳垢，成为微生物繁殖的场所。如果乳品加工设备、管道、容器等卫生状况不好，即可造成乳中微生物数量大量增加。因此，储奶罐、配料缸、管道、前处理系统、超高温灭菌及灌装系统均是乳制品加工过程中的质量控制重点，在这些环节中应设置 CIP 程序清洗、消毒系统，使用符合要求的清洗用水，按照既定的 CIP 程序进行清洗、消毒。操作中控制洗涤剂浓度、温度、压力、清洗时间、pH 等条件。

4. 检验

详细制定原料、成品和半成品的质量指标、检验项目、检验标准、抽样及检验方法。其原则如下。

每批原料在进厂和使用前都要进行检验，对不合格的原料要及时处理。

为掌握每一步生产过程的质量情况及便于事后追溯，应在生产过程控制点抽检半成品，并制作质量记录表备查。不合格半成品不得进入下一道工序，应予以适当处理，并做好处理记录。

定期对工作台面、设备、管道、器具、工作服、操作工手部做菌落总数、大肠菌群检验，必要时做霉菌、酵母菌检查，验证清洗消毒作业是否正确、彻底。正常情况下每周一次，检验不符合规定时，实施纠正措施直到合格为止。停工后再开工时，必须进行验证。

每批成品入库前应逐批随机抽取样品，根据产品标准进行出厂检验。检验不合格的产品不得出厂，及时予以适当处理，并做好不合格产品的处理记录。

制定成品留样计划，每批成品应留样保存，以便在必要的质量检测及产生质量纠纷时备检。

5. 操作人员卫生管理

操作人员必须保持良好的个人卫生，应勤理发、勤剪指甲、勤洗澡、勤换衣。

进入生产车间前，必须穿戴好整洁的工作服、工作帽、工作鞋靴。工作服应盖住外衣，头发不得露出帽外，必要时需戴口罩。不得穿工作服、鞋进入厕所或离开生产车间。操作时手部应保持清洁。上岗前应洗手消毒，操作期间要勤洗手。在开始工作以前、上厕所以后、处理被污染的原材料和物品之后、从事与生产无关的其他活动之后等情况下，必须洗手消毒，且企业应制定监督措施。

参观人员出入生产作业场所应加以适当管理。如要进入管制作业区，应符合现场工作人员的卫生要求。

第三节　果蔬及制品的质量安全控制

水果、蔬菜是人们膳食中的重要食品，除了为人们提供重要的维生素及无机盐等营养素外，蔬菜和水果中所含的膳食纤维和果胶等物质对人体有促进肠蠕动、利于排便、减轻有毒物质对机体的损害作用等重要的生理功能。所以，果蔬类食品在改善饮食结构、丰富饮食文化、提高饮食水平、促进身心健康等方面都起到重要作用，在日常膳食中占的比重较大。因此，果蔬食品的质量对人体健康有很大影响。

一、影响果蔬食品安全的因素

1. 腐烂变质

果蔬在收获以后，仍是一个"活着"的有机体，细胞中继续进行着新陈代谢活动，不断地将糖和其他有机物氧化分解，使其自身组织变软，逐渐腐烂变质。新鲜果蔬含水量丰富，有一定营养物质，适于微生物的生长繁殖。新鲜果蔬在存放过程中，微生物会在表面生长繁殖，然后渐渐侵入果蔬组织，分解组织中的纤维素、果胶、蛋白质等，使之出现组织变松、变软、凹陷，渐成液浆状，并出现酸味、芳香味或酒味等腐败现象。特别是当果蔬在采摘、装运过程中划破表皮或碰伤组织时，会加速腐烂变质的发生。

有的新鲜果蔬如果储藏方法不当，还会产生一些对人体有毒有害的物质。例如，叶菜类蔬菜在常温下堆放，由于细菌的作用，会将蔬菜组织中的硝酸盐转化为亚硝酸盐，处理不当被食用后易造成食物中毒；马铃薯储藏不当时会发芽，在芽眼处茄碱含量很高，不宜食用。

2. 肠道致病菌和寄生虫污染

一些蔬菜和水果直接与土壤接触，容易被土壤中的肠道致病菌和寄生虫污染，特别是用未经无害化处理的人畜粪便施肥，其污染就更加严重。另外，在运输、加工过程中，也可能经生产用水或操作人员等途径受到致病菌和寄生虫的污染。

3. 农药残留

果蔬生产离不开农药。农药包括杀虫剂、抗菌剂和植物生长调节剂，对防止病虫害、促进果蔬生长、增加产品产量等有一定效果，但在施药过程中，由于对农药使用不当或滥用，导致这些果蔬食品农药大量残留。

4. 硝酸盐和亚硝酸盐含量超标

果蔬在生产中不合理使用化肥和有机肥，会造成蔬菜中硝酸盐的积累。土壤中缺磷及光照不足，也可导致果蔬中硝酸盐含量增加。另外，果蔬腌制时通过硝化或亚硝化作用也能形成硝酸盐和亚硝酸盐，使其在食品中的含量超标。

5. 有害重金属和非金属残留

由于工业"三废"和城市污水、垃圾处理不当，造成土壤和水体环境发生有害重金属和非金属物质的污染。在被污染土壤中种植果蔬，或用未经处理的工业废水、城市污水灌溉农田造成这些有害物质在果蔬中含量严重超标。

二、果蔬的卫生要求

1. 施肥的卫生要求

施肥应掌握以有机肥为主、其他肥料为辅，以多元复合肥为主、单元素肥料为辅，以施基肥为主、追肥为辅的原则。

施用人或动物粪便等有机肥时，应先经过无害化处理，常用粪尿混合封存、堆肥、沼气发酵等方法，经发热或厌氧处理，使粪肥中的寄生虫和病原微生物指标达到国家标准后才能使用。应尽量限制化肥的施用，如确实需要施用化肥，必须在掌握果蔬生长规律的基础上合理施用。

2. 灌溉用水的卫生要求

灌溉用水对果蔬的卫生质量影响很大。如果用污水灌溉农田菜园，灌溉前必须进行处理，生活污水要经过沉淀，以减少寄生虫、细菌及悬浮物质。工业废水必须经净化处理，使其符合排放和农田用水的水质标准。

为防止农作物被污染及残毒积蓄，灌溉方式以沟灌为好，漫灌或浇灌易对蔬菜等作物造成污染。

3. 规范使用农药

(1) 严格控制用药浓度

施用药液浓度一定要适度，若超浓度、超量，虽能致死病虫，但易产生药害，易发生人畜中毒。若用药浓度偏低，药量小，则防效差，病虫还会产生耐药性。

(2) 严格按安全间隔期用药

使用农药时要根据用药残效期的长短，决定下次用药时间。一般农药残效期 7～10d。不要在残效期内再次使用同一种农药，这样既增大成本，又增加药害概率，还易使病虫产生耐药性。对于将要收获的叶菜类蔬菜，如果估计田间残存病虫在蔬菜出售前不会成灾，可考虑不用药；如果能够成灾的，要选用残效期短的低残毒农药喷杀，并在残效期过后进行收获。

(3) 严禁使用剧毒、高残毒农药

使用剧毒、高残毒农药，虽然见效快，但使蔬菜残毒含量增加，食用不当极易造成人畜中毒，同时也杀灭了害虫的天敌，可能使虫害更加严重。因此，禁止对蔬菜，尤其是叶菜类使用剧毒和高残毒农药，提倡使用高效、低毒、低残留农药和生物农药。在果树生长期禁止使用对硫磷、甲拌磷、久效磷、氧化乐果、甲基对硫磷、克百威、杀虫脒、福美肿等农药。对允许使用的低毒杀虫剂、杀菌剂，每种每年最多使用 2 次，最后 1 次施药距采收间隔期应在 20d 以上。对限制使用的中毒农药，每种每年最多使用 1 次，施药距采收间隔期应在 30d 以上。

(4) 禁止在中午打药

夏秋高温季节，打药极易引起施药人员发生药害和中毒，尤其是中午，要禁止打药。

4. 果蔬采收、贮存和运输过程中的质量控制

果蔬的采收、分级、包装和运输是搞好果蔬储藏十分重要的一环，是影响储运损耗、果蔬品质和果蔬储藏时间的重要因素。

(1) 果蔬的采收

果蔬的采收依据其品种特性、果蔬的成熟度、储藏时间的长短和气候状况的不同而不同。如果采收过早，果实尚未充分发育，个小、着色差、糖分积累少，未形成品种固有的风味和品质，在储藏期间容易失水，果皮易皱缩，有时还会增加某些生理病害的发生率。采收过晚，有些品种会大量落果，果肉松软发绵，运输时碰压伤率高；同时，果实衰老快，储藏期短。因此要适时采收，根据果实的大小、形状、硬度、颜色及内在的化学物质的变化等综合因素来确定采收的时间。采收时尽量避免机械损伤。

(2) 果实的分级

果实分级的主要目的是使其达到一定的商品标准。分级时，将大小不匀、色泽不一、感病及有损伤的果实，按照销售规定的分级标准进行大小分级及品质选择。分级方法主要是凭感官进行人工挑选，但也有使用机械分级的。

(3) 果实的包装

果实包装是标准化、商品化、便于运输和储藏的重要措施。在现代商品运输和销售中，果蔬的包装日益受到重视，而且是提高附加值、扩大销路的重要措施之一。同时，果蔬的包装对果蔬具有一定程度的保护作用，合理的包装可以减少因互相摩擦、碰撞、挤压而造成的机械损伤，减少病害的蔓延，避免果实发热和温度剧烈变化而引起的损失。

(4) 贮存

采收后的果蔬仍是一个活的有机体，细胞内仍在进行呼吸作用，使果蔬中的有机营养物

质在酶的作用下被缓慢地氧化分解。呼吸作用不但降低果蔬的有效营养成分，造成果蔬过熟而使品质恶化，而且容易引起其他病害，最终使果蔬腐败变质。为了延长储藏期，必须对呼吸强度进行控制，使之保持在最低限度。高温、高湿、氧气含量充足及自身受到创伤都会使呼吸作用强度增大。要使果蔬的贮存期延长，而且使其色、香、味及鲜度保持良好，就必须将环境中温度、湿度、气体成分等因素控制到适当的程度。一般情况下，在接近或略高于冰点的温度下贮存果蔬最为有利。另外采用气调的方法，减少空气中氧气的含量，增加二氧化碳的含量，对于减少某些水果和蔬菜的呼吸作用也是有效的。这两种方法结合使用效果更好。

（5）运输

运输是果蔬流通中的一个重要环节。要求尽量做到快装、快运、快卸，并注意轻拿轻放，减少机械损伤。在运输过程中，应根据不同种类果蔬的特性、运输路程的长短、季节与天气变化情况，尽可能控制适宜的温度、湿度等条件，以减少果蔬在运输途中的损失。目前很多交通工具，都配备了降温和防寒的装置，如冷藏卡车、铁路加冰车和机械保温车以及冷藏轮船。近年来，还发展了控温调气的集装箱，为果蔬的运输创造了更适宜的条件。在贮存过程中为了防止腐败的快速蔓延，及时剔出腐烂变质部分，应尽可能采取小包装方式，这样计量方便，也比较卫生。

5. 食用前的清洗和消毒

水果和蔬菜有许多品种是生食的，应彻底洗净和消毒，最好在沸水中漂烫 30s。经试验证明，叶菜洗净可除菌 82.5%，根茎可减少菌 97.7%；在 80℃水中浸烫 10s 即可杀灭伤寒杆菌等。用消毒液如漂白粉液、高锰酸钾液或 5%乳酸液浸泡消毒，杀菌效果也较好。

三、果蔬制品的卫生要求

果蔬种类繁多，可以加工成果蔬罐藏品、果蔬干制品、果蔬腌渍品、速冻制品、果酒等品种。在加工前要进行分选、洗涤、去皮、修整、热烫、抽真空等预处理。

1. 原料的分选

水果或蔬菜制品的品质好坏，虽然受到加工设备和技术条件的限制，但与原料品质、成熟程度等因素更为密切。因此在进行果蔬加工时，要对原料进行分选，以剔除不适于加工和发生腐烂变质的原料，并根据不同的加工制品有目的地选择原料。

果蔬的分级可按照不同的加工制品的要求，采用不同的分级方式分级，包括大小分级、成熟度分级和色泽分级等几种。其中大小分级是分级的主要形式，几乎所有的加工果蔬均需大小分级，分级的方法有手工分级和机械分级。

2. 原料的洗涤

洗涤的目的是除去果蔬表面的尘土、泥沙、部分微生物及可能残留的化学药品。要求清洗用水应达到相关标准。有时可在清洗用水中加入酸、碱等洗涤剂以去除农药残留，或者用食盐溶液、亚硫酸盐溶液浸泡以起到护色的作用。

3. 原料的去皮与修整

原料经去皮与修整能保证良好的卫生品质。果蔬是农药污染的重要食品种类，其不同部位农药残留量不一，一般来说，农药（特别是有机氯和有机磷农药）多集中于果皮。当然也有果肉多于果皮的，如氨基甲酸酯类，在苹果上的残留量，果皮只有 22％，而果肉却占 78％。原料去皮的方法很多，主要有以下几种：手工去皮、机械去皮、热力去皮、化学去皮、酶法去皮、冷冻去皮、表面活性剂去皮。

对有的果蔬，去皮除了减少农药污染外，还可以防止食物中毒。如马铃薯，由于贮存不当，可使其发芽或部分变黑。马铃薯毒性的有效成分为龙葵素，龙葵素存在于马铃薯花、叶及未成熟的根茎中，其外皮也有，但在发芽的马铃薯中，龙葵素的含量极高，故果蔬去皮对防毒也有积极作用。

4. 原料的热处理

原料热处理是将果蔬原料放入沸水或蒸汽中进行短时间的加热处理，通过热处理，即可以使酶破坏，又可以杀灭部分表皮的微生物，还可以改善风味与组织、稳定色泽、防止腐败变质。热处理的温度与时间应根据品种、工艺要求而定，一般在温度 90℃ 左右热烫 2～5min。热处理后应经及时冷却后进入下一道工序，以减少污染的机会，保证果蔬制品的质量。

四、果蔬罐藏品加工的卫生要求

果蔬罐藏品的工艺流程如图 7-2。

原料 → 预处理 → 装罐 → 密封 → 杀菌 → 冷却 → 检验

图 7-2　果蔬罐藏品的工艺流程

1. 原料及预处理

不同的果蔬按照其标准和要求进行原料的验收，验收时除进行感官检验外，还要进行农药残留的检测，不合格的不能使用。

原料进厂后，应及时进行预处理，防止因积压引起交叉污染，微生物生长繁殖，严重者可造成腐败变质。

2. 装罐的要求

果蔬罐藏品的罐藏容器对果蔬罐头的保存及品质有着重要的影响。果蔬加工中对罐藏容器的基本要求是：无毒，耐高温高压，密封性良好，耐腐蚀性能好，不与食品起化学反应，适合于工业化生产，携带、食用方便，能耐生产、运输，操作处理轻便，且价廉易得。目前果蔬罐头包装主要有马口铁罐、玻璃罐和软包装。

罐藏容器使用前要进行品质检查，铁罐要求罐型整齐，缝线标准，焊缝完整均匀，罐口和罐盖边缘无缺口或变形，罐壁上无锈斑和脱锡现象。玻璃罐要求形状整齐，罐口平整、光滑，无缺口，正圆，罐身厚度均匀，玻璃内无气泡、裂纹等。软质材料容器不得有分层现象。

装罐前空罐必须用不低于 82℃ 的热水清洗或蒸汽消毒。消毒后的容器不能久置，以免再次污染。

装罐应迅速，停留时间过长易使原料变质，增加杀菌难度。控制每罐的净重、固形物重、罐液浓度及质量，使之达到标准要求。装罐时，同一罐中的固形物的大小、成熟度、形态、色泽应均匀一致，这不仅能改善罐藏品的外观，而且能提高原料的利用率。装罐时还应保持罐口清洁，不得有小片碎屑或罐液黏附，否则会影响罐头的密封性。罐中须保留适当的顶隙（3～4mm）。

装罐过程中的废物，必须存放在专用容器内，并有明确标识，及时处理。容器及运输工具在加工过程中应经常清洗消毒。

3. 密封

果蔬罐头之所以能长期保存，主要是因为罐头经杀菌后依赖容器的密封性使它们与外界隔绝，不再受外界微生物的污染。不论何种罐头，杀菌后若未能获得严密的密封效果都不能达到长期保存的目的。因此，罐头生产过程中严格控制密封操作、保证罐头的密封效果是十分重要的。

要由经专门培训的人员操作封口设备，建立封口设备保养维护制度，生产中随时用感官和解剖的方法检查封口效果。检测中发现缺陷必须立即停机并按操作规程进行校车，校车后经检验合格方准进行生产。检测和校车必须做详细的检测记录和校车说明。采取的纠正措施也必须记录。

4. 杀菌与冷却

杀菌是果蔬罐头加工过程中的一个关键步骤，杀菌要达到商业无菌要求，以杀死产毒菌、致病菌和厌氧芽孢菌为主要目的。pH 在 4.5 以下的酸性果蔬罐头都可采用常压杀菌，pH 在 4.5 以上的低酸性蔬菜及其他食品罐头杀菌时均需采用高压杀菌，目的是杀死这些食品内部的嗜热性微生物。

经装罐、封口的半成品要及时进行杀菌。杀菌装置应正确安装、使用、保养和检测，操作人员必须严格执行杀菌操作规程。杀菌锅用的水银温度计、压力表须符合要求，每年计量校正一次并有记录。

杀菌结束后必须将罐头迅速冷却，冷却的目的是避免内容物的色泽、风味和组织的恶变，防止嗜热性微生物的生长繁殖和减缓罐头内壁的腐蚀（酸度高的罐头内壁冷却迟缓时特别易发生腐蚀现象）。罐头的冷却一般是使温度降至 38～40℃ 即可，若温度过低，罐头表面附着的水珠不易蒸发，易引起罐外壁和罐盖生锈。常压杀菌结束后，玻璃罐冷却水温应分段逐渐降温，以避免破裂损失。金属罐则可以直接放入冷水中冷却。高压杀菌结束后，罐头可在锅内进行部分或充分冷却，但需注意锅内外压力差的变化，以免引起罐头变形、卷边松弛、裂漏，甚至出现暴罐的现象。

杀菌的冷却用水必须符合国家饮用水卫生标准。冷却水要按规定测定氯浓度并做记录。余氯的有效含量不得低于 $0.5\mu g/kg$。

杀菌记录必须由杀菌的操作者在观察时如实填入表内。记录内容应包括：生产日期、产品名称、罐型规格、杀菌锅编号、杀菌篮数、罐数、杀菌间蒸汽总压、罐头初温、进蒸汽时间、锅温到达杀菌温度时间、停止进蒸汽时间、排气结束时间和排气结束时到达的温度、杀菌期间玻璃水银温度计与温度记录仪的校对读数以及其他必须数据。

5. 检验

罐头杀菌冷却后，还需进行检验，了解罐头质量情况，以便及时发现和解决各种质量问题。检验主要包括细菌检验和理化检验。

细菌检验可以判定杀菌是否充分，是否达到商业无菌要求。细菌检验包括保温检验和抽样检验。保温检验是将罐头放在保温库内，在适宜细菌发育的温度下，保持细菌发育所需要的足够时间，观察罐头是否败坏。一般酸性和高酸性水果罐头放在 $25\sim28℃$ 下保持 $5\sim7d$，低酸性和中酸性的蔬菜罐头放在 $37\sim38℃$ 下保温至少一周，如在 $55℃$ 下可缩短到 3d。保温期间每天要对所有的罐头进行检查，主要是进行外观观察和敲击声音。正常罐头的外观应是罐头底、盖微凹，汤汁清晰；敲击时声音清脆表示完好，浊音表示败坏。凡发现败坏者，除取出外，还需进一步做细菌培养，判断细菌来源，及时找出引起败坏的原因。抽样检验即抽取具有代表性的样品检查活菌存在数及细菌种类。每批产品至少取 $12\sim24$ 罐进行检验，具体抽样数量还应根据每批罐头的产量来定。

理化检验主要包括罐头感官指标和理化指标的检验。感官指标检验包括产品的色泽、风味、质地、总重、净重、汤汁浓度等指标的评价分析。理化检验包括罐头外形检查，观察罐身、罐盖是否正常，有无瘪陷、膨胀或其他变形情况及表面锈斑的情况。罐头如贴有商标，还应检查商标的贴附情况，观察是否引起生锈现象，观察后均应做好记录。外形检查后再进行内部检查，主要包括顶隙、真空度、气体分析、pH 和铜、锡、铅等金属含量。

6. 贮存

贮存仓库地理位置的选择要便于罐头的进出库，库房的设计要便于操作管理，库内的通风、光照、加热、防火等均要利于工作和保管的安全。贮存库中堆码区域应进行合理划分，堆与堆之间应有一定间隔，产品种类不致混杂，行间要留适当通道。贮存中要有严格的制度，产品按顺序编排号码，且要放标签，上面说明其名称、生产日期、批次及进库日期或预定出库日期等。管理人员要有详细的记录。理想的贮存条件是仓库清洁、通风良好、避光、相对湿度为 $70\%\sim75\%$、温度保持在 $20℃$ 左右且波动小。

五、速冻蔬菜加工的卫生要求

速冻蔬菜的原理是以迅速冷冻，使细胞内外同时达到形成冰晶的温度，冰晶核在细胞内外广泛形成，数量多，分布广，晶体的增大分别在大量细小的晶体上进行。这样冰晶体不会很大，在解冻时易恢复原状，并能更好地保持原有的色、香、味和质地。速冻条件为蔬菜在30min 内中心温度从 $-1℃$ 降至 $-5℃$。速冻蔬菜的特点是能最大限度地保持原有蔬菜的营养价值和色、香、味。

速冻蔬菜一般只需稍稍加热即可食用，因此，对微生物的控制是速冻蔬菜的关键点。

速冻蔬菜基本工艺流程如 7-3。

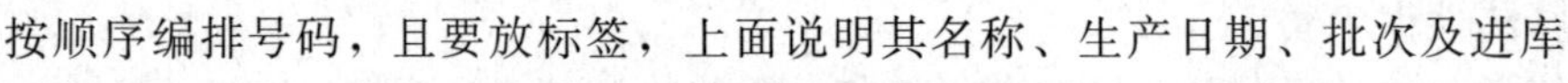

原料验收 → 清洗整理 → 烫漂、护色 → 冷却 → 速冻 → 复选、包装 → 金属探测 → 储藏

图 7-3　速冻蔬菜基本工艺流程

影响速冻蔬菜质量的因素有微生物因素和化学因素，其中主要因素是微生物。因此，在加工过程中要特别注意对微生物的控制。

1. 原辅料和整理

原料必须验收，要求新鲜完整、成熟度一致，无病虫害，农药和其他化学物质含量不超标。

由于原料正常带菌，因此进厂后要立即进行挑选、清理外皮（老叶）、去除不良部分等预处理，防止由于贮存时间过长而引起蔬菜质地变差或腐败变质。

其他辅料必须符合国家标准。

原料的清洗必须干净彻底，用清水洗涤可去除部分农药和微生物，必要时可用2％的盐水浸泡20～30min，以达到驱虫的目的。

洗涤用水必须符合饮用水标准，最好用流动水进行洗涤。

2. 烫漂、护色

大多数蔬菜速冻前都需要烫漂。烫漂是将原料放入沸水或蒸汽中进行短时间的加热，达到全部或部分破坏过氧化物酶的活性，另外也起到部分杀菌的作用。

有的蔬菜在整理或烫漂过程中要进行护色处理以防止褐变。例如：在蔬菜去皮、切分过程中浸入二氧化硫溶液（0.2％～0.4％)2～5min；在烫漂液中加入护色剂等。

烫漂时要严格控制温度和时间，防止温度过高影响蔬菜品质或温度不够使细菌总数偏高。

3. 冷却

烫漂后的蔬菜应立即进行冷却使其中心温度降到5℃以下，以防微生物生长，也有利于提高冻结速度。冷却用水也要符合饮用水标准，还要控制其有效氯含量在5～10μg/kg，防止微生物增殖和二次污染。冷却水必须及时更换并达到规定要求。

不论烫漂还是不烫漂，速冻前蔬菜都要甩干表面水分，以防止表面水分过多而在冻结时结块，利于包装和保证外观质量，减少冷冻负荷。

4. 速冻

产品冷却甩干后尽快放入－35℃速冻室中进行快速冻结，使产品中心温度在15min以内降至－15℃以下。

速冻过程中，进出料操作以及速冻室都可能发生微生物的污染，因此要定时对操作台面、工具、盛器、运输工具（传送带）、进出料口和速冻室进行清洗消毒。同时，还要求操作人员必须用肥皂洗手，并用有效氯200μg/kg的消毒水进行消毒。

5. 复选、包装

复选、包装过程控制不当，蔬菜中细菌总数有回升趋势，其影响因素主要有车间空气、操作台、操作人员、包装材料的卫生状况以及包装车间温度和包装时间。要求包装车间与外界隔离，空气过滤，所有工作台、工具、用具在班前班后用紫外灯或电子灭菌灯进行杀菌。操作人员进车间前，手必须清洗消毒，或戴手套操作。包装车间温度控制在－15℃以下，包装时间控制在15min以内。

6. 冷藏

速冻蔬菜一般在－18℃以下的低温下进行储藏。

7. 运输、销售

速冻蔬菜从加工、储藏、运输到流通各个环节，都必须处在"冷藏链"体系中，如果"冷藏链"体系管理不完善，温度大幅度波动，会导致一些致病菌的生长，引起食物中毒。因此，速冻蔬菜的运输工具及其销售设备都要求能达到−18℃的温度，同时保持运输工具和设备的清洁卫生，防止微生物的污染。

第四节　粮油类食品的质量安全控制

一、影响粮油类食品安全的因素

1. 微生物

粮油植物种子的内部和外部存在大量的微生物，有的是寄生菌，在作物生长时期侵入到籽粒内部；有的是腐生菌，在作物成熟后的收获、脱粒、运输、贮存等过程中污染的。影响粮油类食品卫生质量的微生物主要是霉菌，其次是酵母菌和细菌。霉菌污染粮油类食品后，一方面引起其腐败变质，另一方面有些霉菌还能产生毒素，对人体具有急性毒性作用和慢性致癌作用。

产生毒素的霉菌主要有黄曲霉、镰刀霉和青霉菌。其中黄曲霉的污染最为严重，其毒素的致癌作用强且耐热，不易分解，对人体健康的危害很大。GB 2761-2017《食品安全国家标准 食品中真菌毒素限量》对食品中的黄曲霉毒素 B_1 制定了限量标准（表7-4）。

表7-4　食品中黄曲霉毒素 B_1 限量标准

品　　　种	含量/(μg/kg)	品　　　种	含量/(μg/kg)
玉米、花生、花生油	≤20	其他粮食、豆类、发酵豆制品	≤5.0
玉米及花生制品(按原料折算)	≤20	婴儿代乳食品	≤0.5(以粉状产品计)
大米、植物油脂(花生油、玉米油除外)	≤10	—	—

2. 有害植物种子

粮油作物在收割时可能混进一些对人体有害的植物种子，最常见的有毒麦、麦仙翁子、槐子、毛果洋茉莉子等。这些杂草的种子都含有一定的毒性，如混入粮油制品中，就会引起食物中毒。

许多国家规定粮油中有毒植物种子的含量：毒麦不得超过0.6%；麦仙翁子不得超过0.1%；槐子不得超过0.04%；毛果洋茉莉子不得超过0.002%。对选出的上述有毒植物种子应焚烧或深埋，彻底进行销毁。

3. 仓储害虫

粮油在贮存的过程中常遭到仓库害虫的侵害。仓库害虫的种类很多，世界上已发现有300多种，中国有50余种。最常见的有甲虫类（如谷象、米象和黑粉虫等），螨类（粉螨）及蛾类（螟蛾）等。

经仓储害虫损害的粮油感官性质变坏，食用价值大大降低，并在经济上造成很大损失。

4. 无机夹杂物

粮油中的无机夹杂物主要有金属和泥土。前者以铁屑为主，来自粮油加工机械；后者来自田间和晾晒场地。如果在食用前不予以清除，不但影响感官性质，而且有可能损伤牙齿和肠胃。

5. 农药残留和工业"三废"

农药可通过污染水灌溉、除草、杀灭害虫等环节污染粮油，特别是一些高毒高残留农药对粮油造成的污染更大。

工业"三废"（废水、废气、固体废物）对粮油污染的主要毒物有：汞、镉、铅、铬、硒、酚、砷和氟等。凡是"三废"中具有上述毒物的工矿周围，其粮油中均有一定程度的污染，有的还相当严重。

粮油中污染的农药残留和其他有毒化学物质，可以引起人类的急慢性中毒，有的甚至具有致畸、致突变和致癌的可能性。

6. 其他

粮油制品在加工过程中的不规范操作所引起的一些产品质量问题。如油脂长期贮存在不适宜的条件下，往往会发生酸败，造成油脂品质的下降。

用棉籽所榨的油称为棉油，经碱炼后，制成一种适于食用的植物油。由于棉籽中含有有毒物质，如榨油前棉籽未经蒸、炒、加热，直接榨油，这种粗制生棉油中含有有毒物质，食用后可引起中毒。

高温加热油脂不仅降低了营养价值，而且还会产生有毒物质。一般认为有毒物质主要是不饱和脂肪酸经过加热而产生的各种聚合物，且以二聚体毒性较强。这些有毒物质可使动物生长停滞、肝脏肿大、生育和肝功能发生障碍，甚至还有致癌的可能性。

二、粮油类食品的卫生要求

1. 防止产地环境污染

产地环境发生污染将严重影响粮油类食品的质量。工业废气中的氟化物、烟尘、金属飘尘、沥青烟雾等可随气流迁移，经沉积或随雨雪下降到水体或农田。工业废水未经处理达标排放造成水体和土壤污染，其中的污染物质可通过植物根系吸收转移至植物各部位，并在籽实中积累。

2. 作物种植过程中质量控制

选用抗病虫、耐寒、耐热、外观和内在品质好的品种，采用科学管理措施进行种植、栽培、收获和储藏。生产中合理使用化肥，禁止使用未经国家或省农业部门登记的化学和生物肥料，以优质有机肥为主。病虫害的防治提倡以生物防治和生物生化防治相结合，农药的使用贯彻执行 GB 8321《农药合理使用准则》，逐步减少高残留农药的使用量，而使用高效、低毒、低残留农药。使用的农药应三证（农药生产登记证、农药生产批准证、执行标准号）齐全。每种有机合成农药在一种作物的生长期内避免重复使用。禁止使用禁用目录中（含砷、锌、汞）的农药。严禁把拌过农药的种籽粮上交国家粮库或混入集市、贸易市场出售。

禁止农药和其他有毒有害物质与粮食同库混存以防扩大污染。

霉菌污染是影响粮油类食品质量的重要因素，霉菌污染可发生在作物生长期，但在收获、贮存期更易发生。粮油作物成熟后要及时收割、脱粒、干燥、除杂，防止粮油作物在收获过程中发生霉变污染。

3. 采收质量控制

采收前应检查采收设备，清理设备上的残留物，确保用于收获和贮存的设备、设施均能正常工作。应及时采收成熟作物，避免在雨天等过度潮湿环境中采收，如无法避免，应在采收后立即干燥。对受病虫侵害、倒伏等而造成损伤甚至死亡的作物植株、宜单独采收或予以剔除。采收时，宜由同一农田不同位置多个采样点采集样本进行水分测量，并根据水分含量综合确定后期收储方式。采收的运输工具应清洁和干燥，无霉变、昆虫、残留物。采收后应避免作物与土壤接触，剔除泥土、秸秆等残留物，防止黄曲霉、寄生曲霉等黄曲霉毒素产毒菌侵染。

4. 贮存质量控制

入仓的粮油作物或食品加工厂的库存粮油作物要选择生命力强、籽粒饱满、成熟度高、外壳完整进行保存。

粮食具有导热不良的物理特性，在贮存过程中时刻都在消耗自身养分，使其不断分解并产生能量的变化，短期的储粮变化较小，长时间贮存会发生质的变化，致使营养成分分解和产热，并引起微生物和虫害的侵蚀。

干燥是控制粮食霉变和虫害活动的最重要措施，因此贮存粮谷的水分含量必须符合国家规定的标准。对长期安全储藏的粮油原料，储藏中要做到干燥、低温、密闭，最好采取缺氧保藏法，利用密封的粮仓，并充以氮气或二氧化碳，使粮食处于缺氧状态，降低其呼吸作用，抑制酶的活力和微生物、虫类的生长繁殖。

油脂类原料具有怕光、怕热、怕接触生水和容器污染的特性。当油脂长期贮存在不适宜的条件下，就会产生一系列的化学变化，造成油脂的酸败，导致油脂分解产生游离脂肪酸，产生酮、醛以及其他氧化物等。这一变化过程会使油脂的营养成分遭到破坏，并产生对人体具有毒害作用的物质，给人体带来不良影响。

油脂的保存应避光，且放在阴凉处，因阳光能加速油脂的氧化及酸败发生。适宜的储藏温度为10~15℃。装油的容器必须干净、干燥、封口严密，防止水分和污染微生物的侵入，因为水分、微生物、空气都会促进油脂酸败。避免油脂直接接触金属容器，因金属铜、铁、铅等都有加速油脂氧化酸败的作用。用塑料桶储油时间不宜过长，因塑料的氧气透过量比玻璃瓶大得多，储久了易使油脂氧化酸败。另外，油脂有可能对塑料有溶解作用，造成污染。

5. 粮油类食品运输要求

粮油类食品在运输时，要做好粮油运输和包装的卫生管理。装运粮食应有专用车、船，如无专用车、船，交通部门必须按规定拨配清扫、洗刷、消毒干净的车、船，确保装粮油的车厢、船舱清洁卫生、无异味。车体内门窗要完好，运输中要盖好苫布，防雨防潮。装卸粮油的站台、码头、货场、仓库必须保持清洁卫生。粮油包装袋必须专用，不得染毒或有异味。包装袋使用的原材料应符合卫生要求，袋上的印刷油墨应为低毒或无毒，不得向内容物渗漏。包装袋口应确保牢固，防止洒漏。

【本章小结】>>>

　　影响肉及肉制品质量的因素包括有害物质的污染及操作不当引起的质量问题。有害物质主要有生物性（主要是微生物和寄生虫），化学性（主要是农药、兽药、重金属等），物理性（固体杂质等）三类。

　　原料肉品质量控制的重点在于畜禽饲养过程中重金属及其他有害物质和兽药的控制、动物疫病的检出及防治、畜禽屠宰过程中微生物的控制等几个方面。其控制措施包括：畜禽饲养环境的改善；饲养过程中对水、饲料、兽药的要求及管理；屠宰生产条件的要求以及屠宰过程中各个环节的卫生管理。

　　肉制品的质量控制主要包括对原料的质量控制，加工条件的要求以及加工过程中各生产环节的操作规范等内容，应着重控制食品添加剂的使用。

　　影响乳品质量的主要因素是农药、兽药和微生物。控制措施主要从乳牛饲养的环境、饮用水、饲料、疾病防治、挤乳、乳的运输等方面考虑。液态乳的质量控制主要着重于原料质量、加工条件、工艺和严格的管理。

　　果蔬类食品的污染物质主要是微生物、农药、硝酸盐和亚硝酸盐。在果蔬生产环节要从生产环境、灌溉用水、合理施肥和使用农药几方面对质量加以控制。速冻蔬菜的质量控制主要应考虑对微生物的控制。

　　粮油类食品的质量控制主要在防止霉菌污染和防止油脂氧化变质两个方面。要在粮油作物的生产、收获、运输、贮存等环节采取措施进行控制。

【复习思考题】>>>

简答题

1. 动物屠宰加工过程中如何对其进行卫生质量控制？
2. 影响肉罐头食品质量卫生的因素有哪些？
3. 乳品在加工过程中的质量卫生如何控制？
4. 影响速冻蔬菜质量卫生的主要因素是什么？
5. 如何控制粮油类食品的质量卫生？

第八章 >>>

餐饮服务的安全控制

 【学习目标】 >>>

1. 掌握餐饮服务及网络餐饮服务的相关概念和餐饮业食品安全风险特点。
2. 掌握各类餐饮食品加工卫生质量要求。
3. 掌握网络餐饮服务各关键环节管理要求。
4. 了解餐饮企业场所、设施的卫生要求以及餐饮食品原料安全控制。

第一节　餐饮业食品安全概述

一、餐饮业的概念

　　根据《国民经济行业分类注释》的定义：餐饮业是指在一定场所，对食物进行现场烹饪调制，并出售给顾客，主要供现场消费的服务活动。2022年2月正式实施的《餐饮服务通用卫生规范》（GB 31654—2021）中将餐饮服务定义为：通过即时加工制作、商业销售和服务性劳动等，向消费者提供食品或食品和消费设施的服务活动。

　　传统餐饮服务具有场所固定和即时性等特点，即只有餐饮企业和消费者参与的现场操作、现场服务、现场消费活动。随着移动互联网、大数据技术的不断发展，"互联网＋"模式也引入餐饮业，形成了由餐饮企业、网络平台、配送企业、消费者参与的网络餐饮外卖模式。

二、餐饮企业的分类

　　按照餐饮企业规模及服务对象、范围分为：

　　① 餐馆。是以提供即时用餐服务为主的传统餐饮企业，包括酒店餐厅、饭店、火锅店、烧烤店、小吃店、快餐店等。

　　② 食堂。是指设于机关、学校（含托幼机构）、企事业单位、建筑工地等地点（场所），供内部职工、学生等就餐的单位。

③ 餐饮加工配送企业。指根据个人或集体服务对象订购要求，集中加工、分送食品但不提供就餐场所的餐饮企业。

④ 中央厨房。指由餐饮连锁企业建立的，具有独立场所及设施设备，集中完成食品成品或半成品加工制作，并直接配送给餐饮服务单位的提供者。

⑤ 其他餐饮服务形式。无固定生产服务场所的摊点，例如早餐、夜市等。

按照经营的主要餐饮种类分为：中餐、西餐、小吃、快餐、冷饮、甜品、咖啡等。

三、餐饮业食品安全风险特点

餐饮业食品与其他加工食品类似，在原料生产、运输、食品加工制作、消费各个环节都可能发生有毒有害物质的污染。餐饮业食品还具有原料丰富，烹饪方式多样，即时制作即时消费，不需专门的灭菌、包装、检验过程等特点，如果管理控制不当，容易发生腐败变质，造成食物中毒，如果造成病原菌污染或残留可导致食源性疾病的发生。

随着国家经济发展，人民生活水平的提高，居民在外餐饮消费越来越普遍，餐饮及外卖发展很快，其食品安全问题也更为突出，主要表现在：

① 加工设施简陋、卫生状况不佳。例如，生产制作及用餐环境、加工设施、储藏设施、操作服务人员个人卫生等造成交叉污染。

② 人员素质参差不齐、内部管理不严。烹饪操作不规范、储藏设施使用不当等，造成病原菌污染或食品腐败变质。

③ 原材料及食品添加剂使用不规范。例如，使用不合格的原材料、违规或滥用食品添加剂等，造成安全隐患。

四、餐饮业食品安全控制

1. 餐饮业食品安全监管

我国改革开放以来，餐饮业食品安全受到高度关注，餐饮业及外卖食品逐渐纳入食品安全监管体系，2019 年修订的《食品安全法》和《食品安全法实施条例》等法律法规文件增加了针对餐饮业食品卫生和安全的详细规定。特别是党的十九大和二十大都提出"把保障人民健康放在优先发展的战略位置，完善人民健康促进政策"，强化食品安全，让人民吃得放心。为了加强食品安全工作而制定了《中共中央、国务院关于深化改革加强食品安全工作的意见》等系列文件，文件明确提出"严把餐饮服务质量安全关"，部署实施"餐饮质量安全提升行动"，国务院食品安全办等 14 个部门联合印发《关于提升餐饮业质量安全水平的意见》，市场监管总局先后印发《网络餐饮服务食品安全监督管理办法》《餐饮服务明厨亮灶工作指导意见》《餐饮服务食品安全操作规范》《建设餐饮服务食品安全街（区）的指导意见》等法规文件，2021 年又先后发布了《餐（饮）具集中消毒卫生规范》《即食鲜切果蔬加工卫生规范》《食品中黄曲霉毒素控制规范》和《餐饮服务通用卫生规范》等规范性文件，为保障餐饮业食品安全构建完善了法律法规基础。

针对近年来网购、外卖食品消费模式高速增长，2017 年，食品药品监督管理总局印发《网络餐饮服务食品安全监督管理办法》，2021 年在《餐饮服务通用卫生规范》中涵盖了规范餐饮服务活动中外卖食品加工、配送等食品安全过程的控制要求。无论外卖与堂食、网购与实体店购买，对食品的安全要求是一致的，监管体制也一致。

2. 餐饮业食品加工过程控制

餐饮业食品销售的是即时烹饪加工、即时消费的食品，原料种类繁多，生鲜农产品大多为现购现用，其加工制作产品不能经检验后再食用，因此对餐饮业食品的安全控制必须落实在整个食品供应链，根据餐饮业食品的加工流程，餐饮业食品安全控制涉及餐饮服务场所设施、原料采购运输、食品加工制作、用餐服务、外卖食品包装和配送等方面。

3. 餐饮业食品质量管理体系

(1) HACCP、ISO 22000 体系

餐饮业门类繁多、原材料前处理和烹饪方式各不相同，对于大中型企业和连锁餐饮企业，在执行《餐饮服务通用卫生规范》前提下，利用 HACCP 的原理和方法，对各环节进行危害风险评估，确定关键控制点，建立控制流程和内部稽核制度，可有效控制食源性疾病、提高食品质量，保障食品安全。

2005 年 9 月国际标准化组织在广泛吸收 ISO 9000 质量管理体系的基本原则和过程方法的基础上，结合 HACCP 的基本原理制定发布了更加科学和简便的 ISO 22000《食品安全管理体系——食品链中各类组织的要求》，在餐饮服务质量管理中更加实用和有效。

(2) 建立可追溯体系

建立网络可追溯体系，推进食品供应链各追溯体系互联互通，建立不同部门间、不同省市间追溯信息共享交换机制，为实现食用农产品、食品从种植养殖、加工、流通到消费终端全链条可追溯提供支撑。通过加强线上线下销售平台、商超的合作，设置追溯产品销售专区、专柜等方式，提高消费者对追溯产品认知度，调动生产经营主体纳入国家追溯平台的积极性。

第二节　餐饮企业场所、设施的卫生要求

一、选址要求

餐饮服务场所应选择与经营的食品相适应的地点，不应选择对食品有污染风险地点，例如有害废弃物、粉尘、有害气体、放射性物质、虫害大量孳生及其他扩散性污染源等。

餐饮企业周围基础设施良好，交通便利，给排水、电力、燃气、通信、宽带、光纤、排污等条件齐备。地势干燥并且高于排污管道，以利排污，同时符合规划、环保和消防的有关要求。

在经营活动过程中应保持该场所环境清洁。

二、布局与内部结构要求

餐饮企业场地规模、区域布局应与其提供的食品品种、数量相适应。餐饮场所一般按照

其用途功能主要分为食品处理区、就餐区和办公等非食品处理区，较大型的店还设置门厅、前台、点菜、候餐等区域。

（1）布局要求

不同区域应根据食品加工、供应流程合理布局，满足食品卫生操作要求，避免食品在存放、加工和传递中发生交叉污染。应设置独立隔间、区域或者设施用于存放清洁工具（包括扫帚、拖把等），其位置应不会污染食品，并与其他区域或设施能够明显区分，防止可能发生的食品污染。

食品处理区使用燃煤或者木炭等易产灰固体燃料的炉灶应为隔墙烧火的外扒灰式，防止烟尘对食品的污染。

（2）建筑内部结构要求

建筑内部结构应采用适当的耐用材料建造，且表面平整易于维护、清洁和消毒，利于清洁消杀。地面、墙壁、门窗、天花板的结构应能避免有害生物侵入和栖息。

① 天花板。一般区域的天花板涂覆或装修的材料应无毒、无异味、防霉、不易脱落、易于清洁；食品烹饪、冷却，餐用具清洗消毒等区域的天花板涂覆或装修的材料应不吸水、耐高温、耐腐蚀；食品半成品、成品和经清洁后的餐用具暴露区域上方的天花板应能避免灰尘散落，在结构上不利于冷凝水垂直下落，防止有害生物孳生和霉菌繁殖。

② 墙壁。食品处理区墙壁的涂覆或铺设材料应无毒、无异味、不透水、防霉、不易脱落、易于清洁；食品处理区内需经常冲洗的场所，在操作高度范围内的墙面还应光滑、防水、不易积聚污垢且易于清洗。

③ 门窗。食品处理区的门窗应闭合严密，采用不透水、坚固、不变形的材料制成，结构上应易于维护、清洁。应采取必要的措施，防止门窗玻璃破碎后对食品和餐用具造成污染，需经常冲洗场所的门，表面还应光滑、不易积垢，防止微生物生长。餐饮服务场所与外界直接相通的门窗应采取有效措施，如安装空气幕、防蝇帘、防虫纱窗、防鼠板等，防止有害生物侵入；专间（专门处理凉菜冷食的操作间）与其他场所之间的门应能及时关闭。专间设置的食品传递窗应专用，可开闭。

④ 地面。食品处理区地面的铺设材料应无毒、无异味、不透水、耐腐蚀，结构应有利于排污和清洗的需要。地面铺设应平坦防滑，易于清洁、消毒，有利于防止积水。

三、设施与设备的要求

（1）供水设施

应能保证水质、水压、水量及其他要求符合食品加工需要，食品加工用水的水质应符合 GB 5749—2022《生活饮用水卫生标准》的规定。对加工用水水质有特殊需要的，应符合相应规定标准。食品加工用水与其他不与食品接触的用水（如间接冷却水、污水、废水、消防用水等）的管道系统应完全分离，防止非食品加工用水逆流至食品加工用水管道。自备水源及其供水设施应符合有关规定。供水设施中使用的涉及饮用水卫生安全产品应符合相关规定。

（2）排水设施

排水设施的设计和建造应保证排水畅通，便于清洁、维护，能保证食品加工用水不受污染。需经常冲洗的场所地面和排水沟应有一定的排水坡度。排水沟应设有可拆卸的盖板，排水沟内不应设置其他管路。专间、专用操作区不应设置明沟，如设置地漏，应带有水封等装置，防止废弃物进入及浊气逸出。排水管道与外界相通的出口应有适当措施，以防止有害生物侵入。

(3) 洗涤设施

① 餐用具清洗、消毒和存放设施、设备。用具清洗、消毒、保洁设施与设备的容量和数量应能满足需要，应与食品原料、清洁工具的清洗设施和设备分开并能够明显区分。采用化学消毒方法的，应设置餐用具专用消毒设施、设备。餐用具清洗、消毒设施、设备应采用不透水，不易积垢，易于清洁的材料制成。应设置专用保洁设施或者场所存放消毒后的餐用具。保洁设施应采用不易积垢、易于清洁的材料制成，与食品、清洁工具等存放设施能够明显区分，防止餐用具受到污染。

② 洗手设施。食品处理区应设置洗手设施，洗手设施应采用不透水、不易积垢、易于清洁的材料制成。专间、专用操作区水龙头应采用非手动式，宜提供温水，洗手设施附近应配备洗手用品和干手设施等。从业人员专用洗手设施附近的显著位置还应标示简明易懂的洗手方法。

(4) 卫生间

卫生间不应设置在食品处理区内，出入口不应与食品处理区直接连通，不宜直对就餐区。卫生间应设置独立的排风装置，排风口不应直对食品处理区或就餐区。卫生间的结构、设施与内部材质应易于清洁。卫生间与外界直接相通的门、窗也应坚固，易于清洁，防止有害生物侵入。应在卫生间出口附近设置符合上述卫生要求的洗手设施。卫生间的排污管道应与食品处理区排水管道分开设置，并设有防臭气水封，排污口应位于餐饮服务场所外。

(5) 更衣区

更衣区应与食品处理区处于同一建筑物内，宜位于食品处理区入口处，鼓励有条件的餐饮服务提供者设立独立的更衣间，更衣设施的数量应当满足需要。设置洗手设施的，应当符合相应的卫生要求。

(6) 照明设施

食品处理区应有充足的自然采光或者人工照明，光泽和亮度应能满足食品加工需要，不应改变食品的感官色泽。食品处理区内在裸露食品正上方安装照明设施的，应使用安全型照明设施或者采取防护措施。

(7) 通风排烟设施

产生油烟的设备、工序上方应设置机械排风及油烟过滤装置，过滤器应便于清洁、更换。产生大量蒸汽的设备、工序上方应设置机械排风排汽装置，并做好凝结水的引泄。与外界直接相通的排气口外应加装易于清洁的防虫筛网。

(8) 贮存设施

库房应设通风、防潮设施，保持干燥。库房设计应使贮存物品与墙壁、地面保持适当距离，以利于空气流通，避免有害生物藏匿。冷冻、冷藏柜（库）应设有可正确显示内部温度的测温装置。

根据食品原料、半成品、成品的贮存要求，设置相应的食品库房或者贮存场所以及贮存设施（常温、冷冻、冷藏设施）。同一库房内贮存原料、半成品、成品、包装材料的，应分设存放区域并显著标识，分离或分隔存放，防止交叉污染。食品添加剂，标注"食品添加剂"字样，并与食品、食品相关产品等分开存放。

清洁剂、消毒剂、杀虫剂、醇基燃料等危险物质的贮存设施应有醒目标识，并应与食品、食品添加剂、包装材料等分开存放或者分隔放置。

废弃物存放设施。应设置专用废弃物存放设施。废弃物存放设施与食品容器应有明显的区分标识。废弃物存放设施应有盖，能够防止污水渗漏、不良气味溢出和虫害孳生，并易于清洁。

(9) 食品容器、工具和设备

根据加工食品的需要，配备相应的容器、工具和设备等。不应将食品容器、工具和设备用于与食品盛放、加工等无关的用途。设备的摆放位置应便于操作、清洁、维护和减少交叉污染。固定安装的设备应安装牢固，与地面、墙壁无缝隙，或者保留足够的清洁、维护空间。

与食品接触的容器、工具和设备部件，应使用无毒、无味、耐腐蚀、不易脱落的材料制成，并应易于清洁和保养。有相应食品安全国家标准的，应符合相关标准的要求。

与食品接触的容器、工具和设备与食品接触的表面应光滑，设计和结构上应避免零件、金属碎屑或者其他污染因素混入食品，并应易于检查和维护。

用于盛放和加工原料、半成品、成品的容器、工具和设备应能明显区分，分开放置和使用，避免交叉污染。

第三节　餐饮食品原料安全控制

餐饮食品原料为符合饮食习惯、通过烹饪手段制作各种餐饮食品的食物原料。餐饮食品原料种类较多，按照其来源、用途可分为：肉及肉制品、蔬果类、蛋及蛋制品、乳及乳制品、粮油及制品、调味品、食品添加剂几大类，包括新鲜农产品和加工制品。

一、餐饮原料采购安全控制

餐饮企业必须通过市场采购所需原料，为保障安全质量，餐饮企业应制定并实施各类食品、食品添加剂及相关产品的采购控制要求，选择依法取得许可资质的供货者生产经营的食品、食品添加剂及食品相关产品。不应采购法律、法规禁止生产经营的食品，食品添加剂及食品相关产品

采购食品、食品添加剂及食品相关产品时，应按规定查验并留存供货者的许可资质证明复印件。鼓励建立固定的供货渠道，确保所采购的食品、食品添加剂及食品相关产品的质量安全。

二、餐饮原料运输安全控制

根据食品特点选择适宜的运输工具，必要时应配备保温、冷藏、冷冻、保鲜、保湿等设施。

运输前，应对运输工具和盛装食品的容器进行清洁，必要时还应进行消毒，防止食品受到污染。运输中，应防止食品包装破损，保持食品包装完整，避免食品受到日光直射、雨淋和剧烈撞击等，运输过程应符合保证食品安全所需的温度、湿度等特殊要求。

食品与食品用洗涤剂、消毒剂等非食品同车运输，或者食品原料、半成品、成品同车运输时，应进行分隔。不应将食品与杀虫剂、杀鼠剂、醇基燃料等有毒、有害物品混装运输。运输食品和运输有毒、有害物品的车辆不应混用。

三、餐饮原料验收登记制度

1. 实行索证制度

餐饮企业应按规定查验并留存供货者的产品合格证明文件。实行统一配送经营方式的餐饮服务企业，可由企业总部统一查验供货者的产品合格证明文件。企业总部统一查验的许可资质证明、产品合格证明文件等信息，门店应能及时查询。

2. 进库前感官检验制度

食品原料到货后必须依据各类食品感官检验质量标准进行感官检验。

① 具有正常的感官性状，无腐败、变质、污染等现象。

② 预包装食品应包装完整、清洁、无破损，内容物与产品标识应一致。

③ 标签标识完整、清晰，载明的事项应符合食品安全标准和要求。

④ 食品在保质期内。

⑤ 食品温度符合食品安全要求。

所有原料经检验合格后才能入库，并建立进货及验收台账登记制度。对于冷冻、冷藏食品应尽可能缩短其检验时间，以减少其温度变化，防止腐败变质。

对于采购量较少的小型餐饮店，应到正规市场选择诚实口碑好的商贩作为主要采买渠道，并进行现场记录确认，购买或收货时也要仔细观察食品感官性状，确保食品安全。

四、餐饮食品贮存安全控制

食品原料、半成品、成品应分隔或者分离贮存。贮存过程中，应与墙壁、地面保持适当距离，散装食品（食用农产品除外）贮存位置应标明食品的名称、生产日期或者生产批号、使用期限等内容，宜使用密闭容器贮存。

贮存过程应符合保证食品安全所需的温度、湿度等特殊要求。

为防止超期存放，按照先进、先出、先用的原则，使用食品原料、食品添加剂和食品相关产品。使用前进行感官检查，存在感官性状异常、超过保质期等情形的，应及时清理。变质、超过保质期或者回收的食品应显著标示或者单独存放在有明确标志的场所，及时采取无害化处理、销毁等措施，并按规定记录。

第四节　餐饮从业人员健康管理

餐饮食品从业人员是直接入口食品加工过程中的直接接触者，他们的健康状况是否符合要求、食品安全知识是否正确、操作行为是否规范对保障食品安全有很大影响，控制不当，易在食品烹饪制作过程中发生有害物质的污染，是食源性疾病发生的重要因素。餐饮食品企业要建立并执行从业人员健康管理制度，患有国务院卫生行政部门规定的有碍食品安全疾病的人员，不得从事接触直接入口食品的工作，从事接触直接入口食品工作的食品生产经营人员应当每年进行健康检查，取得健康证明后方可上岗工作。

一、餐饮从业人员健康管理制度

从事切菜、配菜、烹饪、传菜、餐用具清洗消毒等接触直接入口食品工作的人员应每年进行健康检查，到疾控中心办理健康证后方可上岗。患有霍乱、细菌性和阿米巴性痢疾、伤寒和副伤寒、病毒性肝炎（甲型、戊型）、活动性肺结核、化脓性或者渗出性皮肤病等国务院卫生行政部门规定的有碍食品安全疾病的人员，在操作中可能对食品造成污染，导致疾病传播，影响食品安全。食品从业人员每天上岗前应进行健康状况检查，发现患有发热、呕吐、腹泻、咽部严重炎症等病症及皮肤有伤口或者感染的从业人员，应暂停从事接触直接入口食品的工作，立即到医疗机构就诊，如排除有碍食品安全的疾病后方可重新上岗；如确诊，就不应从事接触直接入口食品的工作。

二、餐饮从业人员工作卫生要求

从业人员工作时，应穿清洁的工作服，应保持良好的个人卫生。在食品处理区内的从业人员不应留长指甲，不应涂指甲油，不应化妆。工作时，佩戴的饰物不应外露；应戴清洁的工作帽，避免头发掉落污染食品。在食品处理专间和专用操作区内的从业人员操作时，应佩戴清洁的口罩，口罩应遮住口鼻。

从业人员个人用品应集中存放，其存放位置应不影响食品安全。进入食品处理区的非从业人员，应符合从业人员卫生要求。

从业人员加工食品前应按照要求彻底洗净手部。从事接触直接入口食品工作的从业人员，加工食品前还应进行手部消毒。

使用卫生间、接触可能污染食品的物品或者从事与食品加工无关的其他活动后，再次从事接触食品、食品容器、工具、设备等与餐饮服务相关的活动前应重新洗手，从事接触直接入口食品工作的还应重新消毒手部。

如佩戴手套，应事先对手部进行清洗消毒，手套应清洁、无破损，符合食品安全要求，如厕或接触可能污染食品的物品或者从事与食品加工无关的其他活动后，应重新洗手消毒后更换手套。

第五节　餐饮加工过程安全控制

一、餐饮加工基本卫生要求

1. 不应加工法律、法规禁止生产经营的食品。例如，国家规定禁止食用的野生动物、未进行毒性识别的野生植物、野生菌类等。加工过程不应有法律、法规禁止的行为。例如，加入国家禁止食用的物质作为调味料等。

2. 原料控制。加工前应对待加工食品进行感官检查，发现有腐败变质、混有异物或者其他感官性状异常等情形的，不应使用。

3. 制定操作规范，避免食品在加工过程中受到污染。例如，用于食品原料、半成品、成品的容器和工具分开放置和使用，不应直接放置在地面上或者接触不洁物。操作区不能混用，例如不在食品处理区内进行餐用具清洗消毒工作。

4. 环境控制。保持环境清洁卫生，不应在餐饮服务场所内堆放物品，不应在餐饮服务场所内饲养、暂养和宰杀畜禽。

二、原料初加工控制

冷冻（藏）易腐食品从冷柜（库）中取出或者解冻后，应及时加工使用；食品原料加工前应洗净。未经事先清洁的禽蛋使用前应清洁外壳，必要时消毒。经过初加工的食品应当做好防护，防止污染。经过初加工的易腐食品应及时使用或者冷藏、冷冻。

生食蔬菜、水果和生食水产品原料应在专间、专用区域或设施内清洗处理，必要时进行消毒。生食蔬菜、水果清洗消毒按照《食品安全国家标准餐饮服务通用卫生规范》中《生食蔬菜、水果清洗消毒指南》进行。

三、烹饪过程安全控制

1. 热制菜肴安全控制

热制菜肴即热菜，是食品原料经处理后，经加热烹调即上桌食用的菜肴。根据菜式工艺要求不同，其加热方式有以下几类：以水为加热介质的烹调方法，如焯水、烧、烩、煮、煲等；以蒸汽为加热介质的烹调方法，如蒸制；以油为加热介质的烹调方法，如过油、炒、爆、炸、煎等；以热空气或明火为加热介质的烹调方法，如烧烤。

食品材料经合理加热处理，既能熟化食材，获得菜肴特有的色、香、味、形等风味口感，又能灭菌消毒，降低或消除某些原料的毒性或副作用，保证人们食用的安全，因此加热处理是热菜制作中控制食品安全的重要环节。如加热不彻底，难以灭活原料中有害物质、寄生虫和微生物；如加热过度或油温过高、加热时间控制不当，会造成原料中维生素的损失，而且其中的碳水化合物、脂肪和蛋白质在高温下会产生过氧化物、多环芳烃、杂环胺、丙烯酰胺等有毒有害物质。因此，合理控制食品烹饪的温度和时间才能保证食品安全。需要烧熟煮透的食品，加工时食品的中心温度应达到 70℃ 以上；根据工艺要求加工时食品的中心温度低于 70 ℃ 的，应严格控制原料质量安全或者采取其他措施（如延长烹饪时间等），确保微生物指标达到食品安全要求。应尽可能防止食品在烹饪过程中产生有害物质。食品煎炸所使用的食用油和煎炸过程的油温，应当有利于减缓食用油在煎炸过程中发生劣变。煎炸用油不符合食品安全要求的，应及时更换。

烹饪后的易腐食品，在冷藏温度以上、60℃ 以下存放 2h 以上，未发生感官性状变化的，食用前应进行再加热后食用，加热时，应当将食品的中心温度迅速加热至 70℃ 以上，以能有效杀菌。食品感官性状发生变化的说明食品已经发生了腐败变质，应当废弃，不应再加热后供食用，因为微生物有的耐热，毒素不易彻底破坏，食用后易造成食物中毒。

2. 冷制菜肴安全控制

冷制菜肴，俗称凉菜，是以室温或冷藏后上桌的菜肴。按照其加工工艺可以分为冷制凉菜和热制凉菜。冷制凉菜常以生冷原料用拌、腌等工艺制作或用味碟随食，包括以植物性原料制作的凉拌蔬菜，如黄瓜、莴苣、折耳根、萝卜、生菜等；以水产品为原料制作的刺身，如三文鱼、象拔蚌、海胆、蚝、蚶等。热制凉菜是将食品原料经加热烹调后，迅速降至室温或冷藏后，切配装盘调味食用的菜肴，如白切鸡、盐水虾、各式卤菜等。

由于冷制凉菜工艺无热加工环节，其食品安全风险较热制菜肴大，在操作过程中对各个环节卫生及操作控制的要求更高，除了对原料质量、运输卫生、贮存条件卫生要求更严外，在加工操作中要遵守"五专"规定：

① 专人操作。专人加工制作，非操作人员不得擅自进入专间。不得在专间内从事与凉菜加工无关的活动。操作人员严格执行卫生要求，穿戴工作衣帽、口罩，手消毒等。

② 专用操作间。简称专间，冷制凉菜制作应在专用的具独立隔间的操作间或专用操作区进行，不应在专间或者专用操作区内从事应在其他食品处理区进行或者可能污染食品的活动，避免专间内直接进口食品受到存放在专间和专用操作区的非食品的污染。

③ 专用器具。专间内应使用专用的工具、容器及专用消毒剂，用前应消毒，用后应洗净并保持清洁。

④ 专用冷藏设备。专用制作间应设有专用冷藏设施，制作好的凉菜应尽量当餐用完，剩余尚需使用的应存放于专用冰箱内冷藏或冷冻。冷藏箱应定期清理、消毒。

⑤ 专门消毒。每餐或每班使用专间前，应对操作台面和专间空气进行消毒杀菌处理。专间应设有专用工具、清洗消毒设施和空气消毒设施。

第六节　网络餐饮服务安全控制

网络餐饮服务即利用互联网提供餐饮服务的新业态，是互联网与传统餐饮服务业相结合形成的一整套服务系统。网络餐饮食品作为新业态发展较快，在满足广大消费者需求的同时也暴露出一些特有的安全问题，党和政府非常关注广大消费者的身体健康，把食品安全放在首位，2009 年《中华人民共和国食品安全法》颁布后，分别于 2015 年、2018 年和 2021 年进行了修订，及时增加了网络餐饮服务等新业态的内容。2017 年国家食品药品监督管理总局发布了《网络餐饮服务食品安全监督管理办法》，国家市场监督管理总局于 2020 年进行了修订；2016 年国家食品药品监督管理总局发布《网络食品安全违法行为查处办法》，2021 年国家市场监督管理总局进行了修订。各省、市也研究出台了相应的实施细则，至此，我国网络餐饮服务安全的法律、法规已经基本建立。

网络餐饮服务是由餐饮企业通过网络平台开设网上店铺提供餐饮服务的一种餐饮服务形式，与传统餐饮服务比较，其食品供应链增加了网络订购、餐饮食品包装、配送环节。因此，网络餐饮服务安全包含餐饮网络平台、入网餐饮服务企业和配送企业的安全控制。

一、餐饮网络平台安全管理

网络平台是在网络餐饮服务过程中为交易双方或多方提供交易撮合及相关服务的信息网络系统，包括第三方平台和餐饮企业自建平台（餐饮服务企业建立的专为自身网络餐饮服务交易提供服务的信息网络系统）。作为联系供餐者和消费者、组织订餐送餐服务的平台，一方面，要接受国家监管机构的食品安全管理和广大消费者的监督；另一方面，要实行对入网餐饮企业的安全监管，利用大数据进行分析、及时发现安全隐患，防止安全事件的发生。

1. 入网备案

网络平台应在通信主管部门批准后 30 个工作日内，向所在地省级市场监督管理部门备案，取得备案号，备案信息包括域名、IP 地址、电信业务经营许可证、企业名称、法定代表人或者负责人姓名、备案号等。

2. 食品安全监管

网络平台要设置餐饮食品安全监管机构，制定安全管理制度和相应的应急预案，配合政府监管机构对入网餐饮企业进行常规线上管理和线下核查。

建立入网餐饮企业档案，记录入网餐饮企业的基本情况、食品安全管理人员等信息，核验并发布入网餐饮企业的证照等相关资质证明，审核并展示入网餐饮企业实体门店的基本情况（包括名称、品牌、地址等），以及表明门店身份的照片（如门面、门头、牌匾或 LO-GO、售卖台等）。

网络平台对餐饮服务信息进行审核与发布，在订单管理中及时接受和处理消费者的咨询和投诉。平台要如实记录消费者关于服务质量的咨询、投诉和举报以及处理结果等信息。按照国家和本地有关要求保存好相关信息，在投诉解决前不应销毁相关的订单信息和音像资料。同时应当具备数据备份、故障恢复等技术条件，保障网络餐饮服务交易数据和资料的可靠性与安全性。

平台在确定配送时间时，除结合食品加工制作过程、配送距离及路况、交通安全等因素外，还应严格评估食品的安全食用时限等相关因素，以避免食品在消费前发生腐败变质，造成食用安全问题。

二、入网餐饮企业安全控制

1. 基本要求

入网餐饮企业需取得相应的营业执照和许可证，按批准的经营项目，根据自身经营场所使用面积、设备设施、加工人员等条件，提供与供餐能力相匹配的网络餐饮服务，不能委托、转包给其他单位或人员供餐。入网餐饮企业的生产、服务场地、布局、设备、设施、加工操作、人员等卫生要求要符合《食品安全国家标准 餐饮服务通用卫生规范》的要求。

为防止发生交叉污染，应设置专用的外卖餐饮包装间（或专用区域）和取件区，取件区应与加工制作区、包装区分离，并标识明显。

2. 生产安全控制

根据送餐条件、时间选择餐饮食品种类，例如生食水产品等对配送温度要求严苛的食品不宜外送。应随餐提供食品制作时间、建议食用时限等与食用相关的信息。同一订单的食品宜同时出品，不能同时出品时，应合理安排出餐顺序，先出品易于保存的食品。餐饮食品从原料采购、运输、贮存、加工制作、包装等整个食物供应链的安全控制与线下堂食要求一致。

食品制作后应立即打包配送。需暂存的易腐食品，暂存时间不应超过 1 小时，暂存温度热藏宜为 60℃以上，冷藏宜为 8℃以下。

3. 外卖餐饮包装

网络餐饮食品包装既要考虑食品状态、口感要求，更要防止交叉污染。打包前应对食品进行感官性状检查（特别是冷食），感官性状异常的不应供餐。打包应在专用包装间（或专用区域）进行，打包应符合下列要求：

① 应使用符合食品卫生要求的餐用具（或一次性容器）接触、盛装食品。

② 热食类、冷食类食品应分隔放置，需低温保存的食品宜有保温措施。

③ 饮料类、汤羹类应分别单独包装。

④ 直接入口食品和非直接入口食品应分别打包，不应放入同一餐具或容器内。

⑤ 打包过程中遗撒、掉落的食品应丢弃。

⑥ 打包好的食品容器应封盖或封口。

⑦ 打包好的食品不应倾斜或倒置，不应相互挤压。饮料类、汤羹类等液体食品宜使用辅助设施进行固定。

⑧ 应使用外卖包装封签或一次性封口的外包装袋等密封方式，封签、外包装袋口在开启后应无法复原。

⑨ 包装中应含餐饮食品标签，除标注食品名称、数量、金额等信息外，还应根据不同情况标示如下信息。

a. 中央厨房配送的食品，应标注中央厨房信息，以及中央厨房加工时间、保存条件、保存期限等，必要时标注门店加工方法。

b. 集体用餐配送单位配送的食品，应标注集体用餐配送单位信息、加工时间和食用时限，冷藏保存的食品还应标注保存条件和食用方法。

c. 个人餐饮配送食品在容器或者包装上标注防烫伤、是否需冷藏及食用时限等信息，并提醒消费者收到后尽快食用。

4. 配送要求

配送是网络餐饮食品供应链的最后一个环节，要防止有害物质在配送过程中通过配送箱、人员等途径对食品造成污染，同时要控制配送时间，防止食品腐败变质。

（1）配送人员卫生要求

配送企业（餐饮网络平台或第三方配送企业）应建立并及时更新配送人员档案，记录配送人员的姓名、联系方式、食品安全培训考核、健康状况等信息，对配送人员进行食品安全培训，考核合格后方可上岗。负责配送人员的健康管理，出现发热、腹泻、呕吐等症状的，应暂停配送工作。

配送人员上岗和工作时应保持着装整洁和手部清洁，配送过程中佩戴口罩。

（2）配送箱卫生要求

配送箱应无毒无害，具有保温性、气密性和缓冲性等特性，易于运输和携带，能防尘、防水。

配送餐饮食品时，配送箱应专用，干净整洁无异味，内表面不应有油渍、汤渍等污物。污染后应及时清洁，必要时消毒。配送箱每日消毒应不少于一次，清洁消毒情况应有记录。清洁消毒剂应合格并在有效期内。

（3）配送过程安全控制

配送人员每日开始工作前应检查配送箱，确认清洁、使用状态良好。若使用车辆进行配送，应在配送前对车辆内部进行清洁。不应使用公交车、地铁等公共交通工具进行配送。

配送人员取餐时，应核对订单与配送地址，检查食品包装及其附属物的完整性、清洁度和是否有包装封签，如果包装不完整、污损或无包装封签应拒绝配送。

配送人员将外卖食品妥善装入配送箱中，不应挤压存放。需低温保存的食品应与热度较高的食品分开放置。

在配送过程中不应打开食品外包装。发生食品污染的，应终止配送。装卸时，配送设备设施的门、盖应随开随关。配送过程中应满足保证食品安全的温度要求。

若采用无接触配送，应放置在指定的室内存放场所并告知消费者尽快取餐。无法放置于室内的，应放置于具有防晒、防尘、防雨条件的指定位置。宜采用无人机、无人车、机器人等现代化技术进行配送。

若设置智能取餐设施，不应设在易受到污染的区域。智能取餐设施应具备取餐时限管控功能，宜具备保温功能或冷藏、复热等功能。设置单位应自行或委托第三方对智能取餐设施定期清洁消毒，有效维护。

 【本章小结】 >>>

餐饮服务业是食品链最后的一个环节，门槛低、品种杂、规模小等特点导致餐饮服务是食品安全问题多发的行业。

根据餐饮服务业加工操作特点，制定实施关键环节的操作规范和卫生要求，加强人员的食品安全意识和职业道德教育，强化网络平台的管理作用，加之政府监管部门进行有效的监督管理，齐抓共管才能切实保障餐饮食品的安全。

【复习思考题】>>>

简答题

1. 餐饮服务业分为哪几类？与农产品生产和加工食品行业比较有什么特点？
2. 餐饮烹饪操作如何控制食品安全？
3. 外卖餐饮服务中，网络平台对食品安全应负什么责任？
4. 外卖配送人员如何操作才能控制食品安全？

第九章 >>>

转基因食品的质量安全控制

【学习目标】>>>

1. 掌握转基因食品的概念。
2. 掌握转基因食品的质量安全和标识管理办法。
3. 了解转基因食品的安全性评价体系。

第一节　转基因食品概况

一、转基因食品的概念

　　用基因工程方法将有利于人类的外源基因转入受体生物体内，改变其遗传组成，使其获得原先不具备的品质与特性的生物，称之为转基因生物。联合国公约《卡塔赫纳生物安全议定书》，（简称《生物安全议定书》）提到：任何具有凭借现代生物技术获得的遗传材料新异组合的活生物体，其中包括不能繁殖的生物体、病毒和类病毒，称为"改性活生物体"（Living Modified Organisms，LMOs），或者叫"遗传饰变生物"（Genetically Modified Organisms，GMOs）。例如：科学家将北极鱼的基因移植到番茄中，使番茄可以抗寒；将人类生物激素基因移植到鲤鱼中，使鲤鱼可以生长得更快更大；将土壤微生物的毒蛋白基因移植到水稻中，使水稻可以抗病虫害。

　　转基因食品是转基因生物的产品或者加工品，美国FDA使用"生物工程食品"一词、欧洲使用"新型食品"一词，把转基因食品包括在内。在欧盟新型食品条例中将转基因食品定义为："一种由经基因修饰的生物体生产的或该物质本身的食品"，包括经修饰的基因物质和蛋白质。转基因食品可以是活体的，能够遗传或者复制遗传信息，例如转基因的油菜籽、番茄、大豆等。转基因食品也可以是非活体的，例如大豆油、豆腐等。

　　《农业转基因生物安全管理条例》指出，农业转基因生物，是指利用基因工程技术改变基因组构成，用于农业生产或者农产品加工的动植物、微生物及其产品。主要包括：①转基因动植物（含种子、种畜禽、水产苗种）和微生物；②转基因动植物、微生物产品；③转基因农产品的直接加工品；④含有转基因动植物、微生物或者其产品成分的种子、种畜禽、水产苗种、农药、兽药、肥料和添加剂等产品。

二、转基因食品的种类

1. 按照来源分类

转基因食品按照来源不同可分成三类。

① 转基因植物食品。在转基因食品中数量最多，是由转基因农作物生产、加工而成。

② 转基因动物食品。由转基因动物生产的肉、蛋、奶等及其加工产品。

③ 转基因微生物食品。转基因微生物作为生物反应器生产的食品或食品添加剂。

目前生产技术较为成熟的转基因食品主要有：转基因玉米、转基因水稻、转基因大豆、转基因番茄、转基因马铃薯、转基因油菜、转基因小麦以及它们作为原料经过加工而得到的各种食品等。

2. 按照转入基因的性状分类

转基因生物实际是利用现代生物技术进行育种的产物，可以按照人们的需要选择具有特定性状的基因在现有农作物中进行表达，因此转基因食品都具有某些利于生产或消费的优良性状。目前转基因食品中所转入的基因主要有以下类型。

(1) 抗除草剂

农作物转入耐除草剂的基因以后，使用草甘膦除草剂的时候，所有其他杂草都死亡，只有该种作物存活。这样可以降低劳动成本，提高生产效益。目前抗除草剂的转基因作物主要有大豆。

(2) 抗病毒、抗虫基因

把一种抗病毒或抗虫的基因转到农作物中，农作物就能够表达毒性蛋白质，对病毒和虫害具有抵抗力。目前具有该种性状的转基因农作物主要有棉花、小麦、番茄、辣椒等，有的已投入商业化生产，大大减少了农药使用所造成的环境污染和人畜伤亡等事故。

(3) 耐储藏

对番茄、香蕉、草莓、荔枝等果蔬进行品质改造，使之不易过熟、腐烂，延长储藏期。目前国内外都已有商品化的转基因耐储番茄。

(4) 改进农产品品质

采用基因改造的方法，可以改善动物性食品的成分比例，改善发酵食品的风味和品质，增加食品的营养价值，增加附加价值等。例如：可通过转基因技术改良小麦中的麦谷蛋白和麦醇溶蛋白的组成比例，以改善其面团的流变性，进而提高焙烤特性。其他已研究培育出抗干旱、耐盐碱、抗重金属、抵御瘟病以及营养价值高等系列特性品种。

三、发展转基因食品的意义

1. 提高农业生产率，有效解决粮食安全问题

2022 年 11 月 15 日，世界人口达到 80 亿，预计在未来 30 年，世界人口将增加近 20 亿，从目前的 80 亿增加至 2050 年的 97 亿，并可能在 21 世纪 80 年代中期达到近 104 亿的峰值，

而粮食的产量则远未满足人口增长的需求。全世界特别是发展中国家，都面临粮食增产的课题。通过传统的方法增加粮食产量，就不可避免地要牺牲大片青山、绿水、森林、草地，而过度开发土地，则使自然界不堪重负，生态平衡遭到严重破坏。对粮食品种基因的改变和控制，例如增强其抗逆境能力、抗病虫害的能力，控制作物成熟期和品质改良等能有效利用土地资源、降低生产成本、提高农作物产量、减少浪费，对于满足人类对粮食日益增长的需要具有重要意义。

2. 减少农药的使用量，保护生态环境

据统计，中国目前每年要将 20 万吨以上的农药用于农田，其中 1/3 为高毒农药。过多的农药严重污染环境，损害人体健康。当害虫和病原微生物逐渐产生耐药性后，只能加大农药用量，形成恶性循环。利用转基因技术，可以方便快速地培育出抗病虫害的品种，大大降低农药的使用量。

3. 开发特殊功能食品，提高生活水平

利用转基因技术，除了能改善粮油食品的加工特性、改善发酵食品的风味和品质、改善动物食品的质地和品质外，还可能培育出具有特殊功能的食品。例如：将含有铁的基因转移到某一品种大米、含维生素 A 的基因转移到某种蔬菜、含维生素 E 的基因转移到某一品种玉米……于是人们在吃饭时可以按照自己需要，选择含铁的大米饭以补充铁元素，选择含维生素 A 丰富的蔬菜以预防眼干燥症，选择含维生素 E 丰富的玉米以预防心血管病等。

四、转基因食品商业化生产概况

1983 年世界上第一例转基因植物构建成功，1985 年第一尾转基因鱼问世，从此揭开了转基因食品生产的序幕，1986 年转基因生物批准田间实验。1992～1994 年，美国孟山都公司实验出了产生杀虫蛋白的马铃薯，该种马铃薯能抵御马铃薯甲虫危害。1994 年，孟山都公司利用基因工程技术生产的具有长时间保存而不软化、不腐烂且保持鲜艳红色特点的番茄，是第一个由 FDA 批准上市销售的基因工程食品。1998 年，转基因作物已经在 8 个国家种植，全球种植面积从 1997 年的 1100 万公顷增加到 2780 万公顷，1999 年增至 3990 万公顷。进行商业化种植的转基因作物包括大豆、玉米、棉花、油菜、马铃薯、烟草、番茄、南瓜和木瓜等，特别是大豆、玉米、棉花和油菜发展较快：

2002 年，全球大豆、玉米、棉花和油菜转基因作物的种植面积分别为 3650 万公顷、1240 万公顷、680 万公顷和 300 万公顷，各占转基因作物总面积的 62.2％、21.1％、11.6％和 5.1％。

2006 年，全球转基因作物种植面积达到 1 亿公顷，占全球总种植面积的 10％。

2019 年全球转基因作物种植面积为 1.904 亿公顷，有 29 个国家、地区（其中 24 个发展中国家，5 个发达国家）共种植 1.904 亿公顷的转基因作物，其中 56％的转基因作物种植面积在发展中国家，另外的 44％在发达国家。种植面积最大的转基因作物是大豆，9190 万公顷；第二是玉米，6090 万公顷；第三是棉花，2570 万公顷；第四是油菜，1010 万公顷。2019 年，全球单一作物种植面积（包括非转基因及转基因作物）中，有 79％的棉花、74％

的大豆、31％ 的玉米以及 27％ 的油菜是转基因作物。

中国的转基因研究取得了较大发展，并且在基因药物、转基因作物、农作物基因图与新品种等方面具有相对优势。至 2000 年，我国已批准上市的国内自主开发的转基因植物有 5 种，开展研究的转基因植物种类达 47 种，涉及各类基因 103 个。已有水稻、小麦、玉米、大豆、番木瓜、烟草、马铃薯、杨树等 10 余种转基因植物获准进行田间试验。中国是世界上第二个有转基因抗虫棉花自主知识产权的国家，国内已有 12 个抗虫棉品种通过审定，2002 年种植面积占棉花总种植面积的 40％，累计推广面积达 134 万公顷，减少农药用量 30％，增加皮棉 1 亿公斤，创造经济效益 50 亿元人民币。

目前中国已获成功的转基因植物至少有 35 科 120 种，其性状大都表现为抗虫、抗病毒、抗细菌和真菌、抗除草剂、抗逆境、品质改良、生长发育调控和产量潜力，其中形成品种的有转基因抗虫棉、转基因耐储藏番茄、转基因抗病毒甜椒、转基因抗虫水稻及转植酸酶基因玉米等转基因农产品。2019 年开始，农业农村部接连多次发放了玉米、大豆等转基因生物安全证书，截至 2022 年 6 月 1 日，我国有 11 个抗虫、耐除草剂转基因玉米品种，3 个耐除草剂转基因大豆品种，2 个转基因水稻品种获得生产应用安全证书，获得品种审定后将会逐渐推广种植。

我国批准进口用作加工原料的转基因作物有大豆、玉米、油菜、棉花和甜菜。

第二节　转基因生物及食品的安全管理

一、转基因生物及食品的安全性问题

利用基因工程技术进行育种不同于传统的杂交育种。传统杂交育种基因的重组和交换发生在同一生物种群，而基因工程涉及一个或几个相关基因在不同的生物（动物、植物、微生物）种群，把来源于任何生物甚至是人工合成中的基因转移到受体生物体内，这在自然情况下是很难发生的，在缺乏大样本及长时间的科学实验的情况下，人们很难预测这些基因进入一个新的遗传背景中会产生怎样的结果。总的来说，转基因食品有可能从食品安全和环境安全两个方面存在潜在风险。

1. 食品安全潜在风险

(1) 致毒

基因被破坏或其不稳定性可能会带来新的毒素。另外许多食品本身含有大量的毒性物质和抗营养因子，如蛋白酶抑制剂、神经毒素等用以抵抗病原菌的侵害。转基因食品由于基因的导入可能使得毒素蛋白发生过量表达，产生各种毒素。

(2) 致敏

外来基因产生的新的蛋白质可能会带来过敏性。由于导入基因的来源及序列或表达的蛋白质的氨基酸序列可能与已知过敏原存在同源性，导致过敏发生或产生新的致敏原。

(3) 营养代谢紊乱

新的蛋白质可能会打乱原来机体的代谢途径。

2. 环境安全潜在风险

(1) 转基因植物可能产生杂草化问题

一方面，一些抗虫、抗病毒、抗除草剂或抗环境胁迫的转基因植物本身具有杂草的某些特征，由于外源基因的引入，使其在环境中的适合度发生了变化，从而导致自身变为杂草；另一方面，在自然环境中转基因作物与其近缘杂草进行杂交，使杂草获得了某些优势性状，变为更加难除的超级杂草。例如：加拿大在种植转基因油菜后，由于自然杂交的结果，在农田中发现了拥有耐三种除草剂的油菜自生苗。

(2) 转基因植物的外源毒蛋白对非目标生物可能产生毒害作用

许多转基因抗虫植物，在杀死目标害虫的同时，其体内的外源毒蛋白也可能对环境中的许多有益生物产生直接或间接的不利影响，甚至可能导致一些有益生物的死亡。例如：1999年5月，美国康奈尔大学 John E. Losey 博士等人发现，转 Bt 基因玉米花粉对君主斑蝶幼虫具有毒杀作用，这种影响可以发生在离 Bt 玉米田至少 10m 范围内。

(3) 增加目标害虫的抗性，加速其种群进化速度

转基因抗虫植物的大规模商业化种植对目标害虫产生了强大的选择压力，从而导致目标害虫抗性增加，进化速度加快。已有研究表明：转基因抗虫棉对第一、第二代棉铃虫有很好的毒杀效果，但是第三、第四代棉铃虫已对转基因抗虫棉产生了抗性。

(4) 转基因植物与其野生亲缘种杂交，污染传统地方作物基因库

例如：2001年11月，美国加州大学柏克莱分校的 Ignacio H. Chapela 博士等人在《自然》上发表了题为《墨西哥奥克斯喀地区转基因 DNA 渗入传统玉米地方品种》的科学论文。此文表明，转基因 Bt 玉米污染了地方玉米品种。

(5) 产生新病毒

抗病毒转基因植物中的转基因病毒序列有可能与浸染该植物的其他病毒进行重组，从而提高了产生新病毒的可能性。例如：在乌干达木薯中发现非洲木薯花叶病毒（ACMV）和东非木薯花叶病毒（EACMV）在植物体内发生重组，形成新的杂种病毒。这种杂种病毒对乌干达木薯具有强大的破坏性。

转基因植物释放到环境中后潜在的风险见表 8-1。

表 8-1　转基因植物释放到环境中后潜在的风险

	对环境有害的影响	造成影响的过程
农田生态系统	增加杀虫剂的使用	抗性的选择和转运到可相容的其他植物中
	产生新的农田杂草	基因流和杂交
	转基因植物自身变为杂草	插入性状的竞争
	产生新的病毒	不同病毒基因组和转基因作物的病毒外壳蛋白的重组
	产生新的作物害虫	病原体-植物相互作用 食草动物-植物相互作用
	对非目标生物的伤害	食草动物的误食
自然生态系统	侵入到新的栖息地	花粉和种子的传播；干扰；竞争
	丧失物种的遗传多样性	基因流和杂交；竞争
	对非目标物种的伤害	改变了互惠共生关系

对环境有害的影响		造成影响的过程
自然生态系统	生物多样性的丧失	竞争；环境的胁迫；增加的影响（基因、种群、物种）
	营养循环和地球化学过程的改变	与非生物环境的相互作用（如转基因植物与 N_2 固定系统）
	初级生产力的改变	改变了物种的组成
	增加了土壤流失	增加的影响（与环境、物种组成的相互作用）

二、转基因生物安全国际立法

转基因生物安全管理，是指要对转基因生物技术的开发和应用活动本身及其产品可能对人类和生态环境的不利影响及其不确定性和风险性进行评估，并采取必要的措施加以管理和控制，使之降低到可接受的程度。

对转基因生物安全的管理从一开始就受到世界各国的重视。1992 年，美国 FDA 首次颁布政策，规定生物技术食品若对人类健康产生危害，则不准上市出售。1992 年召开的联合国环境与发展大会签署的两个纲领性文件《21 世纪议程》和《生物多样性公约》均专门提到了生物技术安全问题。其中，《生物多样性公约》对有关术语、保护和利用生物多样性的基本措施、遗传资源的取得、生物技术的取得和转让、生物技术的处理及其收益的分配等做了规定，其核心是生物技术的取得和转让。公约规定每一缔约国应承诺向其他缔约国转让有关生物多样性保护而不对环境造成重大损害的技术；"缔约国应考虑是否需要一项议定书，规定适当程序，特别包括事先知情协议，适用于可能对生物多样性的保护和持久使用产生不良影响的由生物技术改变的任何生物体的安全转让、处理和使用"。

在此基础上，2000 年 1 月 29 日在联合国主持下，来自世界 131 个国家的代表于加拿大的蒙特利尔签署了第一部有关转基因食品安全的国际法《生物安全议定书》。《生物安全议定书》要求在研制、装卸、运输、使用、转移和释放时，防止或减少其对人类和环境构成的风险，该议定书的最大成果之一，就是规定了事先同意知情程序，即消费者有对转基因食品的知情权，转基因产品越境转移时，进口国可以对其实施安全评价与标识管理。

目前，虽然转基因生物对人体健康、生态环境和动植物、微生物安全的影响在国际上尚无定论，出于经济贸易的考虑，世界上各个国家对转基因食品的政策有宽有严，但绝大多数国家都采纳《生物安全议定书》的管理模式，对转基因食品安全实施安全评价与标识管理。

三、中国转基因生物安全管理概况

当前在中国已初步建立了转基因食品安全管理体系。

1. 转基因生物安全监督管理体制

国务院农业行政主管部门负责全国农业转基因生物安全的监督管理工作，县级以上地方各级人民政府农业行政主管部门负责本行政区域内的农业转基因生物安全的监督管理工作。

国务院建立农业转基因生物安全管理部际联席会议制度，部际联席会议由农业、科技、环境保护、卫生、对外经济贸易、检验检疫等有关部门的负责人组成，负责研究、协调农业转基因生物安全管理工作中的重大问题。

国务院农业行政主管部门设立农业转基因生物安全委员会，负责农业转基因生物的安全评价工作。

2. 转基因生物安全管理法规体系

中国第一个有关生物安全的标准和办法是 1990 年制定的《基因工程产品质量控制标准》；1993 年，国家科委颁布了《基因工程安全管理办法》；1996 年，农业部颁布了《农业生物基因工程安全管理实施办法》；1997 年，农业部发布了《关于贯彻执行（农业生物基因工程安全管理的实施办法）的通知》；2001 年，国务院颁布了《农业转基因生物安全管理条例》；2002 年 1 月，农业部发布了与该条例相配套的《农业转基因生物安全评价管理办法》《农业转基因生物进口安全管理办法》和《农业转基因生物标识管理办法》。

在上述法规、管理机制的基础上，中国转基因生物安全通过安全评价制度、标识管理制度、生产和经营许可制度和进口安全审批制度，对转基因生物的研究、试验、生产、加工、经营和进出口活动实施全面监管。

第三节　转基因食品的安全性评价

对转基因食品实施安全评价是安全管理的核心和基础。通过安全性评价，可以为转基因食品的研究、试验、生产、加工、经营、进出口提供依据，同时也向公众证明食品的安全性评价是建立在科学的基础上的。目前进行商业化开发、已经或拟进入市场的都是转基因植物，我国农业部于 2006 年发布了 NY/T 1101—2006《转基因植物及其产品食用安全性评价导则》，2023 年 1 月农业农村部修订发布了《转基因植物安全评价指南》，规定了基因受体植物、基因供体生物、基因操作的安全性评价和转基因植物及其产品的毒理学评价、关键成分分析和营养学评价、外源化学物蓄积性评价、耐药性评价。

一、评价的基本原则

目前国际上对转基因食品安全评价遵循以科学为基础、实质等同性、个案分析和逐步完善的原则。安全评价的主要内容包括毒性、过敏性、营养成分、抗营养因子、标记基因转移和非期望效应等。

1. 以科学为基础

以科学为基础是安全性评价必须遵守的基本原则。评价工作要以科学的态度，用科学方法进行分析研究，才能得出正确的结论。反过来，基于科学基础的食品安全性评价会对整个技术的进步和产业的发展起到关键的推动作用。

2. 实质等同性

"实质等同"是指将转基因食品同现有传统食品进行比较，如果转基因食品或食品成分和已经存在的食品或食品成分实质等同，则认为这种转基因食品或食品成分是安全的。如果不能确定为实质等同，则要设计研究方案，进行统一研究。实质等同性分析不是要了解该食品的绝对安全性，其本身并不是安全性评价，而是对转基因食品与传统食品相对的安全性进行比较，是一种动态过程。

3. 个案分析

个案分析原则就是对每种具体的转基因食品进行安全性评价。由于转基因食品的研发是通过不同的技术路线，选择不同的供体、受体和转入不同的目的基因，在相同的供体和受体中也会采用不同来源的目的基因，因此，用个案原则分析和评价食品安全性可以最大限度地发现安全隐患，保障食品安全。

4. 逐步完善

逐步完善的原则可以在两个层次上理解，其一，对转基因产品管理是分阶段审批，在不同的阶段要解决的安全问题不同；其二，由于转入目的基因的安全风险是不同方面的，如毒性、致敏性、标记基因的毒性、抗营养成分或天然毒素等，评价也要分步骤进行。逐步完善的原则可以提高效率，实现在最短的时间内发现可能存在的风险。

二、评价的程序和内容

（一）评价程序

转基因食品安全性分析评价过程分为五个阶段，即实验研究阶段、中间试验阶段、环境释放阶段、生产性试验阶段和生物安全证书阶段。

（二）评价内容

1. 基因受体生物

包括基因受体的安全食用史、基因受体的基因型和基因表型的安全性、基因受体的培育和繁殖史、基因受体在日常膳食中的作用（含有的宏量和微量营养元素，以及对特定人群健康的意义）等内容。

2. 基因供体

包括基因供体及其相关部分的安全食用史（包括毒性、过敏性、抗营养作用、致病性的描述及与人类健康的关系）、基因供体本身的安全性、基因供体的加工方式对安全性的影响及其与人类健康的关系等。如果基因供体是微生物，则对其致病性和与病原体的关系进行评价。评价过去和目前食用和食用之外的其他不安全因素。

3. 基因操作

包括修饰基因导入受体过程的安全性评价、修饰基因的稳定性的评价、导入基因对宿主其他基因的影响。

4. 转基因食品

包括基因的表达物质（非核酸物质）毒性的评价、可能致敏性的评价、转基因食品中关键成分及其转基因食品代谢物的评价、转基因食品加工方式的评价、转基因食品营养改变的评价、转基因食品外来化合物蓄积的评价、标记基因的耐药性的评价、植物因基因修饰改变特性而对健康所产生的毒性（非预期效应）的评价等。

由于转基因食品与受体生物比较主要引入了外源性基因，因此其安全性评价可以主要集中在以下几个方面。

① 转基因食品外源基因产物的营养学评价，如营养促进或缺乏、抗营养因子等；毒理学评价，如免疫毒性、神经毒性、致癌性、繁殖毒性等；是否有过敏原等。

② 外源基因水平转移而引发的不良后果，如标记基因转移引起的胃肠道有害微生物对药物的抗性等。

③ 未预料的基因多效性所引发的不良后果，如外源基因插入位点及插入基因产物引发的下游基因转录效应而导致的食品新成分的出现，或已有成分含量减少或消失等。

按照实质等同性原则，转基因食品安全性分析可以先在食品或食品成分水平上进行，为了适用于同一物种产生的不同食品，其分析应以物种为单位来比较。研究中应考虑所评估的特性会有自然差别，应根据这些自然差别的分析数据来确定一定的变异范围。分析数据出来后，通过比较所得的结果决定是否进行进一步的分析以及下一步分析所采取的步骤和方法。

目前将实质等同分析结果概括为以下三种情况：

① 转基因食品与传统食品及食品成分具有实质等同性，可以视为两者等同，如果从更多的安全方面去考虑就没有意义。

② 转基因食品中除了插入的性状外，与传统食品及食品成分具有实质等同性，以后的分析应集中在这些特定的差异上，例如引入基因的表达、引入基因的稳定性等。

③ 与传统食品及食品成分无实质等同性，这种情况并不能说明该种转基因食品一定不安全，其评价就要按照具体情况进行多项分析。

三、安全等级及评价

根据农业农村部发布的《农业转基因生物安全评价管理办法》的规定，中国对农业转基因生物安全实行分级评价管理，其标准和评价方法如下。

1. 转基因生物安全级别

按照对人类、动植物、微生物和生态环境的危险程度，将农业转基因生物分为以下四个等级。

安全等级Ⅰ：尚不存在危险；

安全等级Ⅱ：具有低度危险；

安全等级Ⅲ：具有中度危险；

安全等级Ⅳ：具有高度危险。

2. 安全等级确定步骤和标准

(1) 确定受体生物的安全等级

根据不同情况分为四个等级。

安全等级Ⅰ：对人类健康和生态环境未曾发生过不利影响；演化成有害生物的可能性极小；用于特殊研究的短存活期受体生物，实验结束后在自然环境中存活的可能性极小。

安全等级Ⅱ：对人类健康和生态环境可能产生低度危险，但是通过采取安全控制措施完全可以避免其危险的受体生物。

安全等级Ⅲ：对人类健康和生态环境可能产生中度危险，但是通过采取安全控制措施，基本上可以避免其危险的受体生物。

安全等级Ⅳ：对人类健康和生态环境可能产生高度危险，而且在封闭设施之外尚无适当的安全控制措施避免其发生危险的受体生物。

(2) 确定基因操作对受体生物安全等级的影响

按照基因操作对受体生物安全等级的影响情况分为三种类型。

类型1：增加受体生物安全性的基因操作。

类型2：不影响受体生物安全性的基因操作。

类型3：降低受体生物安全性的基因操作。

(3) 确定转基因生物的安全等级

转基因生物的安全性分为四个等级，根据受体生物的安全等级和基因操作对其安全等级的影响类型及影响程度的不同情况来确定。

① 受体生物安全等级为Ⅰ级的转基因生物。安全等级为Ⅰ的受体生物，经类型1或类型2的基因操作而得到的转基因生物，其安全等级仍为Ⅰ。

安全等级为Ⅰ的受体生物，经类型3的基因操作而得到的转基因生物，如果安全性降低很小，且不需要采取任何安全控制措施的，则其安全等级仍为Ⅰ；如果安全性有一定程度的降低，但是可以通过适当的安全控制措施完全避免其潜在危险的，则其安全等级为Ⅱ；如果安全性严重降低，但是可以通过严格的安全控制措施避免其潜在危险的，则其安全等级为Ⅲ；如果安全性严重降低，而且无法通过安全控制措施完全避免其危险的，则其安全等级为Ⅳ。

② 受体生物安全等级为Ⅱ的转基因生物。安全等级为Ⅱ的受体生物，经类型1的基因操作而得到的转基因生物，如果安全性增加到对人类健康和生态环境不再产生不利影响的，则其安全等级为Ⅰ；如果安全性虽有增加，但对人类健康和生态环境仍有低度危险的，则其安全等级仍为Ⅱ。安全等级为Ⅱ的受体生物，经类型2的基因操作而得到的转基因生物，其安全等级仍为Ⅱ。安全等级为Ⅱ的受体生物，经类型3的基因操作而得到的转基因生物，根据安全性降低的程度不同，其安全等级可为Ⅱ、Ⅲ或Ⅳ，分级标准与受体生物的分级标准

相同。

③ 受体生物安全等级为Ⅲ的转基因生物。安全等级为Ⅲ的受体生物，经类型1的基因操作而得到的转基因生物，根据安全性增加的程度不同，其安全等级可为Ⅰ、Ⅱ或Ⅲ，分级标准与受体生物的分级标准相同。安全等级为Ⅲ的受体生物，经类型2的基因操作而得到的转基因生物，其安全等级仍为Ⅲ。安全等级为Ⅲ的受体生物，经类型3的基因操作得到的转基因生物，根据安全性降低的程度不同，其安全等级可为Ⅲ或Ⅳ，分级标准与受体生物的分级标准相同。

④ 受体生物安全等级为Ⅳ的转基因生物。安全等级为Ⅳ的受体生物，经类型1的基因操作而得到的转基因生物，根据安全性增加的程度不同，其安全等级可为Ⅰ、Ⅱ、Ⅲ或Ⅳ，分级标准与受体生物的分级标准相同。安全等级为Ⅳ的受体生物，经类型2或类型3的基因操作而得到的转基因生物，其安全等级仍为Ⅳ。

(4) 确定转基因产品的安全等级

根据转基因生物的安全等级和生产、加工活动对转基因生物安全性的影响的不同情况，将转基因产品的安全等级分为四级。

首先要确定生产、加工活动对转基因生物安全等级的影响程度，分为三种类型。

类型1：增加转基因生物的安全性。

类型2：不影响转基因生物的安全性。

类型3：降低转基因生物的安全性。

根据以下不同情况确定转基因产品的安全等级。

① 转基因生物安全等级为Ⅰ的转基因产品。安全等级为Ⅰ的转基因生物，经类型1或类型2的生产、加工活动而形成的转基因产品，其安全等级仍为Ⅰ。安全等级为Ⅰ的转基因生物，经类型3的生产、加工活动而形成的转基因产品，根据安全性降低的程度不同，其安全等级可为Ⅰ、Ⅱ、Ⅲ或Ⅳ，分级标准与受体生物的分级标准相同。

② 转基因生物安全等级为Ⅱ的转基因产品。安全等级为Ⅱ的转基因生物，经类型Ⅰ的生产、加工活动而形成的转基因产品，如果安全性增加到对人类健康和生态环境不再产生不利影响的，其安全等级为Ⅰ；如果安全性虽然有增加，但是对人类健康或生态环境仍有低度危险的，其安全等级仍为Ⅱ。安全等级为Ⅱ的转基因生物，经类型2的生产、加工活动而形成的转基因产品，其安全等级仍为Ⅱ。安全等级为Ⅱ的转基因生物，经类型3的生产、加工活动而形成的转基因产品，根据安全性降低的程度不同，其安全等级可为Ⅱ、Ⅲ或Ⅳ，分级标准与受体生物的分级标准相同。

③ 转基因生物安全等级为Ⅲ的转基因产品。

安全等级为Ⅲ的转基因生物，经类型1的生产、加工活动而形成的转基因产品，根据安全性增加的程度不同，其安全等级可为Ⅰ、Ⅱ或Ⅲ，分级标准与受体生物的分级标准相同。安全等级为Ⅲ的转基因生物，经类型2的生产、加工活动而形成的转基因产品，其安全等级仍为Ⅲ。安全等级为Ⅲ的转基因生物，经类型3的生产、加工活动而形成的转基因产品，根据安全性降低的程度不同，其安全等级可为Ⅲ或Ⅳ，分级标准与受体生物的分级标准相同。

④ 转基因生物安全等级为Ⅳ的转基因产品。

安全等级为Ⅳ的转基因生物，经类型1的生产、加工活动而得到的转基因产品，根据安全性增加的程度不同，其安全等级可为Ⅰ、Ⅱ、Ⅲ或Ⅳ，分级标准与受体生物的分级标准相同。安全等级为Ⅳ的转基因生物，经类型2或类型3的生产、加工活动而得到的转基因产品，其安全等级仍为Ⅳ。

第四节　转基因食品的标识管理

基于转基因食品在安全上的潜在风险，各国都制定了相关法律法规，防止或减少转基因食品在研制、装卸、运输、使用、转移和释放时对人类和环境构成的风险。同时，为了维护消费者的合法权益，也制定了有关标识管理的办法。2000年签署的《生物安全议定书》中就已明确规定了消费者对于转基因食品的知情权。

消费者的知情权是指消费者有权知晓其购买的商品或服务的性质、特征、潜在危险、产地、制造商或服务提供者等。对于转基因食品而言，在对其安全性存在着广泛争议的情况下，应该给消费者自主选择的权利。只有通过法定标签制度，才能使消费者获得有关转基因食品的详细信息，如成分构成、基因来源和制作过程等，以便作出对食品的合理选择，确保他们的知情权和自由选择权。

一、转基因食品标识类型

1. 按照标识的范围分为三种类型

(1) 选择性标识

只有在成分、营养价值和致敏性方面跟同类传统食品差别很大的转基因食品，才需加上转基因食品标签。

(2) 有限度标识

即只规定以最常用的转基因食品做主要配料的特定类别食品需加上标签。例如：以转基因大豆为主要原料的加工产品。

(3) 全面标识

规定任何食品如含有超过1%左右的转基因原料均需加上标签。

2. 按照法律的约束性

转基因食品的标识管理分为义务标识（强制执行）和自愿标识两种方法。

二、国际标识规定

当前，不同国家基于对转基因食品安全性的不同认识以及对经济、贸易的考虑，对转基因食品的标识采用不同的管理方法。

美国、加拿大等世界上主要的转基因作物和食品的生产和出口国主张大力发展转基因作物，避免不必要的法律管制。他们对已进行商业化种植的转基因食品的管理比较宽松，对转基因食品在生产、流通中不加以任何限制。对转基因食品实行选择性标识，不区分消费食物是否属于转基因类，只对与原来品种不具实质等同性和可能出现过敏原的转基因食品进行标识。

欧盟各成员国、澳大利亚、新西兰、俄罗斯等国主张对转基因作物和食品进行严格管制。1998 年，欧盟开始对转基因食品实行强制标签制度，要求食品生产商必须在标签中向消费者说明食品中是否含有转基因成分。从 2004 年 4 月 18 日起，欧盟开始执行有关转基因食品标签的新规定。这项规定是世界上同类规定中最为严格的，它要求凡含有转基因成分超过 0.9% 的食品都要贴上相关标签，以确保消费者充分的知情权。该项规定同样适用于饲料和动物食品。规定还确立了备案制度，要求能跟踪转基因产品的来龙去脉。产品的产地、成分和去向等资料规定要求保存 5 年。俄罗斯也从 2000 年起实行转基因食品标签制度，规定不贴标签的转基因食品不准出售，并对转基因食品和原料采取国家登记制度。

亚太地区的日本、韩国、菲律宾、印度尼西亚等国家也相继颁布了自己的标识法规。一般采取义务标识与有限度标识相结合的方式。例如：日本农林水产省要求对于在本国市场上流通的 30 种食品（包括豆腐、纳豆等日本人常吃的食物和豆渣等饲料），必须在包装上注明是否属于转基因食品。规定转基因作物产品的量（质量）居该食品所有原材料中的前 3 位，并占总质量的 5% 以上时，必须在包装上注明。韩国政府从 2001 年 3 月 1 日开始，实施转基因食品强制性标签制度。

三、中国的标识制度

中国采取的是义务标识法，国家农业部于 2002 年颁布了《农业转基因生物标识管理办法》，要求在 2002 年后对列入农业转基因生物标识目录的农业转基因生物实施强制性标识，未标识的，不得销售。第一批实施标识管理的农业转基因生物有：大豆种子、大豆、大豆粉、大豆油、豆粕；玉米种子、玉米、玉米油、玉米粉；油菜种子、油菜籽、油菜籽油、油菜籽粕；棉花种子；番茄种子等。国家卫生部颁布的《转基因食品卫生管理办法》要求 2002 年 7 月 1 日后"以转基因动植物、微生物或者其直接加工品为原料生产的食品和食品添加剂"必须进行标识，并明确指出：食品产品中（包括原料及其加工的食品），含有基因修饰有机体或/和表达产物的，要标注"转基因 ×× 食品"或"以转基因 ×× 食品为原料"。转基因食品来自潜在致敏食物的，还要标注"本品转 ×× 食物基因，对 ×× 食物过敏者注意"。

自 2005 年 10 月 1 日起，食品标签两大强制性国家标准 GB 7718—2004《食品安全国家标准 预包装食品标签通则》和 GB 13432—2004《预包装特殊膳食用食品标签通则》正式实施。两大食品标签新国标的颁布，是为了更好地保护消费者权益，使我国食品标签进一步规范，并与国际接轨。新国家标准规定转基因食品应明确标注。凡列入农业农村部发布的

《农业转基因生物标识管理办法》的食品，必须在标签上标注"转基因食品"，如大豆粉、大豆油、玉米油、玉米粉、油菜籽油、油菜籽粕、鲜番茄和番茄酱等。例如：使用转基因大豆制取的油，其标签上应标有"转基因大豆油"字样。

【本章小结】>>>

转基因食品是转基因生物的产品或者加工品，美国食品与药品管理局（FDA）使用"生物工程食品"一词、欧洲使用"新型食品"一词，把转基因食品包括在内。转基因食品可以是活体的，也可以是非活体的。目前进行商业化生产的转基因植物主要有棉花、大豆、玉米、番茄、辣椒等，其性状大都表现为抗虫、抗病毒、抗细菌和真菌、抗除草剂、抗逆境、品质改良、生长发育调控和产量潜力。

转基因食品有可能从食品安全和环境安全两个方面存在潜在风险。食品安全潜在风险主要在于致毒、致敏和营养代谢紊乱；环境安全潜在风险在于转基因植物杂草化，转基因植物的外源毒蛋白对非目标生物的毒害作用，增加目标害虫的抗性，加速其种群进化速度，转基因植物与其野生亲缘种杂交，产生新病毒等方面。

目前各国都建立了转基因生物管理体系，对转基因生物技术的开发和应用活动本身及其产品可能对人类和生态环境的不利影响及其不确定性和风险性进行评估，并采取必要的措施加以管理和控制，使之降低到可接受的程度。

目前国际上对转基因食品安全评价遵循以科学为基础、实质等同性、个案分析和逐步完善的原则。安全评价的主要内容包括毒性评价、可能致敏性的评价、转基因食品中关键成分及其转基因食品代谢物的评价、转基因食品加工方式的评价、转基因食品营养改变的评价、转基因食品外来化合物蓄积的评价、标记基因的耐药性的评价、植物因基因修饰改变特性而对健康所产生的毒性（非预期效应）的评价。

不同国家基于对转基因食品安全性的不同认识以及对经济、贸易的考虑，对转基因食品的标识采用不同的管理方法，大多数国家采用强制标签制度，要求食品生产商必须在标签中向消费者说明食品中是否含有转基因成分。

近年来国际上对转基因食品安全性的争论和各国对转基因食品生产管理采取不同政策，除了基于对转基因生物安全性的不同认识外，还与食品国际贸易争端及各国的经济政策有关。

【复习思考题】>>>

一、填空题

1. 用_____方法将有利于人类的外源基因转入受体生物体内，改变其遗传组成，使其获得_____的品质与特性的生物，称之为转基因生物。

2. 转基因食品按照来源不同可分成_____、_____、_____三种。

3. 目前转基因食品中所转入的基因主要有_____、_____、_____、

_____等类型。

二、判断题

1. 对转基因食品进行安全性评价时实行实质等同性原则，就是只需将转基因食品同现有传统食品在食品成分水平进行比较就能判断其安全性。   （   ）

2. 如果转基因食品与传统食品及食品成分无实质等同性，则该转基因食品一定是不安全的。   （   ）

三、简答题

1. 请谈谈你对发展转基因食品的看法。

2. 为什么要对转基因食品实施标识管理？

3. 什么是个案分析原则？为什么对转基因食品进行安全性评价时要遵循这一原则？

参考文献

［1］ 陆兆新．食品质量管理学．2 版．北京：中国农业出版社，2016．

［2］ 江汉湖．食品安全性与质量控制．2 版．北京：中国轻工业出版社，2012．

［3］ 冯叙桥，赵静．食品质量管理学．北京：中国轻工业出版社，2018．

［4］ 夏延斌，钱和．食品加工中的安全控制．2 版．北京：中国轻工业出版社，2017．

［5］ 史贤明．食品安全与卫生学．北京：中国农业出版社，2003．

［6］ 刘金福，陈宗道，陈绍军．食品质量与安全管理．北京：中国农业大学出版社，2021．

［7］ 周家春．食品工艺学．3 版．北京：化学工业出版社，2017．

［8］ 李正明，吕林，李秋．安全食品的开发与质量管理．北京：中国轻工业出版社，2004．

［9］ 田惠光．食品安全控制关键技术．北京：科学出版社，2004．

［10］ 马兴胜．食品工业企业管理．北京：中国轻工业出版社，2003．

［11］ 李怀林．食品安全控制体系．北京：中国标准出版社，2002．

［12］ 曾庆孝，许喜林．食品生产的危害分析与关键控制点（HACCP）原理与应用．2 版．广州：华南理工大学出版
社，2005．

［13］ 李平兰，王成涛．发酵食品安全生产与品质控制．北京：化学工业出版社，2005．

［14］ 李正明，吕宁，俞超．无公害安全食品生产技术．北京：中国轻工业出版社，1999．

［15］ 曾繁坤，高海生，蒲彪．果蔬加工工艺学．成都：成都科技大学出版社，1996．

［16］ 夏文水．肉制品加工原理与技术．北京：化学工业出版社，2003．

［17］ 欧阳喜辉．食品质量安全认证指南．北京：中国轻工业出版社，2005．

［18］ 姚卫蓉，钱和．食品安全指南．北京：中国轻工业出版社，2005．

［19］ 郝利平，聂乾忠，周爱梅，等．食品添加剂．4 版．北京：中国农业大学出版社，2021．

［20］ 林春绵，徐明仙，陶雪文．食品添加剂．北京：化学工业出版社，2004．

［21］ 刘志皋，高彦祥．食品添加剂基础．北京：中国轻工业出版社，2005．

［22］ 殷丽君，孔瑾，李再贵．转基因食品．北京：化学工业出版社，2002．

［23］ 陆兆新．果蔬储藏加工及质量管理技术．北京：中国轻工业出版社，2004．

［24］ 魏益民．国家食品安全管理体系概述．中国食物与营养，2005（7）：7-9．

［25］ 周应恒，彭晓佳．风险分析体系在各国食品安全管理中的应用．世界农业，2005（3）：4-6．

［26］ 蒋宗勇，陈琴苓，刘炜，等．中国食品安全认证现状与发展思考．科技管理研究，2004（1）：8-11．

［27］ 周应恒．现代食品安全与管理．北京：经济管理出版社，2008．

［28］ 杨国伟，夏红．食品质量管理．北京：化学工业出版社，2008．

［29］ 张哲，朱蕾，樊永祥．建党百年回顾我国食品标准体系的奋斗路和新征程．中国食品卫生杂志．2021（33）：4

［30］ 金文涌，叶凤林，刘定富，等．中美转基因作物产业化最新进展．种业论坛．2022（9）：1-6．